注册消防工程师资格考试真题解析

消防安全技术实务真题解析
（2016～2019）

本书编委会　编著

中国建筑工业出版社

图书在版编目（CIP）数据

消防安全技术实务真题解析：2016～2019/《消防安全技术实务真题解析（2016～2019）》编委会编著. —北京：中国建筑工业出版社，2020.6

注册消防工程师资格考试真题解析

ISBN 978-7-112-25034-9

Ⅰ.①消… Ⅱ.①消… Ⅲ.①消防-安全技术-资格考试-题解 Ⅳ.①TU998.1-44

中国版本图书馆CIP数据核字（2020）第064680号

全国一级注册消防工程师资格考试至今已经第六个年头。为帮助广大考生顺利通过考试，本套丛书汇总了《消防安全技术实务》《消防安全技术综合能力》和《消防安全案例分析》三个科目的历年真题，详细分析了每道题的参考答案、答题依据及解题思路，并适当拓展相关知识，有助于考生全面了解考点，真正做到举一反三，在应试中灵活运用相关知识，从而取得好的成绩。

本丛书适合参加注册消防工程师考试的考生自学，也可供培训机构用作培训教材。

责任编辑：赵梦梅　刘婷婷

责任校对：王　瑞

注册消防工程师资格考试真题解析

消防安全技术实务真题解析（2016～2019）

本书编委会　编著

*

中国建筑工业出版社出版、发行（北京海淀三里河路9号）

各地新华书店、建筑书店经销

北京鸿文瀚海文化传媒有限公司制版

天津安泰印刷有限公司印刷

*

开本：787×1092毫米　1/16　印张：17　字数：420千字

2020年6月第一版　2020年6月第一次印刷

定价：**45.00**元

ISBN 978-7-112-25034-9

（35837）

前言

自2015年一级注册消防工程师资格考试首次开考以来，已成为社会关注的热点，吸引了众多考生报名参加，报考人数逐年递增。由于该资格考试涉及消防行业的方方面面，专业性强，如果没有相关从业经历，很难在短时间内将相关的知识点融会贯通，并在考试中取得理想成绩。为了帮助广大考生准确掌握近4年的考试重点、难点以及出题思路，《注册消防工程师资格考试真题解析》丛书应运而生。

《注册消防工程师资格考试真题解析》丛书与注册消防工程师资格考试科目一致，共分为三本，即《消防安全技术实务真题解析（2016～2019）》、《消防安全技术综合能力真题解析（2016～2019）》以及《消防安全案例分析真题解析（2016～2019）》。本套丛书将历年真题汇总成册，并逐题给出参考答案、命题思路和解题分析。解题分析的依据多出自现行国家标准的相关规定，部分解题分析中将与答案直接相关的内容用粗体字标出，避免考生为寻找答案依据而翻阅各项标准的烦琐。解析中所列其他相关标准条文的内容，则可作为考生的拓展学习资料，便于考生全面了解与考题相关的考点，真正做到举一反三，在应试中灵活运用相关知识。

考生在使用本套丛书过程中，需要注意以下几点：

1.关于解题分析中的参考教材。

不管是技术实务、综合能力还是案例分析，都会涉及火灾和爆炸的一些基础知识，如某些液体的闪点、气体的爆炸上（下）限等，这些内容通常不会出现在相关的标准中，主要来自各类辅导教材。目前市面上辅导教材林林总总，存在很多版本。本套丛书依据的是由中国消防协会组织编写的最新版官方教材，但考虑到该教材自出版以来进行了多次改版，不同年份报名考生可能采用的是不同版本的教材，因此，本套丛书未给出各知识点在教材中的具体页码，只给出相应的篇、章、节号。纵观历次版本教材，基础知识相关内容相对稳定，在教材中的编排顺序也大体一致，所以考生可依据给出的章节位置，顺利查询相关内容。

2.关于标准依据。

自2016年以来，多本工程建设消防技术标准进行了修订，部分修订内容会对标准答案产生较大影响。因此，本套丛书在研判答案的正确性时，仍然依据了考试当年版本的消防技术标准。如果因标准修订导致考题正确答案的更改，本丛书在解题分析中也给出了相应提示。

本套丛书的出版，离不开本书编委会各位成员的共同努力以及中国建筑工业出版社编辑赵梦梅和刘婷婷的严格审校和把关，感谢她们对编委会的信任和支持。

本书编委会

2020年4月

目 录

2019年
一级注册消防工程师《消防安全技术实务》真题解析

一、单项选择题（共 80 题，每题 1 分，每题的备选项中，只有 1 个最符合题意）

【题 1】某建筑高度为 50m 的民用建筑，地下 1 层，地上 15 层，地下室、首层和第 2 层的建筑面积均为 1500m^2，其他楼层均为 1000m^2。地下室为车库，首层和第 2 层为商场、第 3 层至第 7 层为老年人照料设施，第 8 层至第 15 层为宿舍，该建筑的防火设计应符合（　　）的规定。

A. 一类公共建筑　　B. 二类住宅

C. 二类公共建筑　　D. 一类老年人照料设施

【参考答案】C

【命题思路】

本题主要考察对《建筑设计防火规范》GB 50016—2014（2018 年版）中有关民用建筑分类的理解。

【解题分析】

5.1.1　民用建筑根据其建筑高度和层数可分为单、多层民用建筑和高层民用建筑。高层民用建筑根据其建筑高度、使用功能和楼层的建筑面积可分为一类和二类。民用建筑的分类应符合表 5.1.1 的规定。

民用建筑的分类　　表 5.1.1

名称	高层民用建筑		单、多层民用建筑
	一类	二类	
住宅建筑	建筑高度大于 54m 的住宅建筑（包括设置商业服务网点的住宅建筑）	建筑高度大于 27m，但不大于 54m 的住宅建筑（包括设置商业服务网点的住宅建筑）	建筑高度不大于 27m 的住宅建筑（包括设置商业服务网点的住宅建筑）
公共建筑	1. 建筑高度大于 50m 的公共建筑 2. **建筑高度 24m 以上部分任一楼层建筑面积大于 1000m^2 的商店、展览、电信、邮政、财贸金融建筑和其他多种功能组合的建筑** 3. 医疗建筑、重要公共建筑 4. 省级及以上的广播电视和防灾指挥调度建筑、网局级和省级电力调度建筑 5. 藏书超过 100 万册的图书馆、书库	除一类高层公共建筑外的其他高层公共建筑	1. 建筑高度大于 24m 的单层公共建筑。 2. 建筑高度不大于 24m 的其他公共建筑

注：1　表中未列入的建筑，其类别应根据本表类比确定；
2　除本规范另有规定外，宿舍、公寓等非住宅类居住建筑的防火要求，应符合本规范有关公共建筑的规定；
3　除本规范另有规定外，裙房的防火要求应符合本规范有关高层民用建筑的规定。

题干中该建筑属于多种功能组合建筑，地下室，首层和第二层的建筑面积均为 1500m^2，其他楼层均为 1000m^2。但是不满足 24m 以上任一层面积大于 1000m^2，所以按高度 50m，属于二类高层公共建筑，故选项 C 正确。

【题 2】某木结构建筑，屋脊高度分别为 21m、15m，9m。如果不同高度的屋顶承重构件取相同的防火设计参数，则屋顶承重构件的燃烧性能和耐火极限至少应为（　　）。

A. 可燃性、0.50h　　　　B. 难燃性、0.50h

C. 难燃性、075h　　　　D. 难燃性、1.00h

【参考答案】A

【命题思路】

本题主要考察《建筑设计防火规范》GB 50016—2014（2018年版）中有关木结构建筑的建筑构件的燃烧性能和耐火极限。

【解题分析】

11.0.1　木结构建筑的防火设计可按本章的规定执行。建筑构件的燃烧性能和耐火极限应符合表11.0.1的规定。

木结构建筑构件的燃烧性能和耐火极限　　表11.0.1

构件名称	燃烧性能和耐火极限（h）
防火墙	不燃性　3.00
承重墙，住宅建筑单元之间的墙和分户墙，楼梯间的墙	难燃性　1.00
电梯井的墙	不燃性　1.00
非承重外墙，疏散走道两侧的隔墙	难燃性　0.75
房间隔墙	难燃性　0.50
承重柱	可燃性　1.00
梁	可燃性　1.00
楼板	难燃性　0.75
屋顶承重构件	可燃性　0.50
疏散楼梯	难燃性　0.50
吊顶	难燃性　0.15

注：1　**除本规范另有规定外，当同一座木结构建筑存在不同高度的屋顶时，较低部分的屋顶承重构件和屋面不应采用可燃性构件，采用难燃性屋顶承重构件时，其耐火极限不应低于0.75h；**

2　轻型木结构建筑的屋顶，除防水层、保温层及屋面板外，其他部分均应视为屋顶承重构件，且不应采用可燃性构件，耐火极限不应低于0.50h；

3　当建筑的层数不超过2层、防火墙间的建筑面积小于600m^{2}且防火墙间的建筑长度小于60m时，建筑构件的燃烧性能和耐火极限可按本规范有关四级耐火等级建筑的要求确定。

从上表可以看出，屋顶承重构件的燃烧性能为可燃性，耐火极限为0.50h，故选项A正确。

【题3】用于收集火灾工况下受污染的消防水、污染的雨水及可能泄露的可燃液体的事故水池，宜布置在厂区边缘较低处。事故水池距明火地点的防火间距不应小于（　　）。

A. 100m　　B. 25m　　C. 60m　　D. 50m

【参考答案】B

【命题思路】

本题主要考察对《石油化工企业设计防火标准》GB 50160—2008（2018年版）中有关事故水池和雨水监测池的防火间距。

【解题分析】

4.2.8A　事故水池和雨水监测池宜布置在厂区边缘的较低处，可与污水处理场集中布置。事故水池距明火地点的防火间距不应小于25m，距可能携带可燃液体的高架火炬的防火间距不应小于60m。(故选项B正确)

【题4】集中布置的电动汽车充电设施区设置在单层、多层、地下汽车库内时，根据现行国家标准《电动汽车分散充电设施工程技术标准》GB/T 51313，每个防火单元最大允许建筑面积分别不应大于（　　）。

A. $3000m^2$、$2500m^2$、$2000m^2$　　B. $3000m^2$、$2000m^2$、$1000m^2$

C. $1500m^2$、$1250m^2$、$1000m^2$　　D. $2500m^2$、$1200m^2$、$600m^2$

【参考答案】C

【命题思路】

本题主要考察对《电动汽车分散充电设施工程技术标准》GB/T 51313—2018中有关防火单元最大允许建筑面积要求。

【解题分析】

6.1.5　新建汽车库内配建的分散充电设施在同一防火分区内应集中布置，并应符合下列规定：

1　布置在一、二级耐火等级的汽车库的首层、二层或三层。当设置在地下或半地下时，宜布置在地下车库的首层，不应布置在地下建筑四层及以下。

2　设置独立的防火单元，每个防火单元的最大允许建筑面积应符合表6.1.5的规定。

集中布置的充电设施区防火单元最大允许建筑面积（m^2）　　表6.1.5

耐火等级	单层汽车库	多层汽车库	地下汽车库或高层汽车库
一、二级	1500	1250	1000

从上表规定可以看出，选项C正确。

【题5】某燃煤电厂主厂房内的煤仓间带式输送机层采用隔墙与其他部位隔开，防火隔墙的耐火极限不应小于（　　）。

A. 2.0h　　B. 1.5h　　C. 1.0h　　D. 0.5h

【参考答案】C

【命题思路】

本题主要考察对《火力发电厂与变电站设计防火标准》GB 50229—2019中有关主厂房内的煤仓间带式输送机层防火隔墙的耐火极限要求。

【解题分析】

5.3.5　主厂房煤仓间带式输送机层应采用耐火极限不小于1.00h的防火隔墙与其他部位隔开，隔墙上的门均应采用乙级防火门。(故选项C正确)

【题6】地铁工程中防火隔墙的设置，正确的是（　　）。

A. 隔墙上的窗口应采用固定式甲级防火窗或火灾时能自行关闭的甲级防火窗

B. 隔墙上的窗口应采用固定式乙级防火窗或火灾时能自行关闭的乙级防火窗

C. 多线同层站台平行换乘车站的各站台之间的防火隔墙，应延伸至站台有效长度外不小于5m

D. 管道穿越防火隔墙处两侧各0.5m范围内的管道保温材料应采用不燃材料

【参考答案】B

【命题思路】

本题主要考察《地铁设计防火标准》GB 51298—2018中有关地铁工程中防火隔墙设置有关要求。

【解题分析】

6.1.7 防火墙上的窗口应采用固定式甲级防火窗。

6.1.8 防火隔墙上的窗口应采用固定式乙级防火窗，必须设置活动式防火窗时，应具备火灾时能自动关闭的功能。(故选项B正确)

4.2.5 多线同层站台平行换乘车站的各站台之间应设置耐火极限不低于2.00h的纵向防火隔墙，该防火隔墙应延伸至站台有效长度外不小于10m。(故选项C错误)

管道穿越防火隔墙处两侧各1m范围内的管道保温材料应采用不燃材料。(故选项D错误)

【题7】某建筑高度为248m的公共建筑，避难层设置机械加压送风系统。关于该建筑避难层防火设计的说法，错误的是（　　）。

A. 设备间应采用耐火极限不低于2.0h的防火隔墙与避难区分隔

B. 避难层应在外墙上设置可开启外窗，该外窗的有效面积不应小于该避难层地面面积的1%

C. 设备管道区应采用耐火极限不低于3.0h的防火隔墙与避难区分隔

D. 避难层应在外墙上设置固定窗，窗口面积不应小于该避难层地面积的2%

【参考答案】D

【命题思路】

本题主要考察《建筑设计防火规范》GB 50016—2014（2018年版）和《建筑防烟排烟系统技术标准》GB 51251—2017中有关避难层防火设计要求。

【解题分析】

《建筑设计防火规范》GB 50016—2014（2018年版）

5.5.23 建筑高度大于100m的公共建筑，应设置避难层（间）。避难层（间）应符合下列规定：

4 避难层可兼作设备层。设备管道宜集中布置，其中的易燃、可燃液体或气体管道应集中布置，设备管道区应采用耐火极限不低于3.00h的防火隔墙与避难区分隔。管道井和设备间应采用耐火极限不低于2.00h的防火隔墙与避难区分隔，管道井和设备间的门不应直接开向避难区；确需直接开向避难区时，与避难层区出入口的距离不应小于5m，且应采用甲级防火门。

避难间内不应设置易燃、可燃液体或气体管道，不应开设除外窗、疏散门之外的其他开口。(故选项A和C正确)

《建筑防烟排烟系统技术标准》GB 51251—2017

3.3.12 设置机械加压送风系统的避难层（间），尚应在外墙设置可开启外窗，其有效面积不应小于该避难层（间）地面面积的1%。有效面积的计算应符合本标准第4.3.5条的规定。(故选项B正确，选项D错误)

【题8】当采用自然排烟方式时，储烟仓的厚度不应小于空间净高的（　　），且不应小于

500mm，同时储烟仓底部距地面的高度应大于安全疏散所需的最小清晰高度。

A. 20%　　B. 25%　　C. 15%　　D. 10%

【参考答案】A

【命题思路】

本题主要考察《建筑防烟排烟系统技术标准》GB 51251—2017 中有关储烟仓要求。

【解题分析】

4.6.2 当采用自然排烟方式时，储烟仓的厚度不应小于空间净高的 20%，且不应小于 500mm；当采用机械排烟方式时，不应小于空间净高的 10%，且不应小于 500mm。同时储烟仓底部距地面的高度应大于安全疏散所需的最小清晰高度，最小清晰高度应按本标准第 4.6.9 条的规定计算确定。(故选项 A 正确)

【题 9】某高层办公建筑每层划分为一个防火分区，某防烟楼梯间和前室均设有机械加压送风系统。第三层的 2 只感烟火灾探测器发出火灾报警信号后，下列消防联动控制器的控制功能，符合规范要求的是（　　）。

A. 联动控制第二层、三层、四层前室送风口开启

B. 前室送风口开启后，联动控制前室加压送风机的启动

C. 联动控制该建筑楼梯间所有送风口的开启

D. 能手动控制前室、楼梯间送风口的开启

【参考答案】A

【命题思路】

本题主要考察《建筑防烟排烟系统技术标准》GB 51251—2017 中有关消防联动控制要求。

【解题分析】

5.1.3 当防火分区内火灾确认后，应能在 15s 内联动开启常闭加压送风口和加压送风机，并应符合下列规定：

1 应开启该防火分区楼梯间的全部加压送风机；

2 应开启该防火分区内着火层及其相邻上下层前室及合用前室的常闭送风口，同时开启加压送风机。(故选项 A 正确)

【题 10】某工业园区拟新建的下列 4 座建筑中，可不设置室内消火栓系统的是（　　）。

A. 耐火等级为三级、占地面积为 600m^2、建筑体积为 2900m^3 的丁类厂房

B. 耐火等级为三级、占地面积为 600m^2、建筑体积为 2900m^3 的丁类仓库

C. 耐火等级为四级、占地面积为 800m^2、建筑体积为 5100m^3 的戊类厂房

D. 耐火等级为四级、占地面积为 800m^2、建筑体积为 5100m^3 的戊类仓库

【参考答案】A

【命题思路】

本题主要考察《建筑设计防火规范》GB 50016—2014（2018 年版）中有关室内消火栓设置要求。

【解题分析】

8.2.2 本规范第 8.2.1 条未规定的建筑或场所和符合本规范第 8.2.1 条规定的下列建筑或场所，可不设置室内消火栓系统，但宜设置消防软管卷盘或轻便消防水龙：

1　耐火等级为一、二级且可燃物较少的单、多层丁、戊类厂房（仓库）；

2　耐火等级为三、四级且建筑体积不大于3000m^{3}的丁类厂房；耐火等级为三、四级且建筑体积不大于5000m^{3}的戊类厂房（仓库）；

3　粮食仓库、金库、远离城镇且无人值班的独立建筑；

4　存有与水接触能引起燃烧爆炸的物品的建筑；

5　室内无生产、生活给水管道，室外消防用水取自储水池且建筑体积不大于5000m^{3}的其他建筑。(故选项A正确)

【题11】关于七氯丙烷灭火系统设计的说法，正确的是（　　）。

A. 防护区实际应用的浓度不应大于灭火设计浓度的1.2倍

B. 防护区实际应用的浓度不应大于灭火设计浓度的1.3倍

C. 油浸变压器室防护区，设计喷放时间不应大于10s

D. 电子计算机房防护区，设计喷放时间不应大于10s

【参考答案】C

【命题思路】

本题主要考察《气体灭火系统设计规范》GB 50370—2005中有关七氯丙烷灭火系统设计要求。

【解题分析】

3.3.1　七氟丙烷灭火系统的灭火设计浓度不应小于灭火浓度的1.3倍，惰化设计浓度不应小于惰化浓度的1.1倍。

3.3.7　在通信机房和电子计算机房等防护区，设计喷放时间不应大于8s；在其他防护区，设计喷放时间不应大于10s。(故选项C正确)

【题12】最小点火能是在规定试验条件下，能够引燃某种可燃气体混合物所需的最低点火花能量，下列可燃气体或蒸气中，最小点火能最低的是（　　）。

A. 乙烷　　B. 乙醛　　C. 乙醚　　D. 环氧乙烷

【参考答案】D

【命题思路】

本题主要考察可燃气体或蒸气的最小点火能。

【解题分析】

《消防安全技术实务》教材第1篇第3章第3节

部分可燃气体和蒸气在空气中的最小点火能（单位：MJ）　　表1.3.5

物质名称	最小点火能	物质名称	最小点火能
乙烷	**0.285**	丁酮	0.68
丙烷	0.305	丙酮	1.15
甲烷	0.47	乙酸乙酯	1.42
庚烷	0.70	甲醚	0.33
乙炔	0.02	**乙醚**	**0.49**
乙烯	0.096	异丙醚	1.14

续表

物质名称	最小点火能	物质名称	最小点火能
丙炔	0.152	三乙胺	0.75
丙烯	0.282	乙胺	2.4
丁二烯	0.175	呋喃	0.225
氯丙烷	1.08	苯	0.55
甲醇	0.215	**环氧乙烷**	**0.087**
异丙醇	0.65	二硫化碳	0.015
乙醛	**0.325**	氢	0.02

从上表中可以看出，乙烷、乙醛、乙醚、环氧乙烷的最小点火能分别是 0.285、0.325、0.49 和 0.087，可见，环氧乙烷的最小点火能最低，故选项 D 正确。

【题 13】关于泡沫灭火系统的说法，错误的是（　　）。

A. 泡沫混合液泵是为采用环泵式比例混合器的泡沫灭火系统供给泡沫混合液的水泵

B. 泡沫消防水泵是为采用压力式等比混合装置的泡沫灭火系统供水的水泵

C. 当采用压力式比例混合装置时，泡沫储存罐的单罐容积不应大于 $10m^3$

D. 半固定系统是由移动式泡沫生产器，固定的泡沫消防水泵或泡沫混合液泵泡沫比例混合器（装置），用管线或水带连接组成的灭火系统

【参考答案】D

【命题思路】

本题主要考察《泡沫灭火系统设计规范》GB 50151—2010 中有关组件的设计要求。

【解题分析】

2.1.21　泡沫混合液泵：为采用环泵式比例混合器的泡沫灭火系统供给泡沫混合液的水泵。（故选项 A 正确）

2.1.20　泡沫消防水泵：为采用平衡式、计量注入式、压力式等比例混合装置的泡沫灭火系统供水的水泵。（故选项 B 正确）

3.4.4　当采用压力式比例混合装置时，应符合下列规定：1 泡沫液储罐的单罐容积不应大于 $10m^3$；（故选项 C 正确）

2.1.11　半固定式系统：由固定的泡沫产生器与部分连接管道，泡沫消防车或机动消防泵，用水带连接组成的灭火系统。（故选项 D 错误）

【题 14】关于干粉灭火系统的说法正确的是（　　）。

A. 干粉储存容器设计压力可取 2.5MPa 或 4.2MPa 压力级

B. 管网中阀门之间的封闭管段不应设置任何开口和装置

C. 管道分支不应使用四通管件

D. 干粉储存容器的装量系数不应大于 0.75

【参考答案】C

【命题思路】

本题主要考察《干粉灭火系统设计规范》GB 50347—2004 中有关容器设计压力和组

件的设计要求。

【解题分析】

5.1.1　储存装置宜由干粉储存容器、容器阀、安全泄压装置、驱动气体储瓶、瓶头阀、集流管、减压阀、压力报警及控制装置等组成。并应符合下列规定：

2 干粉储存容器设计压力可取1.6MPa或2.5MPa压力级；其干粉灭火剂的装量系数不应大于0.85；其增压时间不应大于30s。(故选项A、D错误)

5.3.1　管道及附件应能承受最高环境温度下工作压力，并应符合下列规定：

7 管道分支不应使用四通管件。(故选项C正确)

5.3.3　管网中阀门之间的封闭管段应设置泄压装置，其泄压动作压力取工作压力的(115±5)%。(故选项B错误)

【题15】某剧院舞台葡萄架下设有雨淋系统，雨淋报警阀组设置在舞台附近，距离消防泵房30m处。关于雨淋报警控制阀组控制方式说法，错误的是（　　）。

A. 可采用火灾自动报警系统自动开启雨淋报警阀组

B. 应能够在消防控制室远程控制开启雨淋报警阀组

C. 应能够在雨淋报警阀处现场手动机械开启雨淋报警阀组

D. 应能够在消防泵房远程控制开启雨淋报警阀组

【参考答案】D

【命题思路】

本题主要考察《自动喷水灭火设计规范》GB 50084—2017中有关雨淋报警控制阀组控制方式。

【解题分析】

11.0.3　雨淋系统和自动控制的水幕系统，消防水泵的自动启动方式应符合下列要求：

1　当采用火灾自动报警系统控制雨淋报警阀时，消防水泵应由火灾自动报警系统、消防水泵出水干管上设置的压力开关、高位消防水箱出水管上的流量开关或报警阀组压力开关直接自动启动；(故选项A正确)

2　当采用充液（水）传动管控制雨淋报警阀时，消防水泵应由消防水泵出水干管上设置的压力开关、高位消防水箱出水管上的流量开关或报警阀组压力开关直接启动。

11.0.7　预作用系统、雨淋系统和自动控制的水幕系统，应同时具备下列三种开启报警阀组的控制方式：

1　自动控制；(故选项A正确)

2　消防控制室（盘）远程控制；(故选项B正确)

3　预作用装置或雨淋报警阀处现场手动应急操作。(故选项C正确、选项D错误)

【题16】在地铁车站的下列区域中，可设置报刊亭的是（　　）。

A. 站厅付费区

B. 站厅非付费区乘客疏散区外

C. 出入口通道乘客集散区

D. 站台层有人值守的设备管理区外

【参考答案】B

【命题思路】

本题主要考察《地铁设计防火标准》GB 51298—2018中有关设置商业功能区域的

规定。

【解题分析】

4.1.5 车站内的商铺设置以及与地下商业等非地铁功能的场所相邻的车站应符合下列规定：

1 站台层、站厅付费区、站厅非付费区的乘客疏散区以及用于乘客疏散的通道内，严禁设置商铺和非地铁运营用房。

2 在站厅非付费区的乘客疏散区外设置的商铺，不得经营和储存甲、乙类火灾危险性的商品，不得储存可燃性液体类商品。每个站厅商铺的总建筑面积不应大于 $100m^2$，单处商铺的建筑面积不应大于 $30m^2$。商铺应采用耐火极限不低于 2.00h 的防火隔墙或耐火极限不低于 3.00h 的防火卷帘与其他部位分隔，商铺内应设置火灾自动报警和灭火系统。(故选项 B 正确)

3 在站厅的上层或下层设置商业等非地铁功能的场所时，站厅严禁采用中庭与商业等非地铁功能的场所连通；在站厅非付费区连通商业等非地铁功能场所的楼梯或扶梯的开口部位应设置耐火极限不低于 3.00h 的防火卷帘，防火卷帘应能分别由地铁、商业等非地铁功能的场所控制，楼梯或扶梯周围的其他临界面应设置防火墙。

在站厅层与站台层之间设置商业等非地铁功能的场所时，站台至站厅的楼梯或扶梯不应与商业等非地铁功能的场所连通，楼梯或扶梯穿越商业等非地铁功能的场所的部位周围应设置无门窗洞口的防火墙。

【题 17】某人防工程，地下 2 层，每层层高 5.1m，室外出入口层为商店、网吧，建筑面积分别为 $600m^2$、$500m^2$、$200m^2$；地下二层为体育场所、餐厅，建筑面积分别为 $500m^2$、$800m^2$。关于该人防工程防火设计的说法，正确的是（　　）。

A. 该人防工程应设置防烟楼梯间

B. 该人防工程餐厅厨房燃料可使用相对密度为 0.76 的可燃气体

C. 该人防工程消防用电可按二级负荷供电

D. 该人防工程健身体育场所、网吧应设置火灾自动报警系统

【参考答案】C

【命题思路】

本题主要考察《人民防空工程设计防火规范》GB 50098—2009 中防火设计的有关规定。

【解题分析】

3.1.2 人防工程内不得使用和储存液化石油气、相对密度（与空气密度比值）大于或等于 0.75 的可燃气体和闪点小于 60℃的液体燃料。(故选项 B 错误)

5.2.1 设有下列公共活动场所的人防工程，当底层室内地面与室外出入口地坪高差大于 10m 时，应设置防烟楼梯间；当地下为两层，且地下第二层的室内地面与室外出入口地坪高差不大于 10m 时，应设置封闭楼梯间。

1 电影院、礼堂；

2 建筑面积大于 $500m^2$ 的医院、旅馆；

3 建筑面积大于 $1000m^2$ 的商场、餐厅、展览厅、公共娱乐场所、健身体育场所。

根据题干 5.1×2−0.3=9.9m，应采用封闭楼梯间。故选项 A 错误。

8.1.1 建筑面积大于5000m² 的人防工程，其消防用电应按一级负荷要求供电；建筑面积小于或等于5000m² 的人防工程可按二级负荷要求供电。(故选项C正确)

8.4.1 下列人防工程或部位应设置火灾自动报警系统：

1 建筑面积大于500m² 的地下商店、展览厅和健身体育场所；

2 建筑面积大于1000m² 的丙、丁类生产车间和丙、丁类物品库房；

3 重要的通信机房和电子计算机机房，柴油发电机房和变配电室，重要的实验室和图书、资料、档案库房等；

4 歌舞娱乐放映游艺场所。(故选项D错误)

【题18】某化工厂主控楼设置了消防控制室，生产装置拟设置可燃气体探测报警系统，该可燃气体探测报警系统的下列设计方案中，错误的是（　　）。

A. 可燃气体探测器直接将报警信号传输至消防控制室图形显示装置

B. 可燃气体探测器设置在可燃气体管道阀门、进料口等部位附近

C. 可燃气体探测器同时接入生产装置的DCS系统和可燃气体报警控制器

D. 可燃气体报警控制器设置在防护区附近

【参考答案】A

【命题思路】

本题主要考察《火灾自动报警系统设计规范》GB 50116—2013中可燃气体探测报警系统的有关规定。

【解题分析】

8.1.2 可燃气体探测报警系统应独立组成，可燃气体探测器不应接入火灾报警控制器的探测器回路；当可燃气体的报警信号需接入火灾自动报警系统时，应由可燃气体报警控制器接入。(故选项A错误)

8.2.2 可燃气体探测器宜设置在可能产生可燃气体部位附近。(故选项B、C正确)

8.3.1 当有消防控制室时，可燃气体报警控制器可设置在保护区域附近；当无消防控制室时，可燃气体报警控制器应设置在有人值班的场所。(故选项D正确)

【题19】某实验室，室内净高为3.2m，使用面积为100m²。下列试剂单独存放。可不按物质危险特性确定生产火灾危险性类别的是（　　）。

可不按物质危险特性确定生产火灾危险性类别

火灾危险性的特性	最大允许量	
	与房间容积的比值	总量
闪点小于28℃的液体	0.004L/m³	100L
闪点大于或等于28～60℃的液体	0.02L/m³	200L

A. 6L 1-硝基丙烷　　B. 6L 正庚烷

C. 10L 煤油　　D. 10L 异戊醇

【参考答案】A

【命题思路】

本题主要考察物质危险性特性判定。

【解题分析】

该实验室容积为 $320m^3$，硝基丙烷，液体闪点 33℃，与房间容积的比值为 6/320＝$0.01875L/m^3<0.02L/m^3$，故选项 A 可不按物质危险特性确定生产火灾危险性类别，选 A。正庚烷液体，闪点－4℃，煤油 28℃≤闪点<60℃的液体，异戊醇 43℃；与房间容积的比值均大于表格中数据，故需要按物质危险特性确定生产火灾危险性类别。

【题 20】某 $1200m^2$ 液化烃球罐采用水喷雾灭火系统进行防护冷却。关于水雾喷头说法，正确的是（　　）。

A. 水雾喷头的喷口应朝向该喷头所在环管的圆心

B. 水雾锥沿纬线方向应相交

C. 水雾锥沿经线方向宜相交

D. 赤道以上环管之间的距离不应大于 4m

【参考答案】B

【命题思路】

本题主要考察《水喷雾灭火系统技术规范》GB 50219—2014 中水雾喷头布置的有关规定。

【解题分析】

3.2.7　当保护对象为球罐时，水雾喷头的布置尚应符合下列规定：

1　水雾喷头的喷口应朝向球心；(故选项 A 错误)

2　水雾锥沿纬线方向应相交，沿经线方向应相接；(故选项 B 正确、C 错误)

3　当球罐的容积不小于 $1000m^3$ 时，水雾锥沿纬线方向应相交，沿经线方向宜相接，但赤道以上环管之间的距离不应大于 3.6m；(故选项 D 错误)

4　无防护层的球罐钢支柱和罐体液位计、阀门等处应设水雾喷头保护。

【题 21】某地下变电站设有四台变压器，其中额定容量为 5MVA 的 35kV 铅线电力变压器 2 台，每台存油量 2.5t，额定容量为 10MVA 的 110kV 双卷铅线电力变压器 2 台，每台存油量 5t，该变电站的事故贮油池最小容量是（　　）。

A. 2.5t　　B. 7.5t　　C. 15.0t　　D. 5.0t

【参考答案】D

【命题思路】

本题主要考察《火力发电厂与变电站设计防火标准》GB 50229—2019 中事故贮油池的有关规定。

【解题分析】

11.3.5　地下变电站的变压器应设置能贮存最大一台变压器油量的事故贮油池。(故选项 D 正确)

【题 22】关于装修材料的燃烧性能等级的说法正确的是（　　）。

A. 施涂于 B 级基材上的有机装饰涂料，其湿涂覆比小于 $1.5kg/m^2$ 厚度为 1.0mm。可作为 B_2 级装修材料使用

B. 施涂于 A 级基材上的有机装饰涂料，其湿涂覆比小于 $1.5kg/m^2$ 且涂层干膜厚度为 1.0mm，可作为 B_1 级装修材料使用

C. 单位面积质量小于 $300g/m^2$ 的布质壁纸，直接粘贴在 B_1 级基材上时，可作为 B_2

级装修材料使用

D. 单位面积质量小于300g/m^{2}的纸质壁纸，直接粘贴在A级基材上时，可作为A级装修材料使用

【参考答案】B

【命题思路】

本题主要考察《建筑内部装修设计防火规范》GB 50222—2017中装修材料的分类和分级的有关规定。

【解题分析】

3.0.4 安装在金属龙骨上燃烧性能达到B_1级的纸面石膏板、矿棉吸声板，可作为A级装修材料使用。

3.0.5 单位面积质量小于300g/m^{2}的纸质、布质壁纸，当直接粘贴在A级基材上时，可作为B_1级装修材料使用。

3.0.6 施涂于A级基材上的无机装修涂料，可作为A级装修材料使用；施涂于A级基材上，湿涂覆比小于1.5kg/m^2，且涂层干膜厚度不大于1.0mm的有机装修涂料，可作为B_1级装修材料使用。(故选项B正确)

【题23】某高层建筑，一至三层为汽车库，三层屋面布置露天停车场和办公楼、星级酒店、百货楼、住宅楼等4栋塔楼，其外墙均开设普通门窗，办公楼与住宅楼建筑高度超过100m。关于各塔楼与屋面停车场防火间距的说法，正确的是（　　）。

A. 办公楼与屋面停车场的防火间距不应小于13m

B. 酒店与屋面停车场的防火间距不应小于10m

C. 住宅楼与屋面停车场的防火间距不应小于9m

D. 百货楼与屋面停车场的防火间距不应小于6m

【参考答案】A

【命题思路】

本题主要考察《汽车库、修车库、停车场设计防火规范》GB 50067—2014中总平面布局和平面布置的有关规定。

【解题分析】

4.2.1 除本规范另有规定外，汽车库、修车库、停车场之间及汽车库、修车库、停车场与除甲类物品仓库外的其他建筑物的防火间距，不应小于表4.2.1的规定。其中，高层汽车库与其他建筑物，汽车库、修车库与高层建筑的防火间距应按表4.2.1的规定值增加3m；汽车库、修车库与甲类厂房的防火间距应按表4.2.1的规定值增加2m。

汽车库、修车库、停车场之间及汽车库、修车库、停车场与除甲类物品仓库外的其他建筑物的防火间距（m）　　表4.2.1

名称和耐火等级	汽车库、修车库		厂房、仓库、民用建筑		
	一、二级	三级	一、二级	三级	四级
一、二级汽车库、修车库	10	12	10	12	14
三级汽车库、修车库	12	14	12	14	16
停车场	6	8	6	8	10

从 4.2.1 条中增加 3m 的规定和上表中 10m 的规定，可知选项 A 正确。

【题 24】某建筑高度为 50m 的大型公共建筑，若避难走道一端设置安全出口且仅在避难走道前室设置机械加压送风系统，则避难走道的总长度应小于（　　）。

A. 60m　　B. 30m　　C. 40m　　D. 50m

【参考答案】B

【命题思路】

本题主要考察《建筑防烟排烟系统技术标准》GB 51251—2017 中避难走道有关规定。

【解题分析】

3.1.9 避难走道应在其前室及避难走道分别设置机械加压送风系统，但下列情况可仅在前室设置机械加压送风系统：

1 避难走道一端设置安全出口，且总长度小于 30m；（故选项 B 正确）

2 避难走道两端设置安全出口，且总长度小于 60m。

【题 25】某油浸变压器油箱外形为长方体，长、宽、高分别为 5m、3m、4m，散热器的外表面积为 $21m^2$，油枕及集油坑的投影面积为 $22m^2$，如采用水喷雾灭火系统保护，则该变压器的保护面积至少应为（　　）。

A. $58m^2$　　B. $100m^2$　　C. $137m^2$　　D. $122m^2$

【参考答案】D

【命题思路】

本题主要考察《水喷雾灭火系统技术规范》GB 50219—2014 中基本设计参数和喷头布置有关规定。

【解题分析】

3.1.4 保护对象的保护面积除本规范另有规定外，应按其外表面面积确定，并应符合下列要求：

1 当保护对象外形不规则时，应按包容保护对象的最小规则形体的外表面面积确定。

2 变压器的保护面积除应按扣除底面面积以外的变压器油箱外表面面积确定外，尚应包括散热器的外表面面积和油枕及集油坑的投影面积。

3 分层敷设的电缆的保护面积应按整体包容电缆的最小规则形体的外表面面积确定。

选项 D 正确：$(5+3)\times2\times4+5\times3+21+22=122m^2$。

【题 26】A1 层 N 类工业厂房，从东至西一字排开，成组布置建筑体积依次为 $1000m^3$、$1500m^3$、$3000m^3$、$1800m^3$、$1200m^3$，厂房的耐火等级均为一级，上述厂房室外消防栓的设计流量不应小于（　　）。

A. 15L/s　　B. 20L/s　　C. 25L/s　　D. 30L/s

【参考答案】B

【命题思路】

本题主要考察《消防给水及消火栓系统技术规范》GB 50974—2014 中室外消火栓设计流量有关规定。

【解题分析】

3.3.2 建筑物室外消火栓设计流量不应小于表 3.3.2 的规定。

建筑物室外消火栓设计流量（L/s） **表 3.3.2**

耐火等级	建筑物名称及类别			建筑体积（m^3）					
				$V \leq 1500$	$1500 < V \leq 3000$	$3000 < V \leq 5000$	$5000 < V \leq 20000$	$20000 < V \leq 50000$	$V > 50000$
一、二级	工业建筑	厂房	甲、乙	15		20	25	30	35
			丙	15		20	25	30	40
			丁、戊	15					20
		仓库	甲、乙	15		25		—	
			丙	15		25		35	45
			丁、戊	15					20
	民用建筑	住宅		15					
		公共建筑	单层及多层	15			25	30	40
			高层	—			25	30	40
	地下建筑（包括地铁）、平战结合的人防工程			15			20	25	30
三级	工业建筑		乙、丙	15	20	30	40	45	—
			丁、戊	15			20	25	35
	单层及多层民用建筑			15		20	25	30	—

相邻两座建筑物体积之和 3000＋1800＝4800m^3，室外消火栓取值 20L/s。(故选项 B 正确)

【题 27】某仓库储存一定量的可燃材料。火源热释放速率达 1MW 时，火灾发展所需时间为 292s。库内未设置自动喷水灭火系统，若不考虑火灾初期的点燃过程，则仓库储存的材料可能是（　　）。

A. 塑料泡沫　　　　B. 堆放的木架

C. 聚酯床垫　　　　D. 易燃的装饰家具

【参考答案】C

【命题思路】

本题主要考察材料的火灾增长类型。

【解题分析】

《消防安全技术实务》教材第 5 篇第 4 章第 2 节

可燃材料	火焰蔓延分级	α（kJ/s^2）	达到 1MW 时所需的时间（s）
没有注明	慢速	0.0029	584
无棉制品 聚酯床垫	中速	0.0117	292
塑料泡沫 堆积的木板 装满邮件的邮袋	快速	0.0469	146
甲醇 快速燃烧的软垫座椅	极快	0.1876	73

从上表可以看出，聚酯床垫达到 1MW 时所需的时间是 292s，故选项 C 正确。

【题 28】地铁地上车站，建筑高度为 18m，站台层与站厅层之间设有建筑面积为 $1000m^2$ 的商场，各层均能满足自然排烟条件。该车站的下列防火设计方案中，错误的是（　　）。

A. 车站站台至站厅的楼梯穿越商场的部位周围，设置耐火极限 3h 的防火墙分隔，且在商场疏散平台处开设的门洞采用甲级防火门分隔

B. 车站站厅顶棚采用硅酸钙板、墙面采用烤瓷铝板、地面采用硬质 PVC 塑料地板进行装修，广告灯箱及座椅采用难燃聚氯乙烯塑料

C. 沿车站的一个长边设置消防车道

D. 车站的站厅公共区相邻两个安全出口之间的最小水平距离为 20m

【参考答案】A

【命题思路】

本题主要考察《地铁设计防火标准》GB 51298—2018 中防火设计有关规定。

【解题分析】

4.1.5　车站内的商铺设置以及与地下商业等非地铁功能的场所相邻的车站应符合下列规定：

3　在站厅的上层或下层设置商业等非地铁功能的场所时，站厅严禁采用中庭与商业等非地铁功能的场所连通；在站厅非付费区连通商业等非地铁功能场所的楼梯或扶梯的开口部位应设置耐火极限不低于 3.00h 的防火卷帘，防火卷帘应能分别由地铁、商业等非地铁功能的场所控制，楼梯或扶梯周围的其他临界面应设置防火墙。

在站厅层与站台层之间设置商业等非地铁功能的场所时，站台至站厅的楼梯或扶梯不应与商业等非地铁功能的场所连通，楼梯或扶梯穿越商业等非地铁功能的场所的部位周围应设置无门窗洞口的防火墙。（故选项 A 错误）

5.1.4　每个站厅公共区应至少设置 2 个直通室外的安全出口。安全出口应分散布置，且相邻两个安全出口之间的最小水平距离不应小于 20m。换乘车站共用一个站厅公共区时，站厅公共区的安全出口应按每条线不少于 2 个设置。（故选项 D 正确）

6.3.1　地上车站公共区的墙面和顶棚装修材料的燃烧性能均应为 A 级，满足自然排烟条件的车站公共区，其地面装修材料的燃烧性能不应低于 B_1 级。

6.3.8　广告灯箱、导向标志、座椅、电话亭、售检票亭（机）等固定设施的燃烧性能均不应低于 B_1 级，垃圾箱的燃烧性能应为 A 级。

硅酸钙板为 A 级，烤瓷铝板为 A 级，硬质 PVC 塑料地板为 B_1 级，难燃聚氯乙烯塑料为 B_1 级。（故选项 B 正确）

【题 29】在某一甲类液体储罐防火堤外有 7 个室外消火栓，消火栓与该罐罐壁的最小距离分别为 160m、110m、90m、60m、40m、30m 和 14m。上述室外消火栓中，可计入该罐的室外消火栓设计数量为（　　）。

A. 5 个　　B. 7 个　　C. 6 个　　D. 4 个

【参考答案】A

【命题思路】

本题主要考察《消防给水及消火栓系统技术规范》GB 50974—2014 中室外消火栓设

计有关规定。

【解题分析】

7.3.2 建筑室外消火栓的数量应根据室外消火栓设计流量和保护半径经计算确定，保护半径不应大于150.0m，每个室外消火栓的出流量宜按10～15L/s计算。

7.3.6 甲、乙、丙类液体储罐区和液化烃罐罐区等构筑物的室外消火栓，应设在防火堤或防护墙外，数量应根据每个罐的设计流量经计算确定，但距罐壁15m范围内的消火栓，不应计算在该罐可使用的数量内。

从上述规定可以看出，超过保护半径的消火栓（160m）及距离罐壁小于15m的消火栓（14m）不计入可使用的数量内，故选项A正确。

【题30】下列建筑中，消防用电应按二级负荷供电的是（　　）。

A. 建筑高度为51m且室外消防用水量为30L/s的丙级厂房

B. 建筑高度为24m且室外消防用水量为35L/s的乙级厂房

C. 建筑高度为30m且室外消防用水量为25L/s的丙级仓库

D. 建筑高度为18m且室外消防用水量为25L/s的乙级仓库

【参考答案】B

【命题思路】

本题主要考察《建筑设计防火规范》GB 50016—2014中消防用电有关规定。

【解题分析】

10.1.1 下列建筑物的消防用电应按一级负荷供电：

1 建筑高度大于50m的乙、丙类厂房和丙类仓库；

2 一类高层民用建筑。(故选项A不正确)

10.1.2 下列建筑物、储罐（区）和堆场的消防用电应按二级负荷供电：

1 室外消防用水量大于30L/s的厂房（仓库）；(故选项B正确)

2 室外消防用水量大于35L/s的可燃材料堆场、可燃气体储罐（区）和甲、乙类液体储罐（区）；

3 粮食仓库及粮食筒仓；

4 二类高层民用建筑；

5 座位数超过1500个的电影院、剧场，座位数超过3000个的体育馆，任一层建筑面积大于3000m^2的商店和展览建筑，省（市）级及以上的广播电视、电信和财贸金融建筑，室外消防用水量大于25L/s的其他公共建筑。

10.1.3 除本规范第10.1.1条和第10.1.2条外的建筑物、储罐（区）和堆场等的消防用电，可按三级负荷供电。(故选项C、D为三级负荷)

【题31】某加油站，拟设埋地汽油罐及柴油罐各3个，每个油罐容积均为30m^3，该加油站的下列设计方案中，正确的是（　　）。

A. 罩棚设置在杆高8m的架空电线下方，埋地油罐与该电线的水平间距为13m

B. 汽油罐与柴油罐的通气管分开设置，通气管口高出地面3.6m

C. 布置在城市中心区，靠近城市道路，并远离城市干道交叉路口

D. 站内道路转弯半径9m，站内停车场及道路路面采用沥青路面

【参考答案】C

【命题思路】

本题主要考察《汽车加油加气站设计与施工规范》GB 50156—2012 中有关规定。

【解题分析】

4.0.3 城市建成区内的加油加气站，宜靠近城市道路，但不宜选在城市干道的交叉路口附近。(故选项 C 正确)

4.0.13 架空电力线路不应跨越加油加气站的加油加气作业区。架空通信线路不应跨越加气站的加气作业区。(故选项 A 错误)

5.0.2 站区内停车位和道路应符合下列规定：

2 站内的道路转弯半径应按行驶车型确定，且不宜小于 9m。

4 加油加气作业区内的停车位和道路路面不应采用沥青路面。(故选项 D 错误)

6.3.8 汽油罐与柴油罐的通气管应分开设置。通气管管口高出地面的高度不应小于 4m。沿建（构）筑物的墙（柱）向上敷设的通气管，其管口应高出建筑物的顶面 1.5m 及以上。通气管管口应设置阻火器。(故选项 B 错误)

【题 32】某低温冷库拟配置手提式灭火器，可以选择的类型、规格是（　　）。

A. MF/ABC3　　B. MP/AR6　　C. MS/T6　　D. MP6

【参考答案】A

【命题思路】

本题主要考察《建筑灭火器配置设计规范》GB 50140—2005 中建筑灭火器配置场所的危险等级。

【解题分析】

《建筑灭火器配置设计规范》GB 50140—2005 附录 C 中表 C“工业建筑灭火器配置场所的危险等级举例”可知，低温冷库属于中危险级，应配置的灭火器最低灭火级别为 2A。根据附录 A，MS/T6 为水型灭火器 1A；MP6、MP/AR6 为泡沫灭火器 1A；故选项 BCD 错误；MF/ABC3 为磷酸铵盐干粉型 2A 灭火器，故选项 A 正确。

【题 33】室内火灾发展过程中可能会出现轰然现象。下列条件中，可能使轰然提前的是（　　）。

A. 将室内地面接收的辐射热通量降低 15%

B. 将室内装饰材料的热惯性降低 25%

C. 将室内空间高度提高 20%

D. 将室内沙发由靠近墙壁移至室内中央部位

【参考答案】B

【命题思路】

本题主要考察轰然的影响因素。

【解题分析】

热惯性表征物体吸收环境热量的能力，壁面内衬材料热惯性越大，吸热越多，房间温度升高就减慢，因此会推迟轰然的发生；相反，降低热惯性，轰然有可能提前。故选项 B 正确。

【题 34】某单罐容积为 6000m^3 的轻柴油内浮顶储罐，设置低倍数泡沫灭火系统时，应选用（　　）。

A. 半固定式液上喷射系统　　B. 固定式液上喷射系统

C. 固定式半液下喷射系统　　　　　　　　D. 固定式液下喷射系统

【参考答案】B

【命题思路】

本题主要考察《建筑设计防火规范》GB 50016—2014 和《泡沫灭火系统设计规范》GB 50151—2010 中泡沫灭火系统选用的有关规定。

【解题分析】

《建筑设计防火规范》GB 50016—2014

8.3.10　甲、乙、丙类液体储罐的灭火系统设置应符合下列规定：

1　**单罐容量大于 $1000m^3$ 的固定顶罐应设置固定式泡沫灭火系统；**

2　罐壁高度小于 7m 或容量不大于 $200m^3$ 的储罐可采用移动式泡沫灭火系统；

3　其他储罐宜采用半固定式泡沫灭火系统；

4　石油库、石油化工、石油天然气工程中甲、乙、丙类液体储罐的灭火系统设置，应符合现行国家标准《石油库设计规范》GB 50074 等标准的规定。

《泡沫灭火系统设计规范》GB 50151—2010

4.1.2　储罐区低倍数泡沫灭火系统的选择，应符合下列规定：

1　非水溶性甲、乙、丙类液体固定顶储罐，应选用液上喷射、液下喷射或半液下喷射系统；

2　水溶性甲、乙、丙类液体和其他对普通泡沫有破坏作用的甲、乙、丙类液体固定顶储罐，应选用液上喷射系统或半液下喷射系统；

3　**外浮顶和内浮顶储罐应选用液上喷射系统；**

4　非水溶性液体外浮顶储罐、内浮顶储罐、直径大于 18m 的固定顶储罐及水溶性甲、乙、丙类液体立式储罐，不得选用泡沫炮作为主要灭火设施；

5　高度大于 7m 或直径大于 9m 的固定顶储罐，不得选用泡沫枪作为主要灭火设施。

(故选项 B 正确)

【题 35】关于火灾探测器分类的说法，正确的是（　　）。

A. 点型感温火灾探测器按其应用和动作温度不同，分为 A1、A2、B、C、D 型

B. 线型感温火灾探测器按其敏感部件形式不同，分为缆式、分布光纤和空气管式

C. 吸气式感烟火灾探测器按其响应阈值范围不同，分为普通型和灵敏型

D. 吸气式感烟火灾探测器按其采样式方式不同，分为管路采样式和点型采样式

【参考答案】D

【命题思路】

本题主要考察火灾探测器分类。

【解题分析】

《火灾自动报警系统设计规范》GB 50116—2013

点型感温火灾探测器分类　　　**附录 C**

探测器类别	典型应用温度（℃）	最高应用温度（℃）	动作温度下限值（℃）	动作温度上限值（℃）
A1	25	50	54	65
A2	25	50	54	70

续表

探测器类别	典型应用温度（℃）	最高应用温度（℃）	动作温度下限值（℃）	动作温度上限值（℃）
B	40	65	69	85
C	55	80	84	100
D	70	95	99	115
E	85	110	114	130
F	100	125	129	145
G	115	140	144	160

由上表可知，点型感温火灾探测器分为Al、A2、B、C、D、E、F、G型。（故选项A错误）

《线型感温火灾探测器》GB16280—2014

3.1 按敏感部件形式分类：a）缆式；b）空气管式；c）分布式光纤；d）光纤光栅；e）线式多点型。（故选项B错误）

吸气式感烟火灾探测器按其响应阈值范围不同，分为非灵敏型和灵敏型。（故选项C错误）

【题36】某单向通行的城市交通隧道，长度为3100m，根据现行国家标准《消防给水及消火栓系统技术规范》GB 50974，其室内消火栓系统的下列设计方案中，错误的是（　　）。

A. 设置独立的临时高压消防给水系统

B. 消火栓栓口出水压力大于0.8MPa时，设置减压设施

C. 在用水量达到最大时，消火栓管道的最低供水压力为0.35MPa

D. 消火栓间距为30m

【参考答案】B

【命题思路】

本题主要考察《消防给水及消火栓系统技术规范》GB 50974—2014室内消火栓系统有关规定。

【解题分析】

7.4.16 城市交通隧道室内消火栓系统的设置应符合下列规定：

1 隧道内宜设置独立的消防给水系统；（故选项A正确）

2 管道内的消防供水压力应保证用水量达到最大时，最低压力不应小于0.30MPa，但当消火栓栓口处的出水压力超过0.70MPa时，应设置减压设施；（故选项B错误，选项C正确）

3 在隧道出入口处应设置消防水泵接合器和室外消火栓；

4 消火栓的间距不应大于50m，双向同行车道或单行通行但大于3车道时，应双面间隔设置；（故选项D正确）

5 隧道内允许通行危险化学品的机动车，且隧道长度超过3000m时，应配置水雾或泡沫消防水枪。

【题37】单孔单向城市交通隧道，封闭段长度为1600m，仅限通行非危险化学品机动车，该隧道的下列设计方案中，正确的是（　　）。

A. 消防用电按二级负荷供电

B. 通风机房与车行隧道之间采用耐火极限 2.00h 的防火隔离墙和乙级防火门分隔

C. 在隧道两侧均设置 ABC 类灭火器，每个设置点 2 具

D. 机械排烟系统采用纵向排烟方式，纵向气流速度小于临界风速

【参考答案】B

【命题思路】

本题主要考察《建筑设计防火规范》GB 50016—2014 城市交通隧道消防设施有关规定。

【解题分析】

12.1.2 单孔和双孔隧道应按其封闭段长度和交通情况分为一、二、三、四类，并应符合表 12.1.2 的规定。

单孔和双孔隧道分类 **表 12.1.2**

用　途	一类	二类	三类	四类
	隧道封闭段长度 L（m）			
可通行危险化学品等机动车	$L>1500$	$500<L\leqslant1500$	$L\leqslant500$	—
仅限通行非危险化学品等机动车	$L>3000$	$1500<L\leqslant3000$	$500<L\leqslant1500$	$L\leqslant500$
仅限人行或通行非机动车	—	—	$L>1500$	$L\leqslant1500$

12.5.1 一、二类隧道的消防用电应按一级负荷要求供电；三类隧道的消防用电应按二级负荷要求供电。(故选项 A 错误)

12.1.9 隧道内的变电站、管廊、专用疏散通道、通风机房及其他辅助用房等，应采取耐火极限不低于 2.00h 的防火隔墙和乙级防火门等分隔措施与车行隧道分隔。(故选项 B 正确)

12.2.4 隧道内应设置 ABC 类灭火器，并应符合下列规定：

1 通行机动车的一、二类隧道和通行机动车并设置 3 条及以上车道的三类隧道，在隧道两侧均应设置灭火器；每个设置点不应少于 4 具；(故选项 C 错误)

2 其他隧道，可在隧道一侧设置灭火器；每个设置点不应少于 2 具。

12.3.4 隧道内设置的机械排烟系统应符合下列规定：

1 采用全横向和半横向通风方式时，可通过排风管道排烟；

2 采用纵向排烟方式时，应能迅速组织气流、有效排烟，其排烟风速应根据隧道内的最不利火灾规模确定，且纵向气流的速度不应小于 2m/s，并应大于临界风速。(故选项 D 错误)

【题 38】影响灭火器配置数量的主要因素不包括（　　）。

A. 建筑的使用性质　　B. 火灾蔓延速度

C. 火灾补救难易程度　　D. 建筑物的耐火等级

【参考答案】D

【命题思路】

本题主要考察《建筑灭火器配置设计规范》GB 50140—2005 灭火器配置数量的主要因素有关规定。

【解题分析】

3.2.2 民用建筑灭火器配置场所的危险等级，应根据其使用性质，人员密集程度，用电用火情况，可燃物数量，火灾蔓延速度，扑救难易程度等因素，划分为以下三级：

1 严重危险级：使用性质重要，人员密集，用电用火多，可燃物多，起火后蔓延迅速，扑救困难，容易造成重大财产损失或人员群死群伤的场所；

2 中危险级：使用性质较重要，人员较密集，用电用火较多，可燃物较多，起火后蔓延较迅速，扑救较难的场所；

3 轻危险级：使用性质一般，人员不密集，用电用火较少，可燃物较少，起火后蔓延较缓慢，扑救较易的场所。

从 3.2.2 条的规定可知，影响灭火器配置数量的主要因素不包括建筑物的耐火等级，故答案为选项 D。

【题 39】某燃煤电厂的汽机房按相关规定设置了火灾自动报警系统和自动灭火系统，汽机房最远工作地点到直通室外的安全出口或疏散楼梯的距离不应大于（ ）。

A. 30m B. 40m C. 75m D. 50m

【参考答案】C

【命题思路】

本题主要考察《火力发电厂与变电站设计防火标准》GB 50229—2019 主厂房的安全疏散有关规定。

【解题分析】

5.1.2 汽机房、除氧间、煤仓间、锅炉房最远工作地点到直通室外的安全出口或疏散楼梯的距离不应大于 75m；集中控制楼最远工作地点到直通室外的安全出口或楼梯间的距离不应大于 50m。(故选项 C 正确)

【题 40】某燃煤火力发电厂，单机容量 200MW，该发电厂火灾自动报警系统的下列设计方案中，正确的是（ ）。

A. 厂区设置集中报警系统

B. 运煤系统内的火灾探测器防护等级为 IP65

C. 消防控制室与集中控制室分别独立设置

D. 灭火过程中，消防水泵根据管网压力变化自动启停

【参考答案】B

【命题思路】

本题主要考察《火力发电厂与变电站设计防火标准》GB 50229—2019 火灾自动报警系统设置有关规定。

【解题分析】

7.13.2 单机容量为 200MW 及以上的燃煤电厂，应设置控制中心报警系统。(故选项 A 错误)

7.13.4 消防控制室应与集中控制室合并设置。故（选项 C 错误）

7.13.8 运煤系统内的火灾探测器及相关连接件的 IP 防护等级不应低于 IP55。(故选项 B 正确)

7.13.13 条文说明 消防供水灭火过程中，管网的压力可能比较稳定地维持在工作压

力状态，甚至更高。(故选项D错误)

【题41】某石化企业工艺装置区采用高压消防给水系统。该装置应根据设计流量经计算确定，且布置间距不应大于（　　）。

A. 110m　　B. 120m　　C. 150m　　D. 60m

【参考答案】D

【命题思路】

本题主要考察《消防给水及消火栓系统技术规范》GB 50974—2014室外消火栓设置有关规定。

【解题分析】

7.3.7　工艺装置区等采用高压或临时高压消防给水系统的场所，其周围应设置室外消火栓，数量应根据设计流量经计算确定，且间距不应大于60.0m。当工艺装置区宽度大于120.0m时，宜在该装置区内的路边设置室外消火栓。(故选项D正确)

【题42】某教学楼，建筑高度为8m，每层建筑面积为1000m^2，共2层，第一层为学生教室，第二层为学生教室及教研室。该教学楼拟配置MF/ABC4型手提式灭火器，下列配置方案中，正确的是（　　）。

A. 当室内设有消火栓系统和灭火系统时，至少应配备6具灭火器

B. 当室内设有灭火系统和自动报警系统时，至少应配备8具灭火器

C. 当室内未设消火栓系统和灭火系统时，至少应配备16具灭火器

D. 当室内设有消火栓系统和自动报警系统时，至少应配备12具灭火器

【参考答案】D

【命题思路】

本题主要考察灭火器配置计算。

【解题分析】

《建筑灭火器配置设计规范》GB 50140—2005

7.3.1　计算单元的最小需配灭火级别应按下式计算：

$$Q=K\frac{S}{U} \tag{7.3.1}$$

式中　Q——计算单元的最小需配灭火级别（A或B）；

S——计算单元的保护面积（m^2）；

U——A类或B类火灾场所单位灭火级别最大保护面积（m^2/A或m^2/B）；

K——修正系数。

7.3.2　修正系数应按表7.3.2的规定取值。

修正系数　　　　**表7.3.2**

计算单元	K
未设室内消火栓系统和灭火系统	1.0
设有室内消火栓系统	0.9
设有灭火系统	0.7
设有室内消火栓系统和灭火系统	0.5

续表

计算单元	K
可燃物露天堆场 甲、乙、丙类液体储罐区 可燃气体储罐区	0.3

根据《建筑灭火器配置设计规范》GB 50140—2005 附录 C 中表 C“工业建筑灭火器配置场所的危险等级举例”可知，该教学楼属于中危险等级。MF/ABC4 型手提式灭火器灭火级别为 2A，不同工况下灭火器配置数量计算如下：

不考虑折减：1000×2/75=26.66667A

选项 A：修正系数 K=0.5 则 26.66667×0.5/2=7 具

选项 B：修正系数 K=0.7 则 26.66667×0.7/2=10 具

选项 C：修正系数 K=1 则 26.66667/2=14 具

选项 D：修正系数 K=0.9 则 26.66667×0.9/2=12 具

故选项 D 正确。

【题 43】某油漆喷涂车间，拟采用自动喷水灭火系统，该灭火系统应采用（　　）。

A. 湿式系统　　B. 雨淋系统　　C. 干式系统　　D. 预作用系统

【参考答案】B

【命题思路】

本题主要考察《自动喷水灭火系统设计规范》GB 50084—2017 灭火系统设置有关规定。

【解题分析】

4.2.6 具有下列条件之一的场所，应采用雨淋系统：

1 火灾的水平蔓延速度快、闭式洒水喷头的开放不能及时使喷水有效覆盖着火区域的场所；

2 设置场所的净空高度超过本规范第 6.1.1 条的规定，且必须迅速扑救初期火灾的场所；

3 火灾危险等级为严重危险级Ⅱ级的场所。

油漆喷涂车间火灾危险等级为严重危险级Ⅱ级的场所。故选项 B 正确。

【题 44】某办公室，建筑高度为 56m，每层建筑面积为 1000m^2。该建筑内部装修的下列设计方案中，正确的有（　　）。

A. 建筑面积为 100m^2 的 B 级电子信息系统机房铺设半硬质 PVC 塑料地板

B. 建筑面积为 100m^2 的办公室墙面粘贴塑料壁纸

C. 建筑面积为 50m^2 的重要档案资料室采用 B_2 级阻燃织物窗帘

D. 建筑面积为 150m^2 的餐厅内采用 B_2 级木制桌椅

【参考答案】D

【命题思路】

本题主要考察《建筑内部装修设计防火规范》GB 50222—2017 高层民用建筑内部各部位装修材料的燃烧性能等级有关规定。

【解题分析】

5.2.1 高层民用建筑内部各部位装修材料的燃烧性能等级，不应低于本规范表5.2.1的规定。

高层民用建筑内部各部位装修材料的燃烧性能等级 表5.2.1

序号	建筑物	建筑规模、性质	装修材料燃烧性能等级									
			顶棚	墙面	地面	隔断	固定家具	装饰织物				其他装饰材料
								窗帘	帷幕	床罩	家具包布	
10	重要图书、档案、资料的场所	—	A	A	B_1	B_1	B_2	B_1	—	—	B_1	B_2
12	A、B级电子信息系统机房	—	A	A	B_1	B_1	B_1	B_1	B_1	—	B_1	B_1
13	餐饮场所	—	A	B_1	B_1	B_1	B_2	B_1	—	—	B_1	B_2
14	办公场所	一类建筑	A	B_1	B_1	B_1	B_2	B_1	B_1	—	B_1	B_1

选项A，地板应为B_1级，但半硬质PVC塑料地板为B_2级，故错误。

选项B，一类高层办公建筑墙面应为B_1级，但塑料壁纸为B_2级，故错误。

选项C，重要档案室的窗帘应为B_1级，故错误。

选项D，餐饮场所固定家具可为B_2级，故D正确。

【题45】某商场设置火灾自动报警系统，首层2个防火分区共用火灾报警控制器的2号回路总线。其中防火分区一设置30只感烟火灾探测器、10只手动火灾报警按钮、10只总线模块（2输入2输出）；防火分区二设置28只感烟火灾探测器、8只手动火灾报警按钮、10只总线模块（2输入2输出）。控制器2＃回路总线设置短路隔离器的数量至少为（　　）。

A. 3只　　B. 6只　　C. 5只　　D. 4只

【参考答案】C

【命题思路】

本题主要考察《火灾自动报警系统设计规范》GB 50116—2013短路隔离器的数量计算有关规定。

【解题分析】

3.1.6 系统总线上应设置总线短路隔离器，每只总线短路隔离器保护的火灾探测器、手动火灾报警按钮和模块等消防设备的总数不应超过32点；总线穿越防火分区时，应在穿越处设置总线短路隔离器。

防火分区1，设备数量30＋10＋10＝50，需要设置2个总线隔离器；

防火分区2，设备数量28＋8＋10＝46，需要2个总线隔离器；

消控室设置在某一个防火分区内，则肯定有一路总线需要穿越防火分区。

穿越防火分区处设置1个，故最少5个。选项C正确。

【题 46】某住宅小区，建有 10 栋建筑高度为 110m 的住宅。在小区物业服务中心设置消防控制室，该小区的火灾自动报警系统（　　）。

A. 应采用集中报警系统　　B. 应采用区域报警系统

C. 应采用区域集中报警系统　　D. 应采用控制中心报警系统

【参考答案】A

【命题思路】

本题主要考察《火灾自动报警系统设计规范》GB 50116—2013 火灾自动报警系统形式的选择有关规定。

【解题分析】

3.2.1 火灾自动报警系统形式的选择，应符合下列规定：

1 仅需要报警，不需要联动自动消防设备的保护对象宜采用区域报警系统。

2 不仅需要报警，同时需要联动自动消防设备，且只设置一台具有集中控制功能的火灾报警控制器和消防联动控制器的保护对象，应采用集中报警系统，并应设置一个消防控制室。

3 设置两个及以上消防控制室的保护对象，或已设置两个及以上集中报警系统的保护对象，应采用控制中心报警系统。

该小区设置一个消防控制室，故应采用集中报警系统。选项 A 正确。

【题 47】某商场设置了集中控制型消防应急照明和疏散指示系统，灯具采用自带蓄电池电源供电。关于系统组成的说法中，正确的是（　　）。

A. 该系统应由应急照明控制器、应急照明分配电装置和自带电源型灯具及相关附件组成

B. 该系统应由应急照明控制器、应急照明配电箱和自带电源型灯具及相关附件组成

C. 该系统应由应急照明控制器、应急照明集中电源、应急照明分配电装置和自带电源型灯具及相关附件组成

D. 该系统应由应急照明控制器、应急照明集中电源和自带电源型灯具及相关附件组成

【参考答案】B

【命题思路】

本题主要考察《消防应急照明和疏散指示系统技术标准》GB 51309—2018 系统组成有关规定。

【解题分析】

2.0.11 集中控制型系统：系统设置应急照明控制器，由应急照明控制器集中控制并显示应急照明集中电源或应急照明配电箱及其配接的消防应急灯具工作状态的消防应急照明和疏散指示系统。

2.0.6 应急照明配电箱：为自带电源型消防应急灯具供电的供配电装置。(故选项 A 错误)

灯具采用自带蓄电池，故没有集中电源，故选项 C、D 错误。

【题 48】某 8 层建筑，每层建筑面积均为 1350m^2，室外出入口地坪标高－0.30m。一至三层为封闭式汽车库，每层层高 4m，均设有 40 个车位；四至八层为办公场所，每层层高

3m。关于该车库防火设计的说法，错误的是（　　）。

A. 该车库可采用2台汽车专用升降机作为汽车疏散出口

B. 该车库可不设置火灾自动报警系统

C. 该车库可仅设置1个双车道汽车疏散出口

D. 该车库疏散楼梯可采用封闭楼梯间

【参考答案】A

【命题思路】

本题主要考察《汽车库、修车库、停车场设计防火规范》GB 50067—2014有关规定。

【解题分析】

该汽车库建筑面积4050m²，停车数量为120，属于Ⅲ汽车库。建筑高度27m属于高层汽车库。

6.0.12　Ⅳ类汽车库设置汽车坡道有困难时，可采用汽车专用升降机作汽车疏散出口，升降机的数量不应少于2台，停车数量少于25辆时，可设置1台。（故选项A错误）

9.0.7　除敞开式汽车库、屋面停车场外，下列汽车库、修车库应设置火灾自动报警系统：

1　Ⅰ类汽车库、修车库；

2　Ⅱ类地下、半地下汽车库、修车库；

3　Ⅱ类高层汽车库、修车库；（故选项B正确）

6.0.10　当符合下列条件之一时，汽车库、修车库的汽车疏散出口可设置1个：

1　Ⅳ类汽车库；

2　设置双车道汽车疏散出口的Ⅲ类地上汽车库；（故选项C正确）

6.0.3　汽车库、修车库的疏散楼梯应符合下列规定：

1　建筑高度大于32m的高层汽车库、室内地面与室外出入口地坪的高差大于10m的地下汽车库应采用防烟楼梯间，其他汽车库、修车库应采用封闭楼梯间。（故选项D正确）

【题49】某大型KTV场所设置了集中控制型消防应急照明和疏散指示系统。该场所下列消防应急灯具的选型中，正确的是（　　）。

A. 主要疏散通道地面上采用自带电源A型地埋式标志灯

B. 采用的地埋式标志灯的防护等级为IP65

C. 净高3.3m的疏散走道上方采用小型标志灯

D. 楼梯间采用蓄光型指示标志

【参考答案】C

【命题思路】

本题主要考察《消防应急照明和疏散指示系统技术标准》GB 51309—2018消防应急灯具的选型有关规定。

【解题分析】

3.2.1　灯具的选择应符合下列规定：

4　设置在距地面8m及以下的灯具的电压等级及供电方式应符合下列规定：

1）应选择A型灯具；

2）地面上设置的标志灯应选择集中电源A型灯具；（故选项A错误）

6　标志灯的规格应符合下列规定：

3）室内高度小于3.5m的场所，应选择中型或小型标志灯。（故选项C正确）

7　灯具及其连接附件的防护等级应符合下列规定：

1）在室外或地面上设置时，防护等级不应低于IP67；（故选项B错误）

2　不应采用蓄光型指示标志替代消防应急标志灯具（以下简称“标志灯”）。

3.2.10　楼梯间每层应设置指示该楼层的标志灯（以下简称“楼层标志灯”）。（故选项D错误）

【题50】某6层宾馆，建筑高度为23m，建筑体积26000m³，设有消防栓系统和自动喷水灭火系统，该宾馆室外消防栓设计流量为30L/s，室内消防栓设计流量为20L/s，自动喷水灭火系统设计流量为20L/s，按上述设计参数，该宾馆一次火灾的室内外消防用水量为（　　）。

A. 504m³　　B. 522m³　　C. 612m³　　D. 432m³

【参考答案】D

【命题思路】

本题主要考察《自动喷水灭火系统设计规范》GB 50084—2017和《消防给水及消火栓系统技术规范》GB 50974—2014中消防用水水量计算有关规定。

【解题分析】

《消防给水及消火栓系统技术规范》GB 50974—2014

3.6.2　不同场所消火栓系统和固定冷却水系统的火灾延续时间不应小于表3.6.2的规定。

不同场所的火灾延续时间　　表3.6.2

建筑			场所与火灾危险性	火灾延续时间（h）
建筑物	工业建筑	仓库	甲、乙、丙类仓库	3.0
			丁、戊类仓库	2.0
		厂房	甲、乙、丙类厂房	3.0
			丁、戊类厂房	2.0
	民用建筑	公共建筑	高层建筑中的商业楼、展览楼、综合楼，建筑高度大于50m的财贸金融楼、图书馆、书库、重要的档案楼、科研楼和高级宾馆等	3.0
			其他公共建筑	2.0
		住宅		

《自动喷水灭火系统设计规范》GB 50084—2017

5.0.16　除本规范另有规定外，自动喷水灭火系统的持续喷水时间应按火灾延续时间不小于1h确定。

题干中建筑为多层旅馆，根据《消防给水及消火栓系统技术规范》GB 50974—2014第3.6.2条的规定，室内外消火栓的火灾持续时间2.0h；根据《自动喷水灭火系统设计规范》GB 50084—2017第5.0.16条的规定，该建筑自喷的火灾持续时间是1.0h，因此，该宾馆一次火灾的室内外消防用水量计算如下：30×3.6×2+20×3.6×2+20×3.6×1=432m³。故选项 D 正确。

【题 51】某些易燃气体泄漏后，会在沟渠、隧道、厂房死角等处长时间聚集，与空气在局部形成爆炸性混合气体，遇引火源可发生着火或爆炸。下列气体中，最易产生着火或爆炸的是（　　）。

A. 丁烷　　B. 丙烯　　C. 二甲醚　　D. 环氧乙烷

【参考答案】A

【命题思路】

本题主要考察可燃气体在空气中的爆炸下限。

【解题分析】

《消防安全技术实务》教材第 1 篇第 3 章第 2 节。

物质名称	在空气中（体积分数,%）		在氧气中（体积分数,%）	
	下限	上限	下限	上限
氢气	4.0	75.0	4.7	94.0
乙炔	2.5	82.0	2.8	93.0
甲烷	5.0	15.0	5.4	60.0
乙烷	3.0	12.45	3.0	66.0
丙烷	2.1	9.5	2.3	55.0
乙烯	2.75	34.0	3.0	80.0
丙烯	2.0	11.0	2.1	53.0
氨	15.0	28.0	13.5	79.0
环丙烷	2.4	10.4	2.5	63.0
一氧化碳	12.5	74.0	15.5	94.0
乙醚	1.9	40.0	2.1	82.0
丁烷	1.5	8.5	1.8	49.0
二乙烯醚	1.7	27.0	1.85	85.5

从上表可知，可燃气体在空气中的爆炸下限：丁烷 1.5%；丙烯 2.0%；二甲醚 3.4%；环氧乙烷 3.0%，爆炸下限越低，越容易着火或爆炸，故应选 A。

【题 52】某高层建筑内设置有常压燃气锅炉房，建筑体积为 1000m³，燃气为天然气，建筑顶层未布置人员密集场所。该锅炉房的下列防火设计方案中，正确的是（　　）。

A. 在进入建筑物前和设备间内的燃气管道上设置自动和手动切断阀

B. 排风机正常通风量为 5600m³/h

C. 锅炉设置在屋顶上，距通向屋面的安全出口 5m

D. 排风机事故通风量为 10800m³/h

【参考答案】A

【命题思路】

本题主要考察《建筑设计防火规范》GB 50016—2014 中燃气锅炉房有关规定。

【解题分析】

5.4.12 燃油或燃气锅炉、油浸变压器、充有可燃油的高压电容器和多油开关等，宜设置在建筑外的专用房间内；确需贴邻民用建筑布置时，应采用防火墙与所贴邻的建筑分隔，且不应贴邻人员密集场所，该专用房间的耐火等级不应低于二级；确需布置在民用建筑内时，不应布置在人员密集场所的上一层、下一层或贴邻，并应符合下列规定：

1 燃油或燃气锅炉房、变压器室应设置在首层或地下一层的靠外墙部位，但常（负）压燃油或燃气锅炉可设置在地下二层或屋顶上。设置在屋顶上的常（负）压燃气锅炉，距离通向屋面的安全出口不应小于6m。（故选项C错误）

5.4.15 设置在建筑内的锅炉、柴油发电机，其燃料供给管道应符合下列规定：

1 在进入建筑物前和设备间内的管道上均应设置自动和手动切断阀；（故选项A正确）

9.3.16 燃油或燃气锅炉房应设置自然通风或机械通风设施。燃气锅炉房应选用防爆型的事故排风机。当采取机械通风时，机械通风设施应设置导除静电的接地装置，通风量应符合下列规定：

2 燃气锅炉房的正常通风量应按换气次数不少于6次/h确定，事故排风量应按换气次数不少于12次/h确定。（故选项B和D错误）

【题53】下列物质中，潮湿环境下堆积能发生自燃的是（　　）。

A. 多孔泡沫　　B. 粮食　　C. 木材　　D. 废弃电脑

【参考答案】B

【命题思路】

本题主要考察潮湿环境下物质自燃知识。

【解题分析】

粮食在潮湿环境下堆积，容易造成微生物发酵生热，发生自燃。

【题54】关于控制中心报警系统组成的说法，错误的是（　　）。

A. 只设置一个消防控制器时，可只设置一台具有集中控制功能的火灾报警控制器（联动型）

B. 采用火灾报警控制器（联动型）时，可不设置消防联动控制器

C. 不可采用火警传输设备替代消防控制室的显示装置

D. 不可采用背景音乐系统替代消防应急广播系统

【参考答案】A

【命题思路】

本题主要考察《火灾自动报警系统设计规范》GB 50116—2013中控制中心报警系统组成有关规定。

【解题分析】

3.2.1 火灾自动报警系统形式的选择，应符合下列规定：

1 仅需要报警，不需要联动自动消防设备的保护对象宜采用区域报警系统。

2 不仅需要报警，同时需要联动自动消防设备，且只设置一台具有集中控制功能的火灾报警控制器和消防联动控制器的保护对象，应采用集中报警系统。并应设置一个消防

控制室。选项A不属于控制中心报警系统，应采用集中报警系统，故错误。

3　设置两个及以上消防控制室的保护对象，或已设置两个及以上集中报警系统的保护对象，应采用控制中心报警系统。

【题55】下列建筑和场所的外墙内保温设计方案中，正确的是（　　）。

A. 建筑高度为9m的小商品集散中心，共2层。用B_1级保温材料，保温系统不燃材料防护层厚度10mm

B. 建筑高度为12m的酒楼，共3层。厨房采用B_1级保温材料，保温系统不燃材料防护层厚度10mm

C. 建筑高度为15m的医院，共4层。病房采用B_1级保温材料，保温系统不燃材料防护层厚度10mm

D. 建筑高度为18m的办公楼，共5层。办公区采用B_1级保温材料，保温系统不燃材料防护层厚度10mm

【参考答案】D

【命题思路】

本题主要考察《建筑设计防火规范》GB 50016—2014中外墙内保温设计有关规定。

【解题分析】

6.7.2　建筑外墙采用内保温系统时，保温系统应符合下列规定：

1　对于人员密集场所，用火、燃油、燃气等具有火灾危险性的场所以及各类建筑内的疏散楼梯间、避难走道、避难间、避难层等场所或部位，应采用燃烧性能为A级的保温材料。（故选项A、B、C错误）

2　对于其他场所，应采用低烟、低毒且燃烧性能不低于B_1级的保温材料。（故选项D正确）

3　保温系统应采用不燃材料做防护层。采用燃烧性能为B_1级的保温材料时，防护层的厚度不应小于10mm。

【题56】某小区设有3栋16层住宅，建筑高度均为49m。3栋住宅室内消火栓系统共用一套临时高压消防给水系统。该小区消火栓系统供水设施的下列设计方案中，错误的是（　　）。

A. 高位消防水箱的有效容积为12m^3

B. 当该小区室外消火栓采用低压消防给水系统，并采用市政给水管网供水时采用两路消防供水

C. 高位消防水箱最低有效水位满足室内消火栓最不利点的静水压力不低于0.05MPa

D. 水泵接合器在每栋住宅附近设置，且距室外消火栓30m

【参考答案】C

【命题思路】

本题主要考察《消防给水及消火栓系统技术规范》GB 50974—2014中消火栓系统供水设施有关规定。

【解题分析】

5.2.1　临时高压消防给水系统的高位消防水箱的有效容积应满足初期火灾消防用水量的要求，并应符合下列规定：

3　二类高层住宅，高位消防水箱的有效容积不应小于 12m³；(故选项 A 正确)

5.2.2　高位消防水箱的设置位置应高于其所服务的水灭火设施，且最低有效水位应满足水灭火设施最不利点处的静水压力，并应按下列规定确定：

2　高层住宅、二类高层公共建筑、多层公共建筑，不应低于 0.07MPa，多层住宅不宜低于 0.07MPa；(故选项 C 错误)

5.4.7　水泵接合器应设在室外便于消防车使用的地点，且距室外消火栓或消防水池的距离不宜小于 15m，并不宜大于 40m。(故选项 D 正确)

6.1.3　建筑物室外宜采用低压消防给水系统，当采用市政给水管网供水时，应符合下列规定：

1　应采用两路消防供水，除建筑高度超过 54m 的住宅外，室外消火栓设计流量小于等于 20L/s 时可采用一路消防供水；(故选项 B 正确)

【题 57】下列场所中，不应设置在人防工程地下二层的是（　　）。

A. 电影院的观众厅　　B. 商业营业厅

C. 员工宿舍　　D. 溜冰馆

【参考答案】C

【命题思路】

本题主要考察《人民防空工程设计防火规范》GB 50098—2009 中平面布局有关规定。

【解题分析】

4.1.1　人防工程内应采用防火墙划分防火分区，当采用防火墙确有困难时，可采用防火卷帘等防火分隔设施分隔，防火分区划分应符合下列要求：

5　工程内设置有旅店、病房、员工宿舍时，不得设置在地下二层及以下层，并应划分为独立的防火分区，且疏散楼梯不得与其他防火分区的疏散楼梯共用。(故应选 C)

【题 58】某电信楼共有 6 个通信机房，室内净高均为 4.5m，通信机房设置了组合分配式七氟丙烷灭火系统，该灭火系统的下列设计方案中，错误的是（　　）。

A. 喷头安装高度为 4m，喷头保护半径为 8m

B. 设计喷放时间为 7s

C. 6 个防护区由一套组合分配系统保护

D. 集流管和储存容器上设置安全泄压装置

【参考答案】A

【命题思路】

本题主要考察《气体灭火系统设计规范》GB 50370—2005 中七氟丙烷灭火系统设计有关规定。

【解题分析】

3.1.4　两个或两个以上的防护区采用组合分配系统时，一个组合分配系统所保护的防护区不应超过 8 个。(故选项 C 正确)

3.3.7　在通信机房和电子计算机房等防护区，设计喷放时间不应大于 8s；在其他防护区，设计喷放时间不应大于 10s。(故选项 B 正确)

3.1.12　喷头的保护高度和保护半径，应符合下列规定：

3　喷头安装高度小于 1.5m 时，保护半径不宜大于 4.5m；

4 喷头安装高度不小于1.5m时，保护半径不应大于7.5m。(故选项A错误)

【题59】某商场内的防火卷帘采用水幕系统进行防护冷却，喷头设置高度为7m，水幕系统的喷水强度不应小于（　　）。

A. 0.5L/（s·m）　　B. 0.8L/（s·m）

C. 0.6L/（s·m）　　D. 0.7L/（s·m）

【参考答案】B

【命题思路】

本题主要考察《自动喷水灭火系统设计规范》GB 50084—2017中水幕系统的设计基本参数有关规定。

【解题分析】

5.0.14 水幕系统的设计基本参数应符合表5.0.14的规定：

水幕系统的设计基本参数　　表5.0.14

水幕系统类别	喷水点高度 h（m）	喷水强度（L/s·m）	喷头工作压力（MPa）
防火分隔水幕	$h \leqslant 12$	2.0	0.1
防护冷却水幕	$h \leqslant 4$	0.5	

注：1 防护冷却水幕的喷水点高度每增加1m，喷水强度应增加0.1L/（s·m），但超过9m时喷水强度仍采用1.0L/（s·m）。

依据5.0.14条，防护冷却水幕喷水点高度超过4m时，喷水点高度每增加1m，喷水强度应增加0.1L/s·m，题干所述喷头设置高度为7m。根据题干，喷水强度0.5+0.1×（7—4）=0.8L/（s·m），故选项B正确。

【题60】地铁两条单线载客运营地下区间之间应按规定设置联络通道，相邻两条联络通道之间的最小水平距离不应大于（　　）。

A. 1200m　B. 1000m　C. 600m　D. 500m

【参考答案】C

【命题思路】

本题主要考察《地铁设计防火标准》GB 51298—2018中联络通道之间的最小水平距离有关规定。

【解题分析】

5.4.2 两条单线载客运营地下区间之间应设置联络通道，相邻两条联络通道之间的最小水平距离不应大于600m，通道内应设置一道并列二樘且反向开启的甲级防火门。(故应选C)

【题61】集中控制型消防应急照明和疏散指示系统灯具采用集中电源供电方式时，正确的做法是（　　）。

A. 应急照明集中电源仅为灯具提供蓄电池电源

B. 应急照明控制器直接控制灯具的应急启动

C. 应急照明集中电源不直接联锁控制消防应急灯具的工作状态

D. 应急照明控制器通过应急照明集中电源连接灯具

【参考答案】D

【命题思路】

本题主要考察《消防应急照明和疏散指示系统技术标准》GB 51309—2018 中集中控制型消防应急照明和疏散指示系统灯具有关规定。

【解题分析】

3.6.1 系统控制架构的设计应符合下列规定：

2 应急照明控制器应通过集中电源或应急照明配电箱连接灯具，并控制灯具的应急启动、蓄电池电源的转换。(故选项 D 正确，选项 B 错误)

3.6.4 应急照明控制器与集中电源或应急照明配电箱的通信中断时，集中电源或应急照明配电箱应连锁控制其配接的非持续型照明灯的光源应急点亮、持续型灯具的光源由节电点亮模式转入应急点亮模式。(故选项 C 错误)

【题 62】某餐厅采用格栅吊顶，吊顶镂空面积与总面积之比为 15%。关于该餐厅点型感烟火灾探测器设置的说法，正确的是（　　）。

A. 探测器应设置在吊顶的下方

B. 探测器应设置在吊顶的上方

C. 探测器设置部位应根据实际试验结果确定

D. 探测器可设置在吊顶的上方，也可设置在吊顶的下方

【参考答案】A

【命题思路】

本题主要考察《火灾自动报警系统设计规范》GB 50116—2013 中点型感烟火灾探测器设置有关规定。

【解题分析】

6.2.18 感烟火灾探测器在格栅吊顶场所的设置，应符合下列规定：

1 镂空面积与总面积的比例不大于 15%时，探测器应设置在吊顶下方。(故选项 A 正确)

2 镂空面积与总面积的比例大于 30%时，探测器应设置在吊顶上方。

3 镂空面积与总面积的比例为 15%～30%时，探测器的设置部位应根据实际试验结果确定。

【题 63】某 2 层钢结构戊类洁净厂房，建筑高 8m，长 30m，宽 20m。洁净区疏散走道靠外墙设置，关于该厂房防火设计的说法，正确的是（　　）。

A. 该厂房可不设置消防给水设施

B. 该厂房生产层、机房、站房均应设置火灾报警探测器

C. 该厂房洁净区疏散走道自然排烟设施的有效排烟面积，不应小于走道建筑面积的 2%

D. 该厂房柱、梁的耐火极限可分别为 2.00h，1.50h

【参考答案】B

【命题思路】

本题主要考察《洁净厂房设计规范》GB 50073—2013 有关规定。

【解题分析】

7.4.1 洁净厂房必须设置消防给水设施，消防给水设施设置设计应根据生产的火灾

危险性、建筑物耐火等级以及建筑物的体积等因素确定。(故选项A错误)

9.3.3 洁净厂房的生产层、技术夹层、机房、站房等均应设置火灾报警探测器。洁净厂房生产区及走廊应设置手动火灾报警按钮。(故选项B正确)

【题64】某酒店地上11层，地下2层，每层为1个防火分区，该酒店设置了1套自动喷水灭火系统，在第11层设有两种喷头，流量系数分别为80和115。该系统末端试水装置的设置，错误的是（　　）。

A. 末端试水装置的出水采用软管连接排入排水管道

B. 末端试水装置设置在第11层

C. 末端试水装置选用出水口流量系数为80的试水接头

D. 末端试水装置由试水阀、压力表和试水接头组成

【参考答案】A

【命题思路】

本题主要考察《自动喷水灭火系统设计规范》GB 50084—2017中系统末端试水装置的设置有关规定。

【解题分析】

6.5.1 每个报警阀组控制的最不利点洒水喷头处应设末端试水装置，其他防火分区、楼层均应设直径为25mm的试水阀。(第11层为报警阀控制的最不利楼层，末端试水在11层符合规范要求，故选项B正确)

6.5.2 末端试水装置应由试水阀、压力表以及试水接头组成。试水接头出水口的流量系数，应等同于同楼层或防火分区内的最小流量系数洒水喷头。末端试水装置的出水，应采取孔口出流的方式排入排水管道，排水立管宜设伸顶通气管，且管径不应小于75mm。(故选项D、C正确。选项A错误)

【题65】某公共建筑，建筑高66m，长80m、宽30m，地下1层，地上15层，地上一至三层为商业营业厅，四至十五层为办公场所。该建筑消防车登高操作场地的下列设计方案中，正确的是（　　）。

A. 消防车登高操作场地靠建筑外墙一侧的边缘距外墙10m

B. 消防车登高操作场地最大间隔为25m，场地总长度为90m

C. 在建筑位于消防车登高操作场地一侧的外墙上设置一个挑出5m、宽10m的雨篷

D. 消防车登高操作场地最小长度为15m

【参考答案】A

【命题思路】

本题主要考察《建筑设计防火规范》GB 50016—2014中消防车登高操作场地的设置有关规定。

【解题分析】

7.2.1 高层建筑应至少沿一个长边或周边长度的1/4且不小于一个长边长度的底边连续布置消防车登高操作场地，该范围内的裙房进深不应大于4m。

建筑高度不大于50m的建筑，连续布置消防车登高操作场地确有困难时，可间隔布置，但间隔距离不宜大于30m，且消防车登高操作场地的总长度仍应符合上述规定。

根据题干该建筑高度大于50m，需要连续布置，不能间隔布置操作场地，故选项B

错误。

选项C雨篷影响救援，参照裙房进深不得超过4m的要求对待，故选项C错误。

7.2.2 消防车登高操作场地应符合下列规定：

2 场地的长度和宽度分别不应小于15m和10m。对于建筑高度大于50m的建筑，场地的长度和宽度分别不应小于20m和10m。(故选项D错误)

【题66】某地下商场，总建筑面积为2500m²，净高7m，装有网格吊顶，吊顶通透面积占吊顶总面积的75%，采用的自动喷水灭火系统为湿式系统，该系统的下列喷头选型中，正确的是（　　）。

A. 选用隐蔽型洒水喷头

B. 选用RTI为28（m·s）$^{0.5}$的直立型洒水喷头

C. 选用吊顶型洒水喷头

D. 靠近端墙的部位，选用边墙型洒水喷头

【参考答案】B

【命题思路】

本题主要考察《自动喷水灭火系统设计规范》GB 50084—2017中喷头选型有关规定。

【解题分析】

根据《自动喷水灭火系统设计规范》GB 50084—2017附录A，确定该地下商场的火灾危险性为中危Ⅱ级。

7.1.13 装设网格、栅板类通透性吊顶的场所，当通透面积占吊顶总面积的比例大于70%时，喷头应设置在吊顶上方。(故该场所应设置吊顶上的喷头，选项C错误)

6.1.3 湿式系统的洒水喷头选型应符合下列规定：

1 不做吊顶的场所，当配水支管布置在梁下时，应采用直立型洒水喷头；(选项C错误)

3 顶板为水平面的轻危险级、中危险级Ⅰ级住宅建筑、宿舍、旅馆建筑客房、医疗建筑病房和办公室，可采用边墙型洒水喷头；(故选项D错误)

7 不宜选用隐蔽式洒水喷头；确需采用时，应仅适用于轻危险级和中危险级Ⅰ级场所。(故选项A错误)

6.1.7 下列场所宜采用快速响应洒水喷头。当采用快速响应洒水喷头时，系统应为湿式系统。

4 地下商业场所。

2.1.15 快速响应洒水喷头：响应时间指数RTI≤50（m·s）$^{0.5}$的闭式洒水喷头。

RTI=28是ESFR喷头，属于快速响应喷头，故选项B正确。

【题67】某多层商业建筑，营业厅净高5.5m，采用自然排烟方式。该营业厅的防烟分区内任一点与最近的自然排烟窗之间的水平距离不应大于（　　）。

A. 37.5m　　B. 室内净高的2.8倍

C. 室内净高的3倍　　D. 30m

【参考答案】D

【命题思路】

本题主要考察《建筑防烟排烟系统技术标准》GB 51251—2017中防烟分区内任一点

与最近的自然排烟窗之间的水平距离有关规定。

【解题分析】

4.3.2 防烟分区内自然排烟窗（口）的面积、数量、位置应按本标准第4.6.3条规定经计算确定，且防烟分区内任一点与最近的自然排烟窗（口）之间的水平距离不应大于30m。当工业建筑采用自然排烟方式时，其水平距离尚不应大于建筑内空间净高的2.8倍；当公共建筑空间净高大于或等于6m，且具有自然对流条件时，其水平距离不应大于37.5m。(故选项D正确)

工业建筑才会考虑2.8倍的要求，此题目为民用建筑；公共建筑空间净高大于或等于6m，且具有自然对流条件时，才会考虑37.5m的要求，故选项A、B、C错误。

【题68】某建筑高度为55m的省级电力调度指挥中心，设有自动喷水灭火系统、排烟系统，防火卷帘等消防设施，采用柴油发电机作为消防设备的备用电源，中心消防设备的下列配电设计方案中，错误的是（　　）。

A. 各楼层消防电源配电箱由低压配电室采用分区树干式配电

B. 防火卷帘由楼层消防配电箱采用放射式配电

C. 柴油发电机设置自动启动装置，自动启动响应时为20s

D. 消防水泵组的电源由低压配电室采用树干式配电

【参考答案】D

【命题思路】

本题主要考察《建筑设计防火规范》GB 50016—2014（2018年版）中消防用电有关规定。

【解题分析】

《建筑设计防火规范》(GB 50016—2014)。

10.1.1 下列建筑物的消防用电应按一级负荷供电：

2 一类高层民用建筑。该建筑为一级负荷供电。

10.1.4 消防用电按一、二级负荷供电的建筑，当采用自备发电设备作备用电源时，自备发电设备应设置自动和手动启动装置。当采用自动启动方式时，应能保证在30s内供电。(故选项C正确)

不同级别负荷的供电电源应符合现行国家标准《供配电系统设计规范》GB 50052—2009的规定：

7.0.3 当用电设备为大容量或负荷性质重要，或在有特殊要求的建筑物内，宜采用放射式配电。(故选项D错误)

7.0.5 在多层建筑物内，由总配电箱至楼层配电箱宜采用树干式配电或分区树干式配电。对于容量较大的集中负荷或重要用电设备，应从配电室以放射式配电；楼层配电箱至用户配电箱应采用放射式配电。

在高层建筑物内，向楼层各配电点供电时，宜采用分区树干式配电；(故选项A正确)；由楼层配电间或竖井内配电箱至用户配电箱的配电，应采取放射式配电；(故选项B正确)；对部分容量较大的集中负荷或重要用电设备，应从变电所低压配电室以放射式配电。(故选项D错误)

【题69】下列汽车库、修车库中应设置自动灭火系统的是（　　）。

A. 总建筑面积 500m² 设 30 个停车位的地上机械式汽车库

B. 总建筑面积 2000m² 设 56 个停车位的地上敞开式汽车库

C. 总建筑面积 500m² 设 10 个停车位的地下汽车库

D. 总建筑面积为 2000m² 设 12 个车位的修车库

【参考答案】A

【命题思路】

本题主要考察《汽车库、修车库、停车场设计防火规范》GB 50067—2014 中自动灭火系统有关规定。

【解题分析】

汽车库、修车库、停车场的分类　　表 3.0.1

名称		Ⅰ	Ⅱ	Ⅲ	Ⅳ
汽车库	停车数量（辆）	>300	151～300	51～150	≤50
	总建筑面积 S（m²）	S>10000	5000<S≤10000	2000<S≤5000	S≤2000
修车库	车位数（个）	>15	6～15	3～5	≤2
	总建筑面积 S（m²）	S>3000	1000<S≤3000	500<S≤1000	S≤500
停车场	停车数量（辆）	>400	251～400	101～250	≤100

根据表 3.0.1 的规定，A 为Ⅳ类地上机械式汽车库；B 为Ⅲ类敞开汽车库；C 为Ⅳ类地下汽车库；D 为Ⅱ类修车库。

7.2.1　除敞开式汽车库、屋面停车场外（故选项 B 可不设置），下列汽车库、修车库应设置自动灭火系统：

1　Ⅰ、Ⅱ、Ⅲ类地上汽车库；

2　停车数大于 10 辆的地下、半地下汽车库；（故选项 C 可不设置）

3　机械式汽车库；（故选项 A 需要设置）

4　采用汽车专用升降机作汽车疏散出口的汽车库。

5　Ⅰ类修车库。（故选项 D 可不设置）

【题 70】某面粉加工厂，加工车间设在地上一至三层，地下一层为设备用房，每层划分两个防火分区。车间内设有通风系统，该通风系统的下列设计方案中，正确的是（　　）。

A. 风管采用难燃性管道并直接通向室外安全地带

B. 竖向风管设置在管道井中，井壁耐火极限为 1.0h

C. 在风管穿越通风机房的隔墙处设置排烟防火阀

D. 风机设置在地下一层

【参考答案】B

【命题思路】

本题主要考察《建筑设计防火规范》GB 50016—2014（2018 年版）中通风系统有关规定。

【解题分析】

6.2.9　建筑内的电梯井等竖井应符合下列规定：

2 电缆井、管道井、排烟道、排气道、垃圾道等竖向井道，应分别独立设置。井壁的耐火极限不应低于1.00h，井壁上的检查门应采用丙级防火门。(故选项B正确)

9.3.9 排除有燃烧或爆炸危险气体、蒸气和粉尘的排风系统，应符合下列规定：

2 排风设备不应布置在地下或半地下建筑（室）内；(故选项D错误)

3 排风管应采用金属管道，并应直接通向室外安全地点，不应暗设。(故选项A错误)

9.3.11 通风、空气调节系统的风管在下列部位应设置公称动作温度为70℃的防火阀：

2 穿越通风、空气调节机房的房间隔墙和楼板处；

3 穿越重要或火灾危险性大的场所的房间隔墙和楼板处；(故选项C错误)

【题71】关于消防控制室控制和显示功能的说法错误的是（　　）。

A. 通过消防联动控制器手动直接控制消防水泵的控制信号的电压等级不应采用DC36V

B. 消防控制室应能手动或按预设控制逻辑联动控制选择广播分区并显示广播分区的工作状态

C. 消防联动控制器应能控制并显示信号阀的工作状态

D. 消防联动控制器应能显示喷淋泵电源的工作状态

【参考答案】C

【命题思路】

本题主要考察《火灾自动报警系统设计规范》GB 50116—2013中消防控制室控制和显示功能有关规定。

【解题分析】

4.1.2 消防联动控制器的电压控制输出应采用直流24V，其电源容量应满足受控消防设备同时启动且维持工作的控制容量要求。(故选项A正确)

4.8.10 在消防控制室应能手动或按预设控制逻辑联动控制选择广播分区、启动或停止应急广播系统，并应能监听消防应急广播。在通过传声器进行应急广播时，应自动对广播内容进行录音。

4.8.11 消防控制室内应能显示消防应急广播的广播分区的工作状态。(故选项B正确)

消联器上的多线盘，能显示水泵工作状态，正常时绿灯，故障时黄灯。故选项D正确。信号阀仅为反馈信号，没有控制要求，故选项C错误。

【题72】关于B类火灾场所灭火器配置的说法，正确的是（　　）。

A. 中危险级单位灭火级别最大保护面积为12m²

B. 每个设置点的灭火器数量不宜多于3具

C. 轻危险级单具灭火器最小配置，灭火级别为27B

D. 严重危险级单具灭火器最小配置灭火级别为79B

【参考答案】A

【命题思路】

本题主要考察《建筑灭火器配置设计规范》GB 50140—2005中灭火器配置有关

规定。

【解题分析】

6.1.2 每个设置点的灭火器数量不宜多于5具。(故选项B错误)

6.2.2 B、C类火灾场所灭火器的最低配置基准应符合表6.2.2的规定。

根据表6.2.2：

B、C类火灾场所灭火器的最低配置基准　　表6.2.2

危险等级	严重危险级	中危险级	轻危险级
单具灭火器最小配置灭火级别	89B	55B	21B
单位灭火级别最大保护面积 (m^2/B)	0.5	1.0	1.5

故选项C和D错误，选项A正确。

【题73】某公共建筑，建筑高度为98m，地下3层，地上30层防烟楼梯间和前室均采用机械加压送风系统且地上部分与地下部分加压送风系统分别设置，关于加压送风系统设计的说法，正确的是（　　）。

A. 地上楼梯间顶部应设置不小于2m^2的固定窗

B. 前室的计算风量仅考虑着火层所需风量

C. 地上楼梯间送风系统竖向可不分段设置

D. 前室的计算风量考虑着火层和上一层所需风量

【参考答案】C

【命题思路】

本题主要考察《建筑防烟排烟系统技术标准》GB 51251—2017中加压送风系统设计有关规定。

【解题分析】

3.3.1 建筑高度大于100m的建筑，其机械加压送风系统应竖向分段独立设置，且每段高度不应超过100m。(故选项C正确)

3.3.11 设置机械加压送风系统的封闭楼梯间、防烟楼梯间，尚应在其顶部设置不小于1m^2的固定窗。靠外墙的防烟楼梯间，尚应在其外墙上每5层内设置总面积不小于2m^2的固定窗。(故选项A错误)

3.4.1 机械加压送风系统的设计风量不应小于计算风量的1.2倍。(故选项B错误)

根据表3.4.2注2，表中风量按开启着火层及其上下层，共开启三层的风量计算。选项D错误。

【题74】某地下3层汽车库，每层建筑面积均为1650m^2，室外坡道建筑面积为80m^2，各层均设有48个车位，该汽车库属于（　　）。

A. Ⅲ类　　B. Ⅰ类　　C. Ⅱ类　　D. Ⅳ类

【参考答案】A

【命题思路】

本题主要考察《汽车库、修车库、停车场设计防火规范》GB 50067—2014中汽车库分类有关规定。

【解题分析】

汽车库、修车库、停车场的分类　　表 3.0.1

名称		Ⅰ	Ⅱ	Ⅲ	Ⅳ
汽车库	停车数量（辆）	>300	151～300	51～150	≤50
	总建筑面积 S（m^2）	S>10000	5000<S≤10000	2000<S≤5000	S≤2000
修车库	车位数（个）	>15	6～15	3～5	≤2
	总建筑面积 S（m^2）	S>3000	1000<S≤3000	500<S≤1000	S≤500
停车场	停车数量（辆）	>400	251～400	101～250	≤100

注：2 室外坡道、屋面露天停车场的建筑面积可不计入汽车库的建筑面积之内。

根据题干，建筑面积＝1650×3＝4950m^2，停车数量＝48×3＝144 辆，综合判定属于Ⅲ类地下汽车库。

【题 75】某 3 层办公建筑在首层设有低压配电箱，每个楼层设有 1 个楼层配电箱，实测低压配电箱的出线端固定电流为 800mA，每层泄漏电流相同。该建筑设置电气火灾监控系统，未设置消防控制室，剩余电流式电气火灾监控探测器的下列设计方案中，错误的是（　　）。

A. 低压配电箱的出线端设置 1 只探测器，探测器的报警阈值设为 1200mA

B. 各楼层配电箱的进线端分别设置 1 只探测器，探测器的报警阈值设为 400mA

C. 探测器采用独立式探测器

D. 探测器报警时，不切断楼层配电箱的电源

【参考答案】A

【命题思路】

本题主要考察《火灾自动报警系统设计规范》GB 50116—2013 中电气火灾探测器设置有关规定。

【解题分析】

9.2.1　剩余电流式电气火灾监控探测器应以设置在低压配电系统首端为基本原则，宜设置在第一级配电柜（箱）的出线端。在供电线路泄漏电流大于 500mA 时，宜在其下一级配电柜（箱）设置。（故选项 A 错误）

9.2.3　选择剩余电流式电气火灾监控探测器时，应计及供电系统自然漏流的影响，并应选择参数合适的探测器；探测器报警值宜为 300～500mA。（故选项 B 正确）

9.1.3　电气火灾监控系统应根据建筑物的性质及电气火灾危险性设置，并应根据电气线路敷设和用电设备的具体情况，确定电气火灾监控探测器的形式与安装位置。在无消防控制室且电气火灾监控探测器设置数量不超过 8 只时，可采用独立式电气火灾监控探测器。（故选项 C 正确）

9.1.6　电气火灾监控系统的设置不应影响供电系统的正常工作，不宜自动切断供电电源。（故选项 D 正确）

【题 76】某 3 层展览建筑，建筑物高 27m，长 160m、宽 90m，建筑南北为长边，建筑北

面为城市中心湖，湖边与建筑北面外墙距离为10m，建筑南面临城市中心道路。该建筑消防车道的下列设计方案中，正确的是（　　）。

A. 沿建筑的南、北两个边设置消防车道，建筑南、北立面为消防车登高操作面

B. 沿建筑的南、东两个边设置消防车道，建筑南、东立面为消防车登高操作面

C. 沿建筑的南、北两个边设置消防车道，并在建筑中部设置贯通南北穿过建筑物的消防车道，建筑南立面为消防车登高操作面

D. 沿建筑的南、东、西边设置消防车道，建筑南、西立面为消防车登高操作面

【参考答案】C

【命题思路】

本题主要考察《建筑设计防火规范》GB 50016—2014中消防车道设置有关规定。

【解题分析】

7.1.1　街区内的道路应考虑消防车的通行，道路中心线间的距离不宜大于160m。

当建筑物沿街道部分的长度大于150m或总长度大于220m时，应设置穿过建筑物的消防车道。确有困难时，应设置环形消防车道。(故选项C正确)

7.1.2　高层民用建筑，超过3000个座位的体育馆，超过2000个座位的会堂，占地面积大于$3000m^2$的商店建筑、展览建筑等单、多层公共建筑应设置环形消防车道，确有困难时，可沿建筑的两个长边设置消防车道；对于高层住宅建筑和山坡地或河道边临空建造的高层民用建筑，可沿建筑的一个长边设置消防车道，但该长边所在建筑立面应为消防车登高操作面。

【题77】某大型石油化工企业，设有甲类厂房及工艺装置生产区，液化烃罐组区、可燃液体罐组区，全厂性高架火炬等。该企业选址及总平面布置的下列设计方案中，正确的是（　　）。

A. 将该石油化工企业布置在四面环山，人稀少的地带

B. 在可燃液体罐组防火堤内种植生长高度不超过15cm，含水分多的四季常青的草皮

C. 当地一条公路穿越该企业生产区，与甲类厂房及工艺装置、液化烃储罐、可燃液体储罐均保持50m的防火间距，与高架火炬保持80m的防火间距

D. 将液化烃罐组毗邻布置在高于工艺装置的山坡平台上，且严格按相关要求设置防火堤，防止可燃液体泄漏流散

【参考答案】B

【命题思路】

本题主要考察《石油化工企业设计防火标准》GB 50160—2008中总平面布局有关规定。

【解题分析】

4.1.3　在山区或丘陵地区，石油化工企业的生产区应避免布置在窝风地带。(故选项A错误)

4.2.11　厂区的绿化应符合下列规定：

3　在可燃液体罐组防火堤内可种植生长高度不超过15cm、含水分多的四季常青的草皮；(故选项B正确)

4.1.6　公路和地区架空电力线路严禁穿越生产区。(故选项C错误)

4.2.3　全厂性办公楼、中央控制室、中央化验室、总变电所等重要设施应布置在相对高处。液化烃罐组或可燃液体罐组不应毗邻布置在高于工艺装置、全厂性重要设施或人员集中场所的阶梯上。但受条件限制或有工艺要求时，可燃液体原料储罐可毗邻布置在高于工艺装置的阶梯上，但应采取防止泄漏的可燃液体流入工艺装置、全厂性重要设施或人员集中场所的措施。(故选项D错误)

【题78】某4层商场，建筑高度为21m。每层建筑面积为10000m^2，划分为2个防火分区。每层净高为4m，走道净高为3m，设有自动喷水灭火系统、机械排烟系统。该商场机械排烟系统的下列设计方案中，正确的是（　　）。

A. 设置在屋顶的固定窗采用可溶性采光窗，采光窗的有效面积为楼地面面积的10%

B. 排烟口设置在开孔率20%的非封闭式吊顶内

C. 走道侧墙上的排烟口，其上缘距吊顶0.5m

D. 每层采用一套机械排烟系统

【参考答案】C

【命题思路】

本题主要考察《建筑防烟排烟系统技术标准》GB 51251—2017中排烟系统设置有关规定。

【解题分析】

4.4.17　除洁净厂房外，设置机械排烟系统的任一层建筑面积大于2000m^{2}的制鞋、制衣、玩具、塑料、木器加工储存等丙类工业建筑，可采用可熔性采光带（窗）替代固定窗，其面积应符合下列规定：

1　未设置自动喷水灭火系统的或采用钢结构屋顶或预应力钢筋混凝土屋面板的建筑，不应小于楼地面面积的10%；

2　其他建筑不应小于楼地面面积的5%；

可熔性采光带只能在工业建筑中使用，故选项A错误。

4.4.13　当排烟口设在吊顶内且通过吊顶上部空间进行排烟时，应符合下列规定：

3　非封闭式吊顶的开孔率不应小于吊顶净面积的25%，且孔洞应均匀布置。(故选项B错误)

4.4.12-2　排烟口应设在储烟仓内，但走道、室内空间净高不大于3m的区域，其排烟口可设置在其净空高度的1/2以上；(故选项C正确)

4.4.1　当建筑的机械排烟系统沿水平方向布置时，每个防火分区的机械排烟系统应独立设置。(故选项D错误)

【题79】单独建造的地下民用建筑，下列场所中，地面不应采用B_1级材料的是（　　）。

A. 歌舞娱乐厅　　B. 餐厅　　C. 教学实验室　　D. 宾馆客房

【参考答案】B

【命题思路】

本题主要考察《建筑内部装修设计防火规范》GB 50222—2017中装修材料燃烧性能等级有关规定。

【解题分析】

地下民用建筑内部各部位装修材料的燃烧性能等级　　表5.3.1

序号	建筑物	建筑规模、性质	装修材料燃烧性能等级						
			顶棚	墙面	地面	隔断	固定家具	装饰织物	其他装饰材料
2	宾馆、饭店的客房及公共活动用房等	—	A	B_1	B_1	B_1	B_1	B_1	B_2
4	教学场所、教学实验场所	—	A	A	B_1	B_2	B_2	B_1	B_2
7	歌舞娱乐游艺场所	—	A	A	B_1	B_1	B_1	B_1	B_1
9	餐饮场所	—	A	A	A	B_1	B_1	B_1	B_2

餐饮场所顶棚、墙面、地面均为A级，隔断为B_1，故选项B正确。

【题80】某燃油锅炉房拟采用细水雾灭火系统。为确定设计参数，进行了实体火灾模拟实验，实验结果为：喷头安装高度为4.5m，布置间距为2.8m，喷雾强度为0.8L/（min·m^2），最不利点喷头的工作压力为9MPa。下列根据模拟实验结果确定的设计方案中，正确的是（　　）。

A. 喷头设计安装高度为5m　　B. 设计喷雾强度为1.0L/（min·m^2）

C. 喷头设计布置间距为3m　　D. 喷头设计最低工作压力为8MPa

【参考答案】A

【命题思路】

本题主要考察《细水雾灭火系统技术规范》GB 50898—2013中细水雾灭火系统喷头布置有关规定。

【解题分析】

3.4.4　采用全淹没应用方式的开式系统，其喷雾强度、喷头的布置间距、安装高度和工作压力，宜经实体火灾模拟试验确定，也可根据喷头的安装高度按表3.4.4确定系统的最小喷雾强度和喷头的布置间距。

采用全淹没应用方式开式系统的喷雾强度、喷头的布置间距、安装高度和工作压力

表3.4.4

应用场所	喷头的工作压力（MPa）	喷头的安装高度（m）	系统的最小喷雾强度（L/min·m^2）	喷头的最大布置间距（m）
油浸变压器室，液压站，润滑油站，柴油发电机房，燃油锅炉房等	>1.2且≤3.5	≤7.5	2.0	2.5
电缆隧道，电缆夹层		≤5.0	2.0	
文物库，以密集柜存储的图书库、资料库、档案库		≤3.0	0.9	

根据上表可知，选项A正确。

二、多项选择题（共20题，每题2分。每题的备选项中，有2个或2个以上符合题意，至少有1个错项。错选，本题不得分；少选，所选的每个选项得0.5分）

【题81】关于建筑供配电系统电器防火要求的说法，正确的有（　　）。

A. 空调器具，防排烟风机的配电线路应设置过载保护装置

B. 服装仓库内设置的配电箱与周边可燃物的距离不应小于5mm或采取相应的隔热措施

C. 建筑面积为300m² 的老年人照料设施的非消防用电负荷可不设置电气火灾监控系统

D. 在采用金属导管保护时，墙壁插座的配电线路可紧贴通风管道外壁敷设

E. 在采用可燃物的闷顶中敷设时，照明灯具的配电线路应采用金属导管保护

【参考答案】DE

【命题思路】

本题主要考察《建筑设计防火规范》GB 50016—2014（2018年版）中电力线路及电器装置有关规定。

【解题分析】

消防负荷不能采用过载保护。（故选项A错误）

10.2.5　可燃材料仓库内宜使用低温照明灯具，并应对灯具的发热不见采取隔热等防火措施，不应使用卤钨灯等高温照明灯具。配电箱及开关应设置在仓库外。（故选项B错误）

10.2.7　老年人照料设施的非消防用电负荷应设置电气火灾监控系统。（故选项C错误）

10.2.3　配电线路不得穿越通风管道内腔或直接敷设在通风管道外壁上，穿金属导管保护的配电线路可紧贴通风管道外壁数设。配电线路敷设在有可燃物的闷顶、吊顶内时，应采取穿金属导管、采用封闭式金属槽盒等防火保护措施。（故选项D、E正确）

【题82】D级建筑材料及制品燃烧性能的附加信息包括（　　）。

A. a0（或a1、a2）

B. t0（或t1、t2）

C. s1（或s2、s3）

D. d0（或d1、d2）

E. b0（或b1、b2）

【参考答案】BCD

【命题思路】

本题主要考察建筑材料及制品燃烧性能等级的附加信息和标识。

【解题分析】

《消防安全技术实务》教材第2篇第3章第2节。

（二）附加信息标识

当按规定需要显示附加信息时，燃烧性能等级标识如图2-3-1所示。

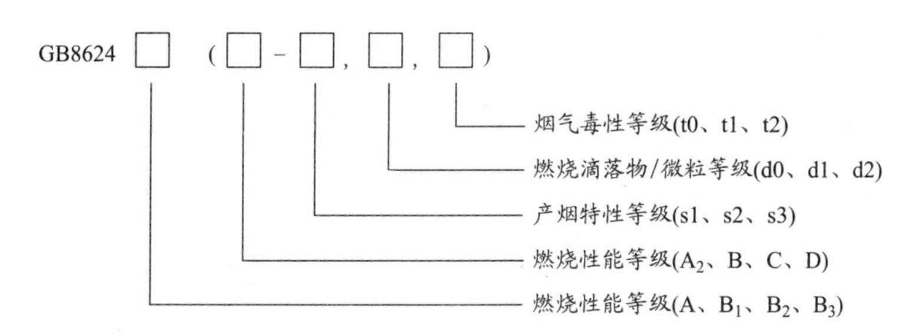

图 2-3-1　燃烧性能等级标识示意

【题 83】某商场设有火灾自动报警系统和室内消火栓系统，商场屋顶设有高位消防水箱。根据现行国家标准《火灾自动报警系统设计规范》GB 50116，该商场室内消火栓系统的下列控制设计方案中，错误的有（　　）。

A. 消防联动控制器处于手动或自动状态，高位消防水箱出水干管流量开关的动作信号均能直接连锁控制消火栓泵启动

B. 消火栓按钮的动作信号直接控制消火栓泵的启动

C. 消防联动控制器处于手动状态时，该控制器不能联动消火栓泵启动

D. 消防联动控制器处于自动状态时，高位消防水箱出水干管流量开关的信号不能直接联锁控制消火栓泵启动

E. 消防联动控制器处于自动状态时，该控制器不能手动控制消火栓泵的启动

【参考答案】BDE

【命题思路】

本题主要考察《火灾自动报警系统设计规范》GB 50116—2013 中消防联动控制有关规定。

【解题分析】

4.3.1　联动控制方式，应由消火栓系统出水干管上设置的低压压力开关、高位消防水箱出水管上设置的流量开关或报警阀压力开关等信号作为触发信号，直接控制启动消火栓泵，联动控制不应受消防联动控制器处于自动或手动状态影响。当设置消火栓按钮时，消火栓按钮的动作信号应作为报警信号及启动消火栓泵的联动触发信号，由消防联动控制器联动控制消火栓泵的启动。(故选项 A 正确，B 错误)

4.3.2　手动控制方式，应将消火栓泵控制箱（柜）的启动、停止按钮用专用线路直接连接至设置在消防控制室内的消防联动控制器的手动控制盘，并应直接手动控制消火栓泵的启动、停止。(故选项 C 正确)

4.3.3　消火栓泵的动作信号应反馈至消防联动控制器。

【题 84】某储罐区共有 7 个直径 32m 的非水溶性丙类液体固定顶储罐，均设置固定式液上喷射低倍数泡沫灭火系统。关于该灭火系统设计的说法，正确的有（　　）。

A. 泡沫灭火系统应具备半固定式系统功能

B. 每个储罐的泡沫产生器不应少于 3 个

C. 泡沫混合液供给强度不应小于 4L/（min • m^2）

D. 泡沫混合液泵启动后，将泡沫混合液输送到保护对象的时间不大于 5min

E. 泡沫混合液连续供给时间不应小于 30min

【参考答案】ADE

【命题思路】

本题主要考察《泡沫灭火系统设计规范》GB 50151—2010中低倍数泡沫灭火系统设计有关规定。

【解题分析】

4.1.9 储罐区固定式泡沫灭火系统应具备半固定式系统功能。(故选项A正确)

4.2.3 液上喷射系统泡沫产生器的设置，应符合下列规定：当储罐直径大于30m但不大于35m时，数量不少于4个。(故选项B错误)

泡沫产生器设置数量 **表4.2.3**

储罐直径(m)	泡沫产生器设置数量(个)
≤10	1
>10且≤25	2
>25且≤30	3
>30且≤35	4

注：对于直径大于35m且小于50m的储罐，其横截面积每增加300m^2，应至少增加1个泡沫产生器。

4.2.2 泡沫混合液供给强度及连续供给时间应符合下表规定，固定式不应小于5L/(min·m^2)。(故选项C错误)

泡沫混合液供给强度和连续供给时间 **表4.2.2-1**

系统形式	泡沫液种类	供给强度[L/(min·m^2)]	连续供给时间(min)	
			甲、乙类液体	丙类液体
固定式、半固定式系统	蛋白	6.0	40	30
	氟蛋白、水成膜、成膜氟蛋白	5.0	45	30
移动式系统	蛋白、氟蛋白	8.0	60	45
	水成膜、成膜氟蛋白	6.5	60	45

注：1 如果采用大于本表规定的混合液供给强度，混合液连续供给时间可按相应的比例缩短，但不得小于本表规定时间的80%；

2 沸点低于45℃的非水溶性液体，设置泡沫灭火系统的适用性及其泡沫混合液供给强度，应由试验确定。

泡沫混合液连续供给时间不应小于30min，故选项E正确。

4.1.10 固定式泡沫灭火系统的设计应满足在泡沫消防水泵成泡沫混合液泵启动后，将泡沫混合液或泡沫输送到保护对象的时间不大于5min。(故选项D正确)

【题85】某办公楼的自动喷水灭火系统采用湿式系统。通过(　　)可直接自动启动该湿式系统的消防水泵。

A. 手动火灾报警按钮

B. 每个楼层设置的水流指示器

C. 消防水泵出水干管上设置的压力开关

D. 高位消防水箱出水管上的流量开关

E. 报警阀组压力开关

【参考答案】CDE

【命题思路】

本题主要考察《自动喷水灭火系统设计规范》GB 50084—2017 中直接自动启动消防水泵有关规定。

【解题分析】

11.0.1 湿式系统、干式系统应由消防水泵出水干管上设置的压力开关、高位消防水箱出水管上的流量开关和报警阀组压力开关直接自动启动消防水泵。(故选项 C、D、E 正确)

【题 86】为了节约用地，减少管线投资并方便操作管理，满足一定安全条件的甲，乙，丙类液体储罐可成组布置。关于液化烃地上储罐成组布置的说法，正确的是（　　）。

A. 组内的储罐不应超过两排

B. 组内全冷冻式储罐不应多于 10 个

C. 全冷冻式储罐应单独成组布置

D. 组内全压力式储罐不应多于 10 个

E. 储罐不能适应罐组内任一介质泄漏所产生的最低温度时，不应布置在同一罐组内

【参考答案】ACE

【命题思路】

本题主要考察《石油化工企业设计防火标准》GB 50160—2008（2018 年版）中液化烃地上储罐成组布置有关规定。

【解题分析】

6.3.2 液化烃储罐成组布置时应符合下列规定：

1 液化烃罐组内的储罐不应超过 2 排；(选项 A 正确)

2 每组全压力式或半冷冻式储罐的个数不应多于 12 个；(选项 D 错误)

3 全冷冻式储罐的个数不宜多于 2 个；(选项 B 错误)

4 全冷冻式储罐应单独成组布置；(选项 C 正确)

5 储罐不能适应罐组内任一介质泄漏所产生的最低温度时，不应布置在同一罐组内。(选项 E 正确)

【题 87】某汽车加油加气站，设有埋地汽油储罐及地上 LNG 储罐，加油岛及加气岛上方罩棚的净空高度为 4.5m，关于该站爆炸危险区域划分和电气设备选型的说法，正确的有（　　）。

A. 以汽油罐密闭卸油口为中心，半径为 0.5m 的球形空间应划分为 1 区，加油机壳体内部空间应划分为 2 区

B. 加气机地坪以下的坑应划分为 1 区，罩棚顶板以上空间可划分为非防爆区

C. 罩棚下的照明灯具应选用的级别与组别分别不应低于 IIB、T1

D. 罩棚下的照明灯具可选用隔爆型灯具

E. 罩棚下的照明灯具可选用增安型灯具

【参考答案】BDE

【命题思路】

本题主要考察《汽车加油加气站设计与施工规范》GB 50156—2012（2014 年版）爆炸危险区域划分和电气设备选型有关规定。

【解题分析】

《汽车加油加气站设计与施工规范》GB 50156—2012（2014年版）

11.1.8 加油加气站内爆炸危险区域以外的照明灯具，可选用非防爆型。罩棚下处于非爆炸危险区域的灯具，应选用防护等级不低于IP44级的照明灯具。

C.0.1 爆炸危险区域的等级定义，应符合现行国家标准《爆炸和火灾危险环境电力装置设计规范》GB 50058的有关规定。

C.0.2 汽油、LPG和LNG设施的爆炸危险区域内地坪以下的坑或沟应划为1区。(故选项B正确)

C.0.5 汽油加油机爆炸危险区域划分（图C.0.5），应符合下列规定：

1 加油机壳体内部空间应划分为1区。(故选项A错误)

2 以加油机中心线为中心线，以半径为4.5m（3m）的地面区域为底面和以加油机顶部以上0.15m半径为3m（1.5m）的平面为顶面的圆台形空间，应划分为2区。

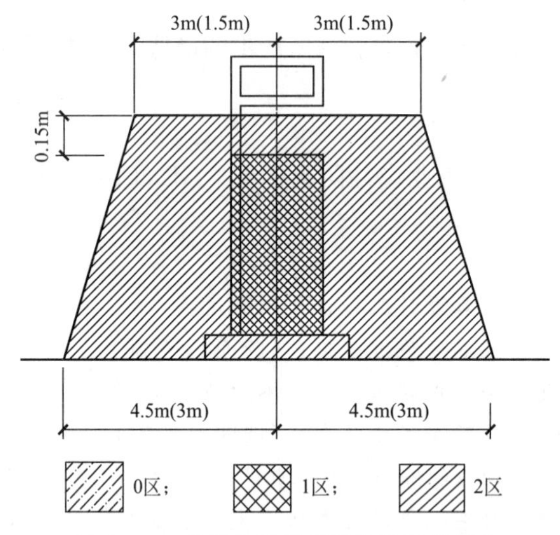

图C.0.5 汽油加油机爆炸危险区域划分

由上图可知，罩棚下加油机周围为2区。

《爆炸危险性环境电力装置设计规范》GB 50058—2014

5.2.2 危险区域划分与电气设备保护级别的关系应符合下列规定：

1 爆炸性环境内电气设备保护级别的选择应符合表5.2.2-1的规定。

爆炸性环境内电气设备保护级别的选择　　表5.2.2-1

危险区域	设备保护级别（EPL）
0区	Ga
1区	Ga或Gb
2区	Ga、Gb或Gc
20区	Da
21区	Da或Db
22区	Da、Db或Dc

2 电气设备保护级别（EPL）与电气设备防爆结构的关系应符合表5.2.2-2的规定。

电气设备保护级别（EPL）与电气设备防爆结构的关系　　表5.2.2-2

设备保护级别（EPL）	电气设备防爆结构	防爆形式
Ga	本质安全型	“ia”
	浇封型	“ma”
	由两种独立的防爆类型组成的设备，每一种类型达到保护级别“Gb”的要求	—
	光辐射式设备和传输系统的保护	“op is”
Gb	隔爆型	“d”
	增安型	“e”①
	本质安全型	“ib”

注：①在1区中使用的增安型“e”电气设备仅限于下列电气设备：在正常运行中不产生火花、电弧或危险温度的接线盒和接线箱，包括主体为“d”或“m”型，接线部分为“e”型的电气产品；按现行国家标准《爆炸性环境 第3部分：由增安型“e”保护的设备》GB 3836.3—2010附录D配置的合适热保护装置的“e”型低压异步电动机，启动频繁和环境条件恶劣者除外；“e”型荧光灯；“e”型测量仪表和仪表用电流互感器。

由表5.2.2-1可知，2区内电气设备保护级别为Ga、Gb或Gc。由表5.2.2-2可知，选项D、E正确。

【题88】下列防烟分区划分设计要求中，适用于地铁站厅公共区的有（　　）。

A. 防烟分区不应跨越防火分区

B. 防烟分区的最大允许面积与空间净高相关

C. 防烟分区的长边最大允许长度与空间净高相关

D. 当空间高度大于规定值时，防烟分区之间可不设挡烟设施

E. 采用挡烟垂壁或建筑结构划分防烟分区

【参考答案】AE

【命题思路】

本题主要考察《地铁设计防火标准》GB 51298—2018地铁站厅公共区防烟与排烟有关规定。

【解题分析】

8.1.5 站厅公共区和设备管理区应采用挡烟垂壁或建筑结构划分防烟分区（选项E正确），防烟分区不应跨越防火分区（选项A正确）。站厅公共区内每个防烟分区的最大允许建筑面积不应大于2000m^2，设备管理区内每个防烟分区的最大允许建筑面积不应大于750m^2。（选项B错误）

8.1.6 公共区楼扶梯穿越楼板的开口部位、公共区吊顶与其他场所连接处的顶棚或吊顶面高差不足0.5m的部位应设置挡烟垂壁。

8.1.7 挡烟垂壁或划分防烟分区的建筑结构应为不燃材料且耐火极限不应低于0.50h，凸出顶棚或封闭吊顶不应小于0.5m。挡烟垂壁的下缘至地面、楼梯或扶梯踏步面的垂直距离不应小于2.3m。

【题89】火力发电厂的液氨储罐区应（　　）。

A. 设置不低于2.0m的不燃烧实体围墙

B. 位于厂区全年最小频率风向的上风侧

C. 与厂外道路保持15m以上的防火间距

D. 布置在通风良好的厂区边缘地带

E. 避开人员集中活动场所和主要人流出入口

【参考答案】BDE

【命题思路】

本题主要考察《火力发电厂与变电站设计防火标准》GB 50229—2019液氨储罐区平面布局有关规定。

【解题分析】

《火力发电厂与变电站设计防火标准》GB 50229—2019

4.0.13 液氨区的布置应符合下列规定：

1 液氨区应单独布置在通风条件良好的厂区边缘地带，避开人员集中活动场所和主要人流出入口，并宜位于厂区全年最小频率风向的上风侧；(故选项B、D、E正确)

2 液氨区应设置不低于2.2m高的不燃烧体实体围墙；当利用厂区围墙作为氨区的围墙时，该段围墙应采用不低于2.5m高的不燃烧体实体围墙；(故选项A错误)

3 液氨储罐应设置防火堤，防火堤的设置应符合现行国家标准《建筑设计防火规范》GB 50016及《储罐区防火堤设计规范》GB 50351的有关规定。

《建筑设计防火规范》GB 50016—2014

4.3.7 液氢、液氨储罐与建筑物、储罐、堆场等的防火间距可按本规范第4.4.1条相应容积液化石油气储罐防火间距的规定减少25%确定。

4.4.1 液化石油气供应基地的全压式和半冷冻式储罐（区），与明火或散发火花地点和基地外建筑等的防火间距不应小于表4.4.1的规定，与表4.4.1未规定的其他建筑的防火间距应符合现行国家标准《城镇燃气设计规范》GB 50028的规定。

液化石油气供应基地的全压式和半冷冻式储罐（区）与明火或散发火花地点和基地外建筑等的防火间距（m） **表4.4.1**

<table>
<tr><th colspan="2" rowspan="2">名称</th><th colspan="7">液化石油气储罐（区）（总容积V，m^3）</th></tr>
<tr><th>30<V≤50</th><th>50<V≤200</th><th>200<V≤500</th><th>500<V≤1000</th><th>1000<V≤2500</th><th>2500<V≤5000</th><th>5000<V≤10000</th></tr>
<tr><td rowspan="2">公路（路边）</td><td>高速，Ⅰ、Ⅱ级</td><td>20</td><td colspan="5">25</td><td>30</td></tr>
<tr><td>Ⅲ、Ⅳ级</td><td>15</td><td colspan="5">20</td><td>25</td></tr>
</table>

从上述规定及上表可知，题干中未明确火力发电厂的液氨储罐的总容积，根据《建筑设计防火规范》4.3.7的规定，即使取表中最大间距30m，选项C中提到的防火间距也在15m以内，故选项C错误。

【题90】某一级耐火等级的服装厂，共7层，建筑高度32m，每层划分为一个防火分区。各层使用人数为：第2层300人，第3层260人，第4层280人，第5层至第7层每层290人。关于该厂房疏散楼梯的说法，正确的有（　　）。

A. 4层至3层的疏散楼梯总净宽度不应小于2.90m

B. 2层至1层的疏散楼梯总净宽度不应小于3.00m

C. 5层至4层的疏散楼梯总净宽度不应小于3.00m

D. 3层至2层的疏散楼梯总净宽度不应小于2.40m

E. 疏散楼梯应采用封闭楼梯间或室外楼梯

【参考答案】ABE

【命题思路】

本题主要考察《建筑设计防火规范》GB 50016—2014（2018年版）厂房疏散楼梯宽度计算。

【解题分析】

5.5.21 除剧场、电影院、礼堂、体育馆外的其他公共建筑，其房间疏散门、安全出口、疏散走道和疏散楼梯的各自总净宽度，应符合下列规定：

每层的房间疏散门、安全出口、疏散走道和疏散楼梯的每100人最小疏散净宽度（m/百人） **表5.5.21-1**

建筑层数		建筑的耐火等级		
		一、二级	三级	四级
地上楼层	1～2层	0.65	0.75	1.00
	3层	0.75	1.00	—
	≥4层	1.00	1.25	—
地下楼层	与地面出入口地面的高差 $\Delta H \leqslant 10$m	0.75	—	—
	与地面出入口地面的高差 $\Delta H > 10$m	1.00	—	—

本建筑地上采用百人宽度指标为1m/百人。当每层疏散人数不等时，疏散楼梯的总净宽度可分层计算，地上建筑内下层楼梯的总净宽度应按该层及以上疏散人数最多一层的人数计算；地下建筑内上层楼梯的总净宽度应按该层及以下疏散人数最多一层的人数计算。

选项A，楼梯需要4～7层疏散使用，取290×1/100=2.9m，正确；

选项B，楼梯需要2～7层疏散使用，取300×1/100=3m，正确；

选项C，楼梯需要5～7层使用，取290×1/100=2.9m，可以小于3m，错误；

选项D，楼梯需要3～7层使用，取290×1/100=2.9m，不应小于2.4m，错误；

选项E，本建筑为等于32m的高层厂房，3.7.6 高层厂房和甲、乙、丙类多层厂房的疏散楼梯应采用封闭楼梯间或室外楼梯。建筑高度大于32m且任一层人数超过10人的厂房，应采用防烟楼梯间或室外楼梯。故应采用封闭楼梯间或室外楼梯，正确。

【题91】某地上商场，总建筑面积为4000m³，设置自动喷水灭火系统采用建立标准覆盖面积洒水喷头，该喷头布置中错误的有（　　）。

A. 喷头呈长方形布置，长边和短边分别为4.0m和3.0m

B. 喷头呈正方形布置边长为3.8m

C. 喷头呈平行四边形布置，长边和短边分别为3.5m和1.5m

D. 喷头与端墙的距离为0.2m

E. 喷头与端墙的距离为2.0m

【参考答案】BCE

【命题思路】

本题主要考察《自动喷水灭火系统设计规范》GB 50084—2017 关于喷头布置有关规定。

【解题分析】

附录A：总建筑面积为4000m² 的地上商场属于危险等级中危险Ⅰ级。

附录A　设置场所火灾危险等级分类

设置场所火灾危险等级分类　　表A

<table>
<tr><th colspan="2">火灾危险等级</th><th>设置场所分类</th></tr>
<tr><td colspan="2">轻危险级</td><td>住宅建筑、幼儿园、老年人建筑、建筑高度为24m及以下的旅馆、办公楼；仅在走道设置闭式系统的建筑等</td></tr>
<tr><td>中危险级</td><td>Ⅰ级</td><td>1）高层民用建筑：旅馆、办公楼、综合楼、邮政楼、金融电信楼、指挥调度楼、广播电视楼（塔）等。
2）公共建筑（含单多高层）：医院、疗养院；图书馆（书库除外）、档案馆、展览馆（厅）；影剧院、音乐厅和礼堂（舞台除外）及其他娱乐场所；火车站、机场及码头的建筑；总建筑面积小于5000m² 的商场、总建筑面积小于1000m² 的地下商场等。
3）文化遗产建筑：木结构古建筑、国家文物保护单位等。
4）工业建筑：食品、家用电器、玻璃制品等工厂的备料与生产车间等；冷藏库、钢屋架等建筑构件</td></tr>
</table>

7.1.2　直立型、下垂型标准覆盖面积洒水喷头的布置，包括同一根配水支管上喷头的间距及相邻配水支管的间距，应根据设置场所的火灾危险等级、洒水喷头类型和工作压力确定，并不应大于表7.1.2的规定，且不应小于1.8m。

直立型、下垂型标准覆盖面积洒水喷头的布置　　表7.1.2

<table>
<tr><th rowspan="2">火灾危险等级</th><th rowspan="2">正方形布置的边长（m）</th><th rowspan="2">矩形或平行四边形布置的长边边长（m）</th><th rowspan="2">一只喷头的最大保护面积（m²）</th><th colspan="2">喷头与端墙的距离（m）</th></tr>
<tr><th>最大</th><th>最小</th></tr>
<tr><td>轻危险级</td><td>4.4</td><td>4.5</td><td>20.0</td><td>2.2</td><td rowspan="4">0.1</td></tr>
<tr><td>中危险级Ⅰ级</td><td>3.6</td><td>4.0</td><td>12.5</td><td>1.8</td></tr>
<tr><td>中危险级Ⅱ级</td><td>3.4</td><td>3.6</td><td>11.5</td><td>1.7</td></tr>
<tr><td>严重危险级、仓库危险级</td><td>3.0</td><td>3.6</td><td>9.0</td><td>1.5</td></tr>
</table>

长方形平行四边形布置长边最大4.0m且（长边和短边）不应小于1.8m，保护面积12.5m²，故选项A正确，C错误；

为正方形布置边长3.6m，故选项B错误；

喷头与端墙最大1.8最小0.1m，故选项D正确，E错误。

【题92】下列物质中，燃烧时燃烧类型既存在表面燃烧也存在分解燃烧的有（　　）。

A. 纯棉织物　　　B. PVC 电缆　　　C. 金属铝条　　　D. 木质人造板

E. 电视机外壳

【参考答案】ABD

【命题思路】

本题主要考察物质的燃烧特性。

【解题分析】

在适当的外界条件下，木材、棉、麻、纸张等的燃烧会明显地存在表面燃烧、分解燃烧、阴燃等形式。选项 A、D 正确。选项 C 属于表面燃烧。选项 B、E 会先受热分解出可燃有毒气体如 CO，CO 与氧气接触加热燃烧属于分解燃烧，一般电缆里边有金属铜，铜会发生表面燃烧，故选 B，不选 E。

【题 93】关于气体灭火系统设计的说法，错误的有（　　）。

A. 图书馆书库防护区设置的七氟丙烷灭火系统，灭火设计浓度应采用 8%

B. 灭火剂喷放指示灯信号应保持到防护区通风换气后，以手动方式解除

C. 灭火设计浓度为 40%的 IG541 混合气体灭火系统的防护区，可不设置手动与自动控制的转换装置

D. 组合分配系统启动时，选择阀应在容器阀开启前打开或与容器阀同时打开

E. 灭火设计浓度为 9.5%的七氟丙烷灭火系统的防护区，可不设手动与自动控制的转换装置

【参考答案】AE

【命题思路】

本题主要考察《气体灭火系统设计规范》GB 50370—2005 中气体灭火系统设计有关规定。

【解题分析】

3.3.3　图书、档案、票据和文物资料库等防护区，灭火设计浓度宜采用 10%。(选项 A 错误)

6.0.2　防护区内的疏散通道及出口，应设应急照明与疏散指示标志。防护区内应设火灾声报警器，必要时，可增设闪光报警器。防护区的入口处应设火灾声、光报警器和灭火剂喷放指示灯，以及防护区采用的相应气体灭火系统的永久性标志牌。灭火剂喷放指示灯信号，应保持到防护区通风换气后，以手动方式解除。(选项 B 正确)

5.0.4　灭火设计浓度或实际使用浓度大于无毒性反应浓度（NOAEL 浓度）的防护区和采用热气溶胶预制灭火系统的防护区，应设手动与自动控制的转换装置。NOAEL 浓度：七氟丙烷 9.0%，IG541 43%。(选项 C 正确，选项 E 错误)

5.0.9　组合分配系统启动时，选择阀应在容器阀开启前或同时打开。(选项 D 正确)

【题 94】某单层非密集柜式档案馆，建筑高度为 7m，自动喷水灭火系统采用预作用系统，该预作用系统的喷头应采用（　　）。

A. 下垂型标准响应喷头　　　B. 直立型标准响应喷头

C. 下垂型快速响应喷头　　　D. 干式下垂型标准响应喷头

E. 直立型快速响应喷头

【参考答案】BD

【命题思路】

本题主要考察《自动喷水灭火系统设计规范》GB 50084—2017 预作用系统的喷头有关规定。

【解题分析】

6.1.4 干式系统、预作用系统应采用直立型洒水喷头或干式下垂型洒水喷头。（故选项 A、C 错误）

因高度不大于 8m，根据表 6.1.1，可以选用标准响应洒水喷头以及快速响应洒水喷头。

6.1.1 设置闭式系统的场所，洒水喷头类型和场所的最大净空高度应符合表 6.1.1 的规定；仅用于保护室内钢屋架等建筑构件的洒水喷头和设置货架内置洒水喷头的场所，可不受此表规定的限制。

洒水喷头类型和场所净空高度　　表 6.1.1

设置场所		喷头类型			场所净空高度 h（m）
		一只喷头的保护面积	响应时间性能	流量系数 K	
民用建筑	普通场所	标准覆盖面积洒水喷头	快速响应喷头 特殊响应喷头 标准响应喷头	$K \geq 80$	$h \leq 8$
		扩大覆盖面积洒水喷头	快速响应喷头	$K \geq 80$	
	高大空间场所	非仓库型特殊应用喷头			$8 < h \leq 18$
厂房		标准覆盖面积洒水喷头	特殊响应喷头 标准响应喷头	$K \geq 80$	$h \leq 8$
仓库		标准覆盖面积洒水喷头	特殊响应喷头 标准响应喷头	$K \geq 80$	$h \leq 9$
		仓库型特殊应用喷头			$h \leq 12$
		早期抑制快速响应喷头			$h \leq 13.5$

当采用快速响应洒水喷头时，系统应为湿式系统。题干系统为预作用系统，故选项 E 错误。

【题 95】某大型商业综合体首层某防火分区设有机械排烟系统，共划分 4 个防烟分区，防烟分区间采用电动挡烟垂壁分隔，每个防烟分区均设 5 个排烟口，该防火分区机械排烟系统的下列控制设计方案中，错误的有（　　）。

A. 由防火分区内，一只感烟火灾探测器和一只手动火灾报警按钮的报警信号（“与”逻辑）作为排烟口开启的联动触发信号

B. 消防联动控制器接收到符合排烟口联动开启控制逻辑的触发信号后，联动控制开启排烟口的数量为 10 个

C. 消防联动控制器接收到防火分区内两只感烟火灾探报警信号后，联动控制排烟口的开启和排烟风机的启动

D. 防火分区内 2 只感烟火灾探测器的报警信号（“与”逻辑）作为电动挡烟垂壁下降

的联动触发信号

E. 消防联动控制器分别联动控制排烟口的开启和电动挡烟垂壁的下降

【参考答案】ABCD

【命题思路】

本题主要考察《火灾自动报警系统设计规范》GB 50116—2013 和《建筑防烟排烟系统技术标准》GB 51251—2017 联动控制有关规定。

【解题分析】

《火灾自动报警系统设计规范》GB 50116—2013

4.5.1-2 应由同一防烟分区内且位于电动挡烟垂壁附近的两只独立的感烟火灾探测器的报警信号，作为电动挡烟垂壁降落的联动触发信号，并应由消防联动控制器联动控制电动挡烟垂壁的降落。(故选项 D 错误)

4.5.2 排烟系统的联动控制方式应符合下列规定：

1 应由同一防烟分区内的两只独立的火灾探测器的报警信号，作为排烟口、排烟窗或排烟阀开启的联动触发信号，并应由消防联动控制器联动控制排烟口、排烟窗或排烟阀的开启，同时停止该防烟分区的空气调节系统。(选项 A、C 错误)

2 应由排烟口、排烟窗或排烟阀开启的动作信号，作为排烟风机启动的联动触发信号，并应由消防联动控制器联动控制排烟风机的启动。

《建筑防烟排烟系统技术标准》GB 51251—2017

5.2.4 当火灾确认后，担负两个及以上防烟分区的排烟系统，应仅打开着火防烟分区的排烟阀或排烟口，其他防烟分区的排烟阀或排烟口应呈关闭状态。(故选项 B 错误)

【题 96】某综合楼建筑高度为 110m，设置自动喷水灭火系统。该综合楼内柴油发电机房的下列设计方案中，正确的有（　　）。

A. 机房内设置自动喷水灭火系统

B. 机房与周围场所采用耐火极限 2h 的防火隔墙和 1h 的不燃性楼板分隔

C. 为柴油发电机供油的 $12m^3$ 储罐直埋于室外距综合楼外墙 3m 处，毗邻油罐外墙 4m 范围内为防火墙

D. 储油间采用耐火极限为 2.5h 的防火隔墙与发电机间分隔，隔墙上设置甲级防火门

E. 柴油发电机房布置在地下二层

【参考答案】ACE

【命题思路】

本题主要考察《建筑设计防火规范》GB 50016—2014（2018 年版）柴油发电机房平面布置有关规定。

【解题分析】

5.4.13 布置在民用建筑内的柴油发电机房应符合下列规定：

1 宜布置在首层或地下一、二层。(选项 E 正确)

2 不应布置在人员密集场所的上一层、下一层或贴邻。

3 应采用耐火极限不低于 2.00h 的防火隔墙和 1.50h 的不燃性楼板与其他部位分隔，门应采用甲级防火门。(选项 B 错误)

4 机房内设置储油间时，其总储存量不应大于 $1m^3$，储油间应采用耐火极限不低于

3.00h 的防火隔墙与发电机间分隔；确需在防火隔墙上开门时，应设置甲级防火门。（选项 D 错误）

5　应设置火灾报警装置。

6　应设置与柴油发电机容量和建筑规模相适应的灭火设施，当建筑内其他部位设置自动喷水灭火系统时，机房内应设置自动喷水灭火系统。（选项 A 正确）

5.4.14　供建筑内使用的丙类液体燃料，其储罐应布置在建筑外，并应符合下列规定：

1　当总容量不大于 15m^3，且直埋于建筑附近、面向油罐一面 4.0m 范围内的建筑外墙为防火墙时，储罐与建筑的防火间距不限；（故选项 C 正确）

【题 97】某石油化工企业的储罐区，布置有多个液体储罐，当采用低倍数泡沫灭火系统时，储罐区的下列储罐中，应采用固定式泡沫灭火系统的有（　　）。

A. 单罐容积为 10000m^3 的汽油内浮顶储罐，浮盘为易熔材料

B. 单罐容积为 10000m^3 的润滑油固定顶储罐

C. 单罐容积为 600m^3 的乙醇固定顶储罐

D. 单罐容积为 1000m^3 的甲苯内浮顶储罐

E. 单罐容积为 600m^3 的甲酸固定顶储罐

【参考答案】ACE

【命题思路】

本题主要考察《建筑设计防火规范》GB 50016—2014（2018 年版）柴油发电机房平面布置有关规定。

【解题分析】

《建筑设计防火规范》GB 50016—2014（2018 年版）

8.3.10　甲、乙、丙类液体储罐的灭火系统设置应符合下列规定：

1　单罐容量大于 1000m^3 的固定顶罐应设置固定式泡沫灭火系统；

2　罐壁高度小于 7m 或容量不大于 200m^3 的储罐可采用移动式泡沫灭火系统；

3　其他储罐宜采用半固定式泡沫灭火系统；

4　石油库、石油化工、石油天然气工程中甲、乙、丙类液体储罐的灭火系统设置，应符合现行国家标准《石油库设计规范》GB 50074 等标准的规定。

《石油化工企业设计防火标准》GB 50160—2008（2018 年版）

8.7.2　下列场所应采用固定式泡沫灭火系统：

1　甲、乙类和闪点等于或小于 90℃的丙类可燃液体的固定顶罐及浮盘为易熔材料的内浮顶罐：

1）单罐容积等于或大于 10000m^3 的非水溶性可燃液体储罐；（选项 A 汽油为非水溶性可燃液体，正确）

2）单罐容积等于或大于 500m^3 的水溶性可燃液体储罐；（选项 C 乙醇，选项 E 甲酸为水溶液可燃液体，应采用固定式，正确）

2　甲、乙类和闪点等于或小于 90℃的丙类可燃液体的浮顶罐及浮盘为非易熔材料的内浮顶罐：

1）单罐容积等于或大于 50000m^3 的非水溶性可燃液体储罐；

2）单罐容积等于或大于 $1000m^3$ 的水溶性可燃液体储罐；

3 移动消防设施不能进行有效保护的可燃液体储罐。

8.7.3 下列场所可采用移动式泡沫灭火系统：

1 罐壁高度小于7m或容积等于或小于 $200m^3$ 的非水溶性可燃液体储罐；

2 润滑油储罐；

3 可燃液体地面流淌火灾、油池火灾。

选项B，尽管润滑油储罐达到了8.7.2条丙类非水溶性可燃液体固定顶罐 $10000m^3$ 限定，但由于润滑油储罐危险性不大，且没有提到机动消防设施不能进行有效保护，故根据8.7.2条第3款不必须采用固定式灭火系统，可以采用移动式泡沫灭火系统。故错误。

选项D，甲苯为非水溶性可燃液体，由于单罐容积为 $1000m^3$ 内浮顶储罐，无论浮盘是否为易熔材料，可以不设置成固定式灭火系统，根据8.7.3条第1款也不可设置移动式系统，应采用半固定式泡沫灭火系统。故错误。

【题98】某办公楼地上8层，建筑高度32m，室内消火栓采用临时高压消防给水系统，并设有稳压泵。该消防给水系统稳压泵的下列设计方案中，正确的有（　　）。

A. 稳压泵不设置备用泵

B. 稳压泵的设计流量不小于室内消火栓系统管网的正常液漏量和系统自动启动流量

C. 稳压泵采用单吸多级离心泵

D. 稳压泵的设计压力保持系统最不利点处室内消火栓在准工作状态时的静水压力为0.10MPa

E. 稳压泵叶轮材质采用不锈钢

【参考答案】BCE

【命题思路】

本题主要考察《消防给水及消火栓系统技术规范》GB 50974—2014消防给水系统稳压泵设计有关规定。

【解题分析】

5.3.1 稳压泵宜采用离心泵，并宜符合下列规定：

1 宜采用单吸单级或单吸多级离心泵；（故选项C正确）

2 泵外壳和叶轮等主要部件的材质宜采用不锈钢。（故选项E正确）

5.3.2 稳压泵的设计流量应符合下列规定：

1 稳压泵的设计流量不应小于消防给水系统管网的正常泄漏量和系统自动启动流量；（故选项B正确）

5.3.3 稳压泵的设计压力应符合下列要求：

3 稳压泵的设计压力应保持系统最不利点处水灭火设施在准工作状态时的静水压力应大于0.15MPa。（故选项D错误）

5.3.6 稳压泵应设置备用泵。（故选项A错误）

【题99】某办公楼，建筑高度为56m，每层建筑面积为 $1000m^2$，该建筑内部装修的下列设计方案中，正确的有（　　）。

A. 建筑面积为 $100m^2$ 的B级电子信息系统机房铺设半硬质PVC塑料地板

B. 建筑面积为 $100m^2$ 的办公室墙面粘贴塑料壁纸

C. 建筑面积为 50m^2 的重要档案资料室采用 B_2 级阻燃织物窗帘

D. 建筑面积为 150m^2 的餐厅内采用 B_2 级木制桌椅

E. 建筑面积为 150m^2 的会议厅内装饰彩色图纹羊毛挂毯

【参考答案】BDE

【命题思路】

本题主要考察《建筑内部装修设计防火规范》GB 50222—2017 不同场所装修的基本要求。

【解题分析】

本建筑属于一类高层办公建筑，按《建筑设计防火规范》GB 50016—2014 要求需要设置自动喷水灭火系统和火灾自动报警系统，根据《建筑内部装修设计防火规范》GB 50222—2017 表 5.2.1 确定本建筑内不同场所装修的基本要求：

选项 A，B 级电子信息系统机房（属于不降低要求场所）：顶棚、墙面、地面分别应为 A、A、B_1，半硬质 PVC 塑料地板属于 B_2 级，故错误；

选项 B，普通办公室：顶棚、墙面、地面分别应为 A、B_1、B_1，塑料壁纸属于 B_2，但特例中：5.2.3 除本规范第 4 章规定的场所和本规范表 5.2.1 中序号为 10～12 规定的部位外，以及大于 400m^2 的观众厅、会议厅和 100m 以上的高层民用建筑外，当设有火灾自动报警装置和自动灭火系统时，除顶棚外，其内部装修材料的燃烧性能等级可在本规范表 5.2.1 规定的基础上降低一级。故选项 B 满足要求；

选项 C，重要档案资料室（属于不降低要求场所）：窗帘至少 B_1 级别，故错误；

选项 D，餐饮场所：桌椅属于其他装饰材料，可以 B_2 级，故正确；

选项 E，会议厅：150m^2≤400m^2，挂毯应采用 B_1 级，并且可以套用特殊规定，可放宽到 B_2 级，羊毛挂毯属于 B_2 级别，故正确。

【题 100】某体育馆，耐火等级二级，可容纳 8600 人，若疏散门净宽为 2.2m，则下列设计参数中，适用于该体育馆疏散门设计的有（　　）。

A. 允许疏散时间不大于 3.0min

B. 允许疏散时间不大于 3.5min

C. 疏散门的设置数量为 17 个

D. 每 100 人所需最小疏散净宽度为 0.43m

E. 通向疏散门的纵向走道的通行人流股数为 5 股

【参考答案】BC

【命题思路】

本题主要考察《建筑设计防火规范》GB 50016—2014（2018 年版）体育馆安全疏散计算。

【解题分析】

5.5.20　剧场、电影院、礼堂、体育馆等场所的疏散走道、疏散楼梯、疏散门、安全出口的各自总净宽度，应符合下列规定：

3　体育馆供观众疏散的所有内门、外门、楼梯和走道的各自总净宽度，应根据疏散人数按每 100 人的最小疏散净宽度不小于表 5.5.20-2 的规定计算确定；

体育馆每 100 人所需最小疏散净宽度（m/百人） **表 5.5.20-2**

观众厅座位数范围（座）			3000～5000	5001～10000	10001～20000
疏散部位	门和走道	平坡地面	0.43	0.37	0.32
		阶梯地面	0.50	0.43	0.37
	楼梯		0.50	0.43	0.37

由题干可知，该体育馆的耐火等级为二级，人数 8600 人。根据上表，门的对应指标是 0.37m/百人，故选项 D 错误。

单股疏散人流一般取 0.55～0.6m，取 0.55m，每个门同时疏散人流股数=2.2÷0.55=4 股（0.6 计算则更少），故选项 E 错误。

根据 5.5.20 条文解析“对于体育馆观众厅的人数容量，表 5.5.20-2 中规定的疏散宽度指标，按照观众厅容量的大小分为三档：（3000～5000）人、（5001～10000）人和（10001～20000）人。每个档次中所规定的百人疏散宽度指标（m），是根据人员出观众厅的疏散时间分别控制在 3min、3.5min、4min 来确定的。”故此电影院允许疏散时间控制在 3.5min 之内即可，故选项 B 正确，A 错误。

选项 C，若设置 17 个门，每个人需要在规定时间内疏散的人数为：8600÷17≈506 人，每个 2.2m 的门同时容纳 4 股人流疏散，单股人流通行能力取 37 人/min（平坡 43，阶梯 37）则 506÷（37×4）≈3.42min<3.5min 故满足安全疏散的要求最大允许疏散时间。选项 C 正确。

2018年
一级注册消防工程师《消防安全技术实务》真题解析

一、单项选择题（共80题，每题1分，每题的备选项中，只有1个最符合题意）

【题1】木制桌椅燃烧时，不会出现的燃烧形式是（　　）。

A. 分解燃烧　　B. 表面燃烧　　C. 熏烟燃烧　　D. 蒸发燃烧

【参考答案】D

【命题思路】

本题主要考查燃烧形式种类和常见物质燃烧形式。

【解题分析】

《消防安全技术实务》教材第1篇第1章第2节。

固体燃烧的形式大致可分为四种：①蒸发燃烧；②表面燃烧；③分解燃烧；④阴燃。

需要指出的是，上述各种燃烧形式的划分不是绝对的，有些可燃固体的燃烧往往包含两种或两种以上的形式。例如，在适当的外界条件下，木材、棉、麻、纸张等的燃烧会明显存在分解燃烧、阴燃、表面燃烧等形式。

【题2】某电子计算机房，拟采用气体灭火系统保护，下列气体灭火系统中，设计灭火浓度最低的是（　　）。

A. 氮气灭火系统　　B. IG541灭火系统

C. 二氧化碳灭火系统　　D. 七氟丙烷灭火系统

【参考答案】D

【命题思路】

本题主要考查不同气体灭火系统的设计灭火浓度。

【解题分析】

《二氧化碳灭火系统设计规范》GB 50193—1993（2010年版）

3.2.1　二氧化碳设计浓度不应小于灭火浓度的1.7倍，**并不得低于34%**。

《气体灭火系统设计规范》GB 50370—2005

3.3.5　通信机房和电子计算机房等防护区，灭火设计浓度宜采用8%。（七氟丙烷灭火系统）

3.4.2　固体表面火灾的**灭火浓度为28.1%**，其他灭火浓度可按本规范附录A中表A-3的规定取值，惰化浓度可按本规范附录A中表A-4的规定取值。本规范附录A中未列出的，应经试验确定。（IG541混合气体灭火系统）

从上述列出的灭火浓度可以看出，灭火浓度最低的是七氟丙烷灭火系统，故选项D正确。

【题3】下列气体中，爆炸下限大于10%的是（　　）。

A. 一氧化碳　　B. 丙烷　　C. 乙烯　　D. 丙烯

【参考答案】A

【命题思路】

本题主要考查不同气体的爆炸下限。

【解题分析】

《消防安全技术实务》教材第1篇第3章第2节。

部分可燃气体在空气和氧气中的爆炸极限

物质名称	在空气中(体积分数,%)		在氧气中(体积分数,%)	
	下限	上限	下限	上限
氢气	4.0	75.0	4.7	94.0
乙炔	2.5	82.0	2.8	93.0
甲烷	5.0	15.0	5.4	60.0
乙烷	3.0	12.45	3.0	66.0
丙烷	2.1	9.5	2.3	55.0
乙烯	2.75	34.0	3.0	80.0
丙烯	2.0	11.0	2.1	53.0
氨	15.0	28.0	13.5	79.0
环丙烷	2.4	10.4	2.5	63.0
一氧化碳	12.5	74.0	15.5	94.0

从上表可知，选项A正确。

【题4】下列可燃液体中，火灾危险性为甲类的是（　　）。

A. 戊醇　　B. 乙二醇　　C. 异丙醇　　D. 氯乙醇

【参考答案】C

【命题思路】

本题主要考查火灾危险为可燃液体分类。

【解题分析】

《石油库设计规范》GB 50074—2014

3.0.3（条文说明） 本次修订参照现行国家标准《石油化工企业设计防火规范》GB 50160—2008的规定，对石油库储存的易燃和可燃液体的火灾危险性进行了新的分类，分类的目的是针对不同火灾危险性的易燃和可燃液体，采取不同的安全措施。易燃和可燃液体的火灾危险性分类举例见表1。

易燃和可燃液体的火灾危险性分类举例　　**表1**

类别		名称
甲	A	液化氯甲烷,液化顺式-2丁烯,液化乙烯,液化乙烷,液化反式-2丁烯,液化环丙烷,液化丙烯,液化丙烷,液化环丁烷,液化新戊烷,液化丁烯,液化丁烷,液化氯乙烯,液化环氧乙烷,液化丁二烯,液化异丁烷,液化异丁烯,液化石油气,二甲胺,三甲胺,二甲基亚硫,液化甲醚(二甲醚)
	B	原油,石脑油,汽油,戊烷,异戊烷,异戊二烯,己烷,异己烷,环己烷,庚烷,异庚烷,辛烷,异辛烷,苯,甲苯,乙苯,邻二甲苯,间、对二甲苯,甲醇、乙醇、丙醇、**异丙醇**、异丁醇,石油醚,乙醚,乙醛,环氧丙烷,二氯乙烷,乙胺,二乙胺,丙酮,丁醛,三乙胺,醋酸乙烯,二氯乙烯,甲乙酮,丙烯腈,甲酸甲酯,醋酸乙酯,醋酸异丙酯,醋酸丙酯,醋酸异丁酯,甲酸丁酯,醋酸丁酯,醋酸异戊酯,甲酸戊酯,丙烯酸甲酯、甲基叔丁基醚,吡啶,液态有机过氧化物,二硫化碳
乙	A	煤油,喷气燃料,丙苯,异丙苯,环氧氯丙烷,苯乙烯,丁醇,**戊醇**,异戊醇,氯苯,乙二胺,环己酮,冰醋酸,液氨
	B	轻柴油,环戊烷,硅酸乙酯,**氯乙醇**,氯丙醇,二甲基甲酰胺,二乙基苯,液硫

续表

类别		名称
丙	A	重柴油,20号重油,苯胺,锭子油,酚,甲酚,甲醛,糠醛,苯甲醛,环己醇,甲基丙烯酸,甲酸,乙二醇丁醚,糖醇,**乙二醇**,丙二醇,辛醇,单乙醇胺,二甲基乙酰胺
	B	蜡油,100号重油,渣油,变压器油,润滑油,液体沥青,二乙二醇醚,三乙二醇醚,邻苯二甲酸二丁酯,甘油,联苯-联苯醚混合物,二氯甲烷,二乙醇胺,三乙醇胺,二乙二醇,三乙二醇

根据表中举例可知，A选项和D选项为乙类，B选项为丙类。

【题5】下列储存物品仓库中，火灾危险性为戊类的是（　　）。

A. 陶瓷制品仓库（制品可燃包装与制品本身重量比为1∶3）

B. 玻璃制品仓库（制品可燃包装与制品本身体积比为3∶5）

C. 水泥刨花板制品仓库（制品无可燃包装）

D. 硅酸铝纤维制品仓库（制品无可燃包装）

【参考答案】D

【命题思路】

本题主要考查丁戊类储存物品可燃包装重量比或体积比对其火灾危险性的分类影响。

【解题分析】

《建筑设计防火规范》GB 50016—2014（2018年版）

3.1.3　储存物品的火灾危险性应根据储存物品的性质和储存物品中的可燃物数量等因素划分，可分为甲，乙、丙、丁、戊类，并应符合表3.1.3的规定。

表3.1.3

丁类	自熄性塑料及其制品,酚醛泡沫塑料及其制品,水泥刨花板
戊类	钢材、铝材、玻璃及其制品,搪瓷制品、陶瓷制品、不燃气体,玻璃棉、岩棉、陶瓷棉、硅酸铝纤维、矿棉,石膏及其无纸制品,水泥、膨胀珍珠岩

3.1.5　丁、戊类储存物品仓库的火灾危险性，当可燃包装重量大于物品本身**重量**1/4或可燃包装体积大于物品本身**体积的**1/2时，应按丙类确定。

C选项为丁类，ABD选项为戊类，但AB选项中可燃包装重量或体积大于相关要求，实为丙类。

【题6】某厂房的房间墙采用金属夹芯板。根据现行国家标准，该金属夹芯板芯材的燃烧性能等级最低为（　　）。

A. A级　　B. B_1级　　C. B_2级　　D. B_3级

【参考答案】A

【命题思路】

本题主要考查建筑房间隔墙采用金属夹芯板芯材时的燃烧性能要求。

【解题分析】

《建筑设计防火规范》GB 50016—2014（2018年版）

3.2.17　建筑中的非承重外墙、房间隔墙和屋面板，当确需采用金属夹芯板材时，其芯材**应为不燃材料**，且耐火极限应符合本规范有关规定。

【题7】某建筑高度为110m的35层住宅建筑，首层设有商业服务网点，该住宅建筑构件耐火极限设计中，错误的是（　　）。

A. 居住部分与商业服务网点之间墙的耐火极限为2.00h

B. 居住部分与商业服务网点之间楼板的耐火极限为1.50h

C. 居住部分疏散走道两侧墙的耐火极限为1.00h

D. 居住部分分户墙的耐火极限为2.00h

【参考答案】B

【命题思路】

本题主要考查设置商业服务网点的住宅建筑构件的耐火极限要求。

【解题分析】

《建筑设计防火规范》GB 50016—2014（2018年版）

5.1.2 民用建筑的耐火等级可分为一、二、三、四级。除本规范另有规定外，不同耐火等级建筑相应构件的燃烧性能和耐火极限不应低于表5.1.2的规定。

表5.1.2

墙	楼梯间和前室的墙电梯井的墙住宅建筑单元之间的墙和分户墙	不燃性 2.00	不燃性 2.00	不燃性 1.50	难燃性 0.50
	疏散走道两侧的隔墙	不燃性 1.00	不燃性 1.00	不燃性 0.50	难燃性 0.25
	房间隔墙	不燃性 0.75	不燃性 0.50	难燃性 0.50	难燃性 0.25

5.1.4　建筑高度**大于100m的民用建筑**，其楼板的耐火极限**不应低于2.00h**。

5.4.11　设置商业服务网点的住宅建筑，其居住部分与商业服务网点之间应采用耐火极限**不低于2.00h且无门、窗、洞口的防火隔墙**和**1.50h的不燃性楼板**完全分隔，住宅部分和商业服务网点部分的安全出口和疏散楼梯应分别独立设置。

综合上述规定，虽然本建筑是设置商业服务网点的住宅建筑，但其建筑高度大于100m，其楼板的耐火极限不应低于2.00h，故选项B错误。

【题8】下列汽车、修车库中设置2个汽车疏散出口的是（　　）。

A. 总建筑面积3500m²，设14个车位的修车库

B. 总建筑面积1500m²，停车位45个的汽车库

C. 设有双车道汽车出口，总建筑面积3000m²、停车位90个的地上汽车库

D. 设有双车道汽车出口，总建筑面积3000m²，停车位90个的地下汽车库

【参考答案】A

【命题思路】

本题主要考查汽车库、修车库的分类和设置一个疏散出口的条件。

【解题分析】

《汽车库、修车库、停车场设计防火规范》GB 50067—2014

3.0.1　汽车库、修车库、停车场的分类应根据停车（车位）数量和总建筑面积确定，并应符合表3.0.1的规定。

汽车库、修车库、停车场的分类 **表 3.0.1**

名称		Ⅰ	Ⅱ	Ⅲ	Ⅳ
汽车库	停车数量(辆)	>300	151～300	51～150	≤50
	总建筑面积 S(m^2)	$S>10000$	$5000<S\leq10000$	$2000<S\leq5000$	$S\leq2000$
修车库	车位数(个)	>15	6～15	3～5	≤2
	总建筑面积 S(m^2)	$S>3000$	$1000<S\leq3000$	$500<S\leq1000$	$S\leq500$
停车场	停车数量(辆)	>400	251～400	101～250	≤100

6.0.10 当符合下列条件之一时，汽车库、修车库的汽车疏散出口可设置 1 个：

1 Ⅳ类汽车库；

2 设置双车道汽车疏散出口的Ⅲ类地上汽车库；

3 设置双车道汽车疏散出口、停车数量小于或等于 100 辆且建筑面积小于 4000m^2 的地下或半地下汽车库；

4 Ⅱ、Ⅲ、Ⅳ类修车库。

根据上述规定，A 选项是Ⅰ类修车库，不满足设置 1 个疏散出口的规定，应设置 2 个，故选项 A 正确。B 选项是Ⅳ类汽车库，C 选项和 D 选项是Ⅲ类汽车库，可设置 1 个疏散出口。

【题 9】某服装加工厂，共 4 层，建筑高度 23m，呈矩形布置，长 40m，宽 25m，设有室内消栓系统和自动喷水灭火系统，该服装加工厂拟配置 MF/ABC3 型手提式灭火器，每层配置的灭火数量至少应为（ ）。

A 类大灾场所灭火器的最低配置基准选用表

危险等级	严重危险级	中危险级	轻危险级
单具灭火器最小配置灭火级别	3A	2A	1A
单位灭火级别最大保护面积(m^2/A)	50	75	100

A. 6 具　　B. 5 具　　C. 4 具　　D. 3 具

【参考答案】C

【命题思路】

本题主要考查民用建筑灭火器配置场所危险等级分类和配置数量计算方法。

【解题分析】

《建筑灭火器配置设计规范》GB 50140—2005 附录 C

中危险级	1. 闪点≥60℃的油品和有机溶剂的提炼、回收工段及其抽送泵房	1. 丙类液体储罐区、桶装库房、堆场
	2. 柴油、机器油或变压器油灌桶间	2. 化学、人造纤维及其织物和棉、毛、丝、麻及其织物的库房、堆场
	3. 润滑油再生部位或沥青加工厂房	3. 纸、竹、木及其制品的库房、堆场
	4. 植物油加工精炼部位	4. 火柴、香烟、糖、茶叶库房
	5. 油浸变压器室和高、低压配电室	5. 中药材库房

续表

中危险级	6. 工业用燃油、燃气锅炉房	6. 橡胶、塑料及其制品的库房
	7. 各种电缆廊道	7. 粮食、食品库房、堆场
	8. 油淬火处理车间	8. 电脑、电视机、收录机等电子产品及家用电器库房
	9. 橡胶制品压延、成型和硫化厂房	9. 汽车、大型拖拉机停车库
	10. 木工厂房和竹、藤加工厂房	10. 酒精度小于60度的白酒库房
	11. 针织品厂房和纺织、印染、化纤生产的干燥部位	11. 低温冷库
	12. 服装加工厂房、印染厂成品厂房	

7.3.1 计算单元的最小需配灭火级别应按下式计算：

$$Q=K\frac{S}{U} \tag{7.3.1}$$

式中 Q——计算单元的最小需配灭火级别（A或B）；

S——计算单元的保护面积（m^2）；

U——A类或B类火灾场所单位灭火级别最大保护面积（m^2/A或m^2/B）；

K——修正系数。

7.3.2 修正系数应按表7.3.2的规定取值。

修正系数 **表7.3.2**

计算单元	K
未设室内消火栓系统和灭火系统	1.0
设有室内消火栓系统	0.9
设有灭火系统	0.7
设有室内消火栓系统和灭火系统	0.5
可燃物露天堆场 甲、乙、丙类液体储罐区 可燃气体储罐区	0.3

7.3.4 计算单元中每个灭火器设置点的最小需配灭火级别应按下式计算：

$$Q_e=\frac{Q}{N} \tag{7.3.4}$$

式中 Q_e——计算单元中每个灭火器设置点的最小需配灭火级别（A或B）；

N——计算单元中的灭火器设置点数（个）。

本题中，服装加工厂为中危险级，单具灭火器最小配置灭火级别为2A，单位灭火级别最大保护面积为75m^2/A，修正系数为0.5，所需要设置的灭火器数量为（$K=0.5$）×（$S=40\times25$）/（（$U=75$）×（$Q_e=2A$））=3.3，所以灭火器数量至少为4具。

【题10】根据现行国家标准《建筑防烟排烟系统技术标准》GB 51251，下列民用建筑楼梯间的防烟设计方案中，错误的是（ ）。

A. 建筑高度 97m 的住宅建筑，防烟楼梯间及其前室均采用自然通风方式防烟

B. 建筑高度 48m 的办公楼，防烟楼梯间及其前室均采用自然通风方式防烟

C. 采用自然通风的防烟楼梯间，楼梯间外墙上开设的可开启外窗最大布置间隔为 3 层

D. 采用自然通风方式的封闭楼梯间，在最高部位设置 1.0m^2 的固定窗

【参考答案】D

【命题思路】

本题主要考查楼梯间的防烟设计要求。

【解题分析】

《建筑防烟排烟系统技术标准》GB 51251—2017

3.1.2 建筑高度**大于 50m 的公共建筑**、工业建筑和建筑高度**大于 100m 的住宅建筑**，其防烟楼梯间、独立前室、共用前室、合用前室及消防电梯前室应采用**机械加压送风系统**。(故选项 A 正确)

3.1.3 建筑高度**小于或等于 50m 的公共建筑**、工业建筑和建筑高度**小于或等于 100m 的住宅建筑**，其防烟楼梯间、独立前室、共用前室、合用前室（除共用前室与消防电梯前室合用外）及消防电梯前室应采用**自然通风系统**；当不能设置自然通风系统时，应采用机械加压送风系统。(故选项 B 正确)

3.2.1 采用自然通风方式的封闭楼梯间、防烟楼梯间，应在最高部位设置面积**不小于 1.0m^2 的可开启外窗或开口**；当建筑高度大于 10m 时，尚应在楼梯间的外墙上每 5 层内设置总面积不小于 2.0m^2 的可开启外窗或开口，且**布置间隔不大于 3 层**。(故选项 C 正确，选项 D 错误)

【题 11】下列关于城市消防远程监控系统设计正确的是（　　）。

A. 城市消防远程监控系统应能同时接收和处理不少于 3 个联网用户的火灾报警信息

B. 城市消防远程监控系统向城市消防通信指挥中心或其他接处警中心转发经确认的火灾报警信息的时间不应大于 5s

C. 城市消防远程监控系统的火灾报警信息、建筑消防设施运行状态信息等记录应备份，其保存周期不应小于 6 个月

D. 城市消防远程监控系统录音文件的保存周期不应少于 3 个月

【参考答案】A

【命题思路】

本题主要考查城市消防远程监控系统的性能要求。

【解题分析】

《城市消防远程监控系统技术规范》GB 50440—2007

4.2.2 远程监控系统的性能指标应符合下列要求：

1 监控中心应能同时接收和处理不少于 3 个联网用户的火灾报警信息。(故选项 A 正确)

2 从用户信息传输装置获取火灾报警信息到监控中心接收显示的响应时间不应大于 20s。

3 监控中心向城市消防通信指挥中心或其他接处警中心转发经确认的火灾报警信息的时间不应大于 3s。(故选项 B 错误)

4 监控中心与用户信息传输装置之间通信巡检周期不应大于2h，并能动态设置巡检方式和时间。

5 监控中心的火灾报警信息、建筑消防设施运行状态信息等记录应备份，其保存周期不应小于1年。当按年度进行统计处理时，应保存至光盘、磁带等存储介质中。（故选项C错误）

6 录音文件的保存周期不应少于6个月。（故选项D错误）

7 远程监控系统应有统一的时钟管理，累计误差不应大于5s。

【题12】根据现行国家标准《汽车加油加气站设计与施工规范》GB 50156，LPG加气站内加气机与学生人数为560人的中学教学楼的最小安全间距应为（　　）。

A. 18m　　B. 25m　　C. 100m　　D. 50m

【参考答案】C

【命题思路】

本题主要考查LPG设备与站外建筑物的安全间距要求。

【解题分析】

《汽车加油加气站设计与施工规范》GB 50156—2012（2014年版）

4.0.7 LPG加气站、加油加气合建站的LPG卸车点、加气机、放散管管口与站外建（构）筑物的安全间距，不应小于表4.0.7的规定。

LPG卸车点、加气机、放散管管口与站外建（构）筑物的安全间距（m）　表4.0.7

站外建(构)筑物		站内LPG设备		
		LPG卸车点	放散管管口	加气机
重要公共建筑物		100	100	100
明火地点或散发火花地点		25	18	18
民用建筑物保护类别	一类保护物			
	二类保护物	16	14	14
	三类保护物	13	11	11

附录B 民用建筑物保护类别划分：

B.0.1 重要公共建筑物，应包括下列内容：

6 使用人数**超过500人的中小学校**及其他未成年人学校；使用人数超过200人的幼儿园、托儿所、残障人员康复设施；150张床位及以上的养老院、医院的门诊楼和住院楼。这些设施有围墙者，从围墙中心线算起；无围墙者，从最近的建筑物算起。

题中学生人数为560人的中学教学楼为重要公共建筑，LPG加气机与重要公共建筑的安全距离应为100m，故选项C正确。

【题13】根据现行国家标准《火力发电厂与变电站设计防火规范》GB 50229，变电站内的总事故贮油池与室外油浸变压器的最小安全间距应为（　　）。

A. 10m　　B. 15m　　C. 18m　　D. 5m

【参考答案】D

【命题思路】

本题主要考查变电站内建（构）筑物及设备的防火间距的设计要求。

【解题分析】

《火力发电厂与变电站设计防火规范》GB 50229—2006

11.1.5 变电站内建（构）筑物及设备的防火间距不应小于表 11.1.4 的规定。

变电站内建（构）筑物及设备的防火间距（m）　　表 11.1.4

<table>
<tr><th colspan="2" rowspan="2">建(构)筑物、设备名称</th><th colspan="2">丙、丁、戊类生产建筑耐火等级</th><th colspan="2">屋外配电装置每组断路器油量(t)</th><th rowspan="2">可燃介质电容器(棚)</th><th rowspan="2">事故贮油池</th><th colspan="2">生活建筑耐火等级</th></tr>
<tr><th>一、二级</th><th>三级</th><th><1</th><th>≥1</th><th>一、二级</th><th>三级</th></tr>
<tr><td rowspan="2">丙、丁、戊类生产建筑耐火等级</td><td>一、二级</td><td>10</td><td>12</td><td rowspan="2">—</td><td rowspan="2">10</td><td rowspan="2">10</td><td rowspan="2">5</td><td>10</td><td>12</td></tr>
<tr><td>三级</td><td>12</td><td>14</td><td>12</td><td>14</td></tr>
<tr><td rowspan="2">屋外配电装置每组断路器油量(t)</td><td><1</td><td colspan="2">—</td><td colspan="2" rowspan="2">—</td><td rowspan="2">10</td><td rowspan="2">5</td><td rowspan="2">10</td><td rowspan="2">12</td></tr>
<tr><td>≥1</td><td colspan="2">10</td></tr>
<tr><td rowspan="3">油浸变压器、油浸电抗器单台设置油量(t)</td><td>≥5,≤10</td><td colspan="2" rowspan="3">10</td><td colspan="2" rowspan="3">见第 11.1.9 条</td><td rowspan="3">10</td><td rowspan="3">5</td><td>15</td><td>20</td></tr>
<tr><td>>10,≤50</td><td>20</td><td>25</td></tr>
<tr><td>>50</td><td>25</td><td>30</td></tr>
</table>

从上表可知，选项 D 正确。

【题 14】关于建筑消防电梯设置的说法，错误的是（　　）。

A. 建筑高度为 30m 的物流公司办公楼可不设置消防电梯

B. 埋深 9m、总建筑面积 4000m^2 的地下室可不设置消防电梯

C. 建筑高度为 25m 的门诊楼可不设置消防电梯

D. 建筑高度为 32m 的住宅建筑可不设置消防电梯

【参考答案】C

【命题思路】

本题主要考查消防电梯的设置要求。

【解题分析】

《建筑设计防火规范》GB 50016—2014（2018 年版）

7.3.1 下列建筑应设置消防电梯：

1 建筑高度**大于 33m 的住宅建筑**；(故选项 A 符合规范要求)

2 一类高层公共建筑和建筑高度**大于 32m 的二类高层公共建筑**、5 层及以上且总建筑面积大于 3000m^2（包括设置在其他建筑内五层及以上楼层）的老年人照料设施；

3 设置消防电梯的建筑的地下或半地下室，埋深**大于 10m 且总建筑面积大于 3000m^2** 的其他地下或半地下建筑（室）。(故选项 B 符合规范要求)

选项 C 中门诊楼为一类高层公共建筑，应设置消防电梯。

【题 15】某建筑高度为 36m 的病房楼，共 9 层，每层建筑面积 3000m^2，划分为 3 个护理单元。该病房避难间的下列设计方案中，正确的是（　　）。

A. 将满足避难要求的监护室兼作避难间

B. 在二至九层每层设置 1 个避难间

C. 避难间的门采用乙级防火门

D. 不靠外墙的避难间采用机械加压送风方式防烟

【参考答案】A

【命题思路】

本题主要考查病房楼避难间的设置要求。

【解题分析】

《建筑设计防火规范》GB 50016—2014（2018年版）

5.5.24 高层病房楼应在二层及以上的病房楼层和洁净手术部设置避难间。避难间应符合下列规定：

1 避难间服务的护理单元**不应超过**2个，其净面积应按每个护理单元不小于25.0m^2确定。（故选项B错误）

2 避难间**兼作其他用途**时，应保证人员的避难安全，且不得减少可供避难的净面积。（故选项A正确）

3 **应靠近楼梯间**，并应采用耐火极限不低于2.00h的防火隔墙和**甲级防火门**与其他部位分隔。（故选项C错误）

4 应设置消防专线电话和消防应急广播。

5 避难间的入口处应设置明显的指示标志。

6 应设置直接对外的可开启窗口或**独立的机械防烟设施**，外窗应采用乙级防火窗。

选项D错误。首先所有避难间都应靠近楼梯间，并不是靠近或者不靠近外墙，其次，避难间如果设置机械防护设施，该设施应独立设置，强调独立性。

【题16】某多层办公建筑，设有自然排烟系统，未设置集中空气调节系统和自动喷水灭火系统，该办公建筑内建筑面积为200m^2的房间有4种装修方案，各部位装修材料的燃烧性能等级见下表，其中正确的方案是（　　）。

方案	顶棚	墙面	地面
1	B_2	B_1	B_1
2	B_1	B_1	B_2
3	B_1	B_2	B_1
4	A	B_2	B_1

A. 方案1　　B. 方案2　　C. 方案3　　D. 方案4

【参考答案】B

【命题思路】

本题主要考查多层办公建筑内装修燃烧性能等级的设置要求。

【解题分析】

《建筑内部装修设计防火规范》GB 50222—2017

5.1.1 单层、多层民用建筑内部各部位装修材料的燃烧性能等级，不应低于本规范表5.1.1的规定。

表 5.1.1

序号	建筑物及场所	建筑规模、性质	装修材料燃烧性能等级							
			顶棚	墙面	地面	隔断	固定家具	装饰织物		其他装饰装修材料
								窗帘	帷幕	
15	办公场所	设置送回风道(管)的集中空气调节系统	A	B_1	B_1	B_1	B_2	B_2	—	B_2
		其他	B_1	B_1	B_2	B_2	B_2	—	—	—

从上表可知，选项 B 正确。

【题 17】根据现行国家标准《地铁设计规范》GB 50157—2013，地铁车站发生火灾时，该列车所载的乘客及站台上的候车人员全部撤离至安全区最长时间应为（　　）。

A. 6min　　B. 5min　　C. 8min　　D. 10min

【参考答案】A

【命题思路】

本题主要考查地铁车站火灾时的疏散要求。

【解题分析】

《地铁设计规范》GB 50157—2013

28.2.11　车站站台公共区的楼梯、自动扶梯、出入口通道，应满足当发生火灾时在**6min 内**将远期或客流控制期超高峰小时一列进站列车所载的乘客及站台上的候车人员全部撤离站台到达安全区的要求。(故选项 A 正确)

【题 18】根据现行国家标准《火力发电厂与变电站设计防火规范》GB 50229，下列燃煤电厂内的建筑物或场所中，可以不设置室内消火栓的是（　　）。

A. 网络控制楼　　B. 脱硫工艺楼

C. 解冻室　　D. 集中控制楼

【参考答案】B

【命题思路】

本题主要考查燃煤电厂内室内消火栓的设置场所要求。

【解题分析】

《火力发电厂与变电站设计防火规范》GB 50229—2006

7.3.1　下列建筑物或场所应设置室内消火栓：

1　主厂房（包括汽机房和锅炉房的底层、运转层，煤仓间各层，除氧器层，锅炉燃烧器各层平台，**集中控制楼**)；(故选项 D 错误)

2　主控制楼，**网络控制楼**，微波楼，屋内高压配电装置（有充油设备），脱硫控制楼，吸收塔的检修维护平台；(故选项 A 错误)

3　屋内卸煤装置、碎煤机室、转运站、筒仓运煤皮带层；

4　**解冻室**、柴油发电机房；(故选项 C 错误)

5　生产、行政办公楼，一般材料库，特殊材料库。

6　汽车库。

7.3.2　下列建筑物或场所可不设置室内消火栓：

脱硫工艺楼，增压风机室，吸风机室，屋内高压配电装置（无油），除尘构筑物，室内贮煤场、运煤栈桥，运煤隧道，油浸变压器室，油浸变压器检修间，供、卸油泵房，油处理室，循环水泵房，岸边水泵房，灰浆、灰渣泵房，生活、消防水泵房，综合水泵房，稳定剂室、加药设备室，取水建（构）筑物，冷却塔，化学水处理室，循环水处理室，启动锅炉房，推煤机库，供氢站（制氢站），空气压缩机室（有润滑油），热工、电气、金属实验室，天桥，排水、污水泵房，污水处理构筑物，电缆隧道，材料库棚。（故选项B正确）

【题19】某耐火极限为二级的会议中心，地上5层，建筑高度为30m，第二层采用敞开式外廊作为疏散走道。该外廊的最小净宽度应为（　　）。

A. 1.3m　　B. 1.1m　　C. 1.2m　　D. 1.4m

【参考答案】A

【命题思路】

本题主要考查高层公共建筑单面布房疏散宽度设计要求。

【解题分析】

《建筑设计防火规范》GB 50016—2014（2018年版）

5.5.18 除本规范另有规定外，公共建筑内疏散门和安全出口的净宽度不应小于0.90m，疏散走道和疏散楼梯的净宽度不应小于1.10m。

高层公共建筑内楼梯间的首层疏散门、首层疏散外门、疏散走道和疏散楼梯的最小净宽度应符合表5.5.18的规定。

高层公共建筑内楼梯间的首层疏散门、首层疏散外门、疏散走道和疏散楼梯的最小净宽度（m）

表5.5.18

建筑类别	楼梯间的首层疏散门、首层疏散外门	走道		疏散楼梯
		单面布房	双面布房	
高层医疗建筑	1.30	1.40	1.50	1.30
其他高层公共建筑	1.20	1.30	1.40	1.20

从上表可知，选项A正确。

【题20】某建筑高度为54m的住宅建筑，其外墙保温系统保温材料的燃烧性能为B_1级。该建筑外墙及外墙保温系统的下列设计方案中，错误的是（　　）。

A. 采用耐火完整性为0.50h的外窗

B. 外墙保温系统中每层设置水平防火隔离带

C. 防火隔离带采用高度为300mm的不燃材料

D. 首层外墙保温系统采用厚度为10mm的不燃材料防护层

【参考答案】D

【命题思路】

本题主要考查建筑保温系统的防火设计要求。

【解题分析】

《建筑设计防火规范》GB 50016—2014（2018年版）

6.7.7 除本规范第6.7.3条规定的情况外，当建筑的外墙外保温系统按本节规定采

用燃烧性能为 B_1、B_2 级的保温材料时，应符合下列规定：

1　除采用 B_1 级保温材料且建筑高度不大于 24m 的公共建筑或采用 B_1 级保温材料且建筑高度不大于 27m 的住宅建筑外，建筑外墙上门、窗的耐火完整性**不应低于** 0.50h。（故选项 A 符合规范要求）

2　应在保温系统中**每层设置水平防火隔离带**。防火隔离带应采用燃烧性能为 A 级的材料，防火隔离带的高度**不应小于** 300mm。（故选项 B、C 符合规范要求）

6.7.8　建筑的外墙外保温系统应采用不燃材料在其表面设置防护层，防护层应将保温材料完全包覆。除本规范第 6.7.3 条规定的情况外，当按本节规定采用 B_1、B_2 级保温材料时，防护层厚度**首层不应小于** 15mm，其他层不应小于 5mm。（故选项 D 不符合规范要求）

【题 21】某冷库冷藏室室内净高为 4.5m，设计温度为 5℃，冷藏间内设有自动喷水灭火系统，该冷藏间自动喷水灭火系统的下列设计方案中，正确的是（　　）。

A. 采用干式系统，选用公称动作温度为 68℃的喷头

B. 采用湿式系统，选用公称动作温度为 57℃的喷头

C. 采用预作用系统，选用公称动作温度为 79℃的喷头

D. 采用雨淋系统，选用水幕喷头

【参考答案】C

【命题思路】

本题主要考查自动喷水灭火系统的选型要求。

【解题分析】

《自动喷水灭火系统设计规范》GB 50084—2017

2.1.9　水幕系统 drencher sprinkler system

由开式洒水喷头或水幕喷头、雨淋报警阀组或感温雨淋报警阀等组成，用于防火分隔或防护冷却的开式系统。（故选项 D 错误，水幕系统不能用于灭火）

4.2.2　环境温度不低于 4℃且不高于 70℃的场所，应采用湿式系统。

4.2.4　具有下列要求之一的场所，应采用预作用系统：

1　系统处于准工作状态时严禁误喷的场所；

2　系统处于**准工作状态时严禁管道充水**的场所。

4.2.4（条文说明）　预作用适用于准工作状态时不允许误喷而造成水渍损失的一些性质重要的建筑物内（如档案库等），以及在准工作状态时严禁管道充水的场所（**如冷库等**），也可用于替代干式系统。

由上述规定可知，选项 C 正确。

【题 22】某城市交通隧道，封闭段长度为 1500m，可通行危险化学品车，该隧道的下列防火设计方案中，正确的是（　　）。

A. 隧道内的地下设备用房按二级耐火等级确定构件的燃烧性能和耐火极限

B. 隧道的消防用房按二级负荷要求供电

C. 采用耐火极限不低于 2.00h 的防火隔墙将隧道内设置的 10kV 高压电缆与其他区域分隔

D. 采用防火墙和甲级防火门将隧道内设置的可燃气体管道与其他区域分隔

【参考答案】C

【命题思路】

本题主要考查城市交通隧道的防火设计要求。

【解题分析】

《建筑设计防火规范》GB 50016—2014（2018 年版）

12.1.2 单孔和双孔隧道应按其封闭段长度和交通情况分为一、二、三、四类，并应符合表 12.1.2 的规定。

单孔和双孔隧道分类　　表 12.1.2

用途	一类	二类	三类	四类
	隧道封闭段长度 L（m）			
可通行危险化学品等机动车	$L>1500$	$500<L\leqslant1500$	$L\leqslant500$	—
仅限通行非危险化学品等机动车	$L>3000$	$1500<L\leqslant3000$	$500<L\leqslant1500$	$L\leqslant500$
仅限人行或通行非机动车	—	—	$L>1500$	$L\leqslant1500$

12.1.4　隧道内的地下设备用房、风井和消防救援出入口的耐火等级应为**一级**，地面的重要设备用房、运营管理中心及其他地面附属用房的耐火等级不应低于二级。（故选项 A 错误）

12.5.1　一、二类隧道的消防用电应按**一级负荷要求供电**；三类隧道的消防用电应按二级负荷要求供电。（故选项 B 错误）

12.5.4　隧道内**严禁设置可燃气体管道**；电缆线槽应与其他管道分开敷设。当设置 10kV 及以上的高压电缆时，应采用耐火极限**不低于 2.00h 的防火分隔体**与其他区域分隔。（故选项 D 错误，选项 C 正确）

【题 23】建筑外墙外保温材料下列设计方案中，错误的是（　　）。

A. 建筑高度 54m 的住宅建筑，保温层与基层墙体、装饰层之间无空腔，选用燃烧性能为 B_1 级的外保温材料

B. 建筑高度 32m 的办公楼，保温层与基层墙体、装饰层之间无空腔，选用燃烧性能为 B_1 级的外保温材料

C. 建筑高度 18m 的展览建筑，保温层与基层墙体、装饰层之间无空腔，选用燃烧性能为 B_1 级的外保温材料

D. 建筑高度 23m 的旅馆建筑，保温层与基层墙体、装饰层之间有空腔，选用燃烧性能为 B_1 级的外保温材料

【参考答案】D

【命题思路】

本题主要考查建筑外墙外保温材料的燃烧性能要求。

【解题分析】

《建筑设计防火规范》GB 50016—2014（2018 年版）

6.7.4　设置**人员密集场所**的建筑，其外墙外保温材料的燃烧性能应为 A 级。

6.7.5　与基层墙体、装饰层之间无空腔的建筑外墙外保温系统，其保温材料应符合

下列规定：

1 住宅建筑：

1）建筑高度大于100m时，保温材料的燃烧性能应为A级；

2）建筑高度大于27m，但不大于100m时，保温材料的燃烧性能不应低于B_1级；(故选项A正确)

3）建筑高度不大于27m时，保温材料的燃烧性能不应低于B_2级。

2 除住宅建筑和设置人员密集场所的建筑外，其他建筑：

1）建筑高度大于50m时，保温材料的燃烧性能应为A级；

2）建筑高度大于24m，但不大于50m时，保温材料的燃烧性能不应低于B_1级；(故选项B正确)

3）建筑高度不大于24m时，保温材料的燃烧性能不应低于B_2级。

6.7.6 除设置人员密集场所的建筑外，与基层墙体、装饰层之间有空腔的建筑外墙外保温系统，其保温材料应符合下列规定：

1 建筑高度大于24m时，保温材料的燃烧性能应为A级；

2 建筑高度不大于24m时，保温材料的燃烧性能不应低于B_1级。

选项D中，旅馆属于人员密集场所，应采用A级保温材料。

延伸阅读：《中华人民共和国消防法》2008版第七十三条第四款规定：人员密集场所，是指公众聚集场所，医院的门诊楼、病房楼，学校的教学楼、图书馆、食堂和集体宿舍，养老院，福利院，托儿所，幼儿园，公共图书馆的阅览室，**公共展览馆**、博物馆的展示厅，劳动密集型企业的生产加工车间和员工集体宿舍，旅游、宗教活动场所等。根据此规定，选项C中的展览建筑也应为人员密集场所，其保温材料应为A级。

【题24】某综合楼的变配电室拟配置灭火器。该配电室应配置的灭火器是（ ）。

A. 水基型灭火器

B. 磷酸铵盐干粉灭火器

C. 泡沫灭火器

D. 装有金属喇叭筒的二氧化碳灭火器

【参考答案】B

【命题思路】

本题主要考查E类火灾场所灭火器的选型要求。

【解题分析】

《建筑灭火器配置设计规范》GB 50140—2005

4.2.5 E类火灾场所应选择磷酸铵盐干粉灭火器、碳酸氢钠干粉灭火器、卤代烷灭火器或二氧化碳灭火器，但不得选用装有金属喇叭喷筒的二氧化碳灭火器。(故选项B正确)

【题25】某建筑高度为156m的公共建筑设有机械加压送风系统。根据现行国家标准《建筑防烟排烟系统技术标准》GB 51251，该机械加压送风系统的下列设计方案中，错误的是（ ）。

A. 封闭避难层的送风量按避难层净面积每平方米不小于$25m^3/h$确定

B. 楼梯间与走道之间的压差为40Pa

C. 前室与走道之间的压差为25Pa

D. 机械加压送风系统按服务区段高度分段独立设置

【参考答案】A

【命题思路】

本题主要考查《建筑防烟排烟系统技术标准》GB 51251—2017 机械加压送风系统的设置要求。

【解题分析】

3.3.1 建筑高度大于100m的建筑，其机械加压送风系统应**竖向分段独立设置**，且每段高度不应超过100m。(故选项D正确)

3.4.3 封闭避难层（间）、避难走道的机械加压送风量应按避难层（间）、避难走道的净面积**每平方米不小于 $30m^3/h$** 计算。避难走道前室的送风量应按直接开向前室的疏散门的总断面积乘以1.0m/s门洞断面风速计算。(故选项A错误)

3.4.4 机械加压送风量应满足**走廊至前室至楼梯间的压力呈递增分布**，余压值应符合下列规定：

1 前室、封闭避难层（间）与走道之间的压差应为25～30Pa；(故选项C正确)

2 楼梯间与走道之间的压差应为40～50Pa。(故选项B正确)

【题26】下列灭火器的配置正确的是（　　）。

A. 某办公楼，计算机室与5个办公室为一个配置单元

B. 某酒店建筑，首层门厅与二层相通为一个配置单元

C. 某游戏厅 $150m^2$ 配置 MF/ABC4 型手提灭火器

D. 某教学楼配置 MF/ABC3 型手提灭火器，最大保护半径 25m

【参考答案】C

【命题思路】

本题主要考查《建筑灭火器配置设计规范》GB 50140—2005 灭火器配置要求。

【解题分析】

5.2.1 设置在A类火灾场所的灭火器，其最大保护距离应符合表5.2.1的规定。

A类火灾场所的灭火器最大保护距离（m）　　表5.2.1

危险等级 \ 灭火器型式	手提式灭火器	推车式灭火器
严重危险级	15	30
中危险级	20	40
轻危险级	25	50

6.2.1 A类火灾场所灭火器的最低配置基准应符合表6.2.1的规定。

A类火灾场所灭火器的最低配置基准　　表6.2.1

危险等级	严重危险级	中危险级	轻危险级
单具灭火器最小配置灭火级别	3A	2A	1A
单位灭火级别最大保护面积(m^2/A)	50	75	100

7.2.1（条文说明） 本条从科学、合理、经济、方便的角度对灭火器配置场所规定了计算单元的划分原则。由于防火分区之间的防火墙、防火门或防火卷帘可能会直接阻碍灭火人员携带灭火器走动和通过，并影响灭火器的保护距离；而楼梯则会增加灭火人员携带灭火器上下楼层赶往着火点的反应时间，也有可能因之而失去灭火器扑救初起火灾的最佳时机，故本条规定建筑灭火器配置设计的**计算单元不应跨越防火分区和楼层，只能局限在一个楼层或一个水平防火分区之内**。此外，在划分计算单元时，按楼层或防火分区进行考虑，也易于为消防工程设计、工程监理和监督审核人员所掌握；同时，相同楼层的建筑灭火器配置设计可套用设计图、计算书和配置清单等，也方便和简化了设计计算和监督管理工作。

对**危险等级和火灾种类均相同**的各个场所，只要它们是**相邻的并同属于一个楼层或一个水平防火分区**，那么就可将这些场所组合起来作为一个计算单元来考虑。如办公楼内每层成排的办公室，宾馆内每层成排的客房等。这就是组合计算单元的概念。

某一灭火器配置场所，当其**危险等级和火灾种类有一项或两项与相邻的其他场所不相同**时，都应将其**单独作为一个计算单元**来考虑。例如，办公楼内某楼层中有一间专用的计算机房和若干间办公室，则应将计算机房单独作为一个计算单元来配置灭火器，并可将其他若干间办公室组合起来作为一个计算单元（可称之为组合计算单元）来配置灭火器。这时，一间计算机房（即一个灭火器配置场所，一个房间或一个套间）就是一个计算单元，这也是一个计算单元等于一个灭火器配置场所的特例，可称之为独立计算单元。

附录D 民用建筑灭火器配置场所的危险等级举例

中危险级	1.县级以下的文物保护单位、档案馆、博物馆的库房、展览室、阅览室
	2.一般的实验室
	3.广播电台电视台的会议室、资料室
	4.设有集中空调、电子计算机、复印机等设备的办公室
	5.城镇以下的邮政信函和包裹分拣房、邮袋库、通信枢纽及其电信机房
	6.客房数在50间以下的旅馆、饭店的公共活动用房、多功能厅和厨房
	7.体育场(馆)、电影院、剧院、会堂、礼堂的观众厅
	8.住院床位在50张以下的医院的手术室、理疗室、透视室、心电图室、药房、住院部、门诊部、病历室
	9.建筑面积在2000m^2以下的图书馆、展览馆的珍藏室、阅览室、书库、展览厅
	10.民用机场的检票厅、行李厅
	11.二类高层建筑的写字楼、公寓楼
	12.高级住宅、别墅
	13.建筑面积在1000m^2以下的经营易燃易爆化学物品的商场、商店的库房及铺面
	14.建筑面积在200m^2以下的公共娱乐场所
	15.老人住宿床位在50张以下的养老院
	16.幼儿住宿床位在50张以下的托儿所、幼儿园
	17.学生住宿床位在100张以下的学校集体宿舍
	18.县级以下的党政机关办公大楼的会议室

续表

中危险级	19. 学校教育、教研室
	20. 建筑面积在 $500m^2$ 以下的车站和码头的候车(船)室、行李房
	21. 百货楼、超市、综合商场的库房、铺面
	22. 民用燃油、燃气锅炉房
	23. 民用的油浸变压器室和高、低压配电室

C选项和D选项中，场所均为中危险级，最小配置灭火级别为2A，最大保护半径为20m，所以D选项错误，C选项最大保护面积 $75m^2/A \times 2A = 150m^2$ 正确。

【题27】根据现行国家标准《火灾自动报警系统设计规范》GB 50116，关于可燃气体探测器和可燃气体报警控制器设置的说法，正确的是（　　）。

A. 可燃气体探测器少于8只时，可直接接入火灾报警控制器的探测回路

B. 人工煤气探测器可安装在保护区顶部

C. 可燃气体报警控制器发出报警信号后，应由消防联动控制器启动防护区内的火灾声光警报器

D. 天然气探测器可安装在防护区的下部

【参考答案】B

【命题思路】

本题主要考查《火灾自动报警系统设计规范》GB 50116—2013可燃气体探测器和控制器设计要求。

【解题分析】

8.1.2 可燃气体探测报警系统应独立组成，可燃气体探测器**不应接入**火灾报警控制器的探测器回路；当可燃气体的报警信号需接入火灾自动报警系统时，应由可燃气体报警控制器接入。(故选项A错误)

8.1.6 可燃气体探测报警系统保护区域内有联动和警报要求时，应由**可燃气体报警控制器或消防联动控制器**联动实现。(故选项C错误)

8.2.1 探测气体密度小于空气密度的可燃气体探测器应设置在被保护空间的顶部，探测气体密度大于空气密度的可燃气体探测器应设置在被保护空间的下部，探测气体密度与空气密度相当时，可燃气体探测器可设置在被保护空间的中间部位或顶部。(故选项D错误)

本题中，人工煤气主要成分是氢气、甲烷等，天然气主要成分是甲烷，密度均小于空气，所以探测器应设置在顶部。故选项B正确。

【题28】某室内净高为4m的档案馆拟设置七氟丙烷灭火系统。根据现行国家标准《气体灭火系统设计规范》GB 50370，该气体灭火系统的下列设计方案中，不正确的是（　　）。

A. 泄压口下沿距顶棚为1.0m　　B. 设计喷放时间为12s

C. 一套系统保护5个防护区　　D. 灭火设计浓度为10%

【参考答案】B

【命题思路】

本题主要考查《气体灭火系统设计规范》GB 50370—2005 气体灭火系统设计要求。

【解题分析】

3.1.4 两个或两个以上的防护区采用组合分配系统时，一个组合分配系统所保护的防护区**不应超过 8 个**。(故选项 C 满足规范要求)

3.2.7 防护区应设置泄压口，七氟丙烷灭火系统的泄压口应位于防护区净高的2/3**以上**。(故选项 A 满足规范要求)

3.3.3 图书、档案、票据和文物资料库等防护区，灭火设计浓度宜采用10%。(故选项 D 满足规范要求)

3.3.7 在通信机房和电子计算机房等防护区，设计喷放时间不应大于 8s；在其他防护区，设计喷放时间**不应大于** 10s 。(故选项 B 不符合规范要求)

【题 29】消防用电负荷按供电可靠性及中断供电所造成的损失或影响程度分为一级负荷、二级负荷和三级负荷。下列供电方式中，不属于一级负荷的是（　　）。

A. 来自两个不同发电厂的电源

B. 来自同一变电站的两个 6kV 回路

C. 来自两个 35kV 的区域变电站的电源

D. 来自一个区域变电站和一台柴油发电机的电源

【参考答案】B

【命题思路】

本题主要考查《建筑设计防火规范》GB 50016—2014（2018 年版）消防用电设备的用电负荷分级。

【解题分析】

10.1.4（条文说明） 消防用电设备的用电负荷分级可参见现行国家标准《供配电系统设计规范》GB 50052 的规定。此外，为尽快让自备发电设备发挥作用，对备用电源的设置及其启动作了要求。根据目前我国的供电技术条件，规定其采用自动启动方式时，启动时间不应大于 30s。

(2) 结合目前我国经济和技术条件、不同地区的供电状况以及消防用电设备的具体情况，具备下列条件之一的供电，可视为一级负荷：

1) 电源来自**两个不同发电厂**；(故选项 A 正确)

2) 电源来自**两个区域变电站**(电压一般在 35kV 及以上)；(故选项 C 正确)

3) 电源来自**一个区域变电站**，另一个设置**自备发电设备**。(故选项 D 正确)

建筑的电源分正常电源和备用电源两种。正常电源一般是直接取自城市低压输电网，电压等级为 380V/220V。当城市有两路高压（10kV 级）供电时，其中一路可作为备用电源；当城市只有一路供电时，可采用自备柴油发电机作为备用电源。国外一般使用自备发电机设备和蓄电池作消防备用电源。

(3) 二级负荷的供电系统，要尽可能采用**两回线路供电**。在负荷较小或地区供电条件困难时，二级负荷可以采用一回 6kV 及以上专用的架空线路或电缆供电。当采用架空线时，可为一回架空线供电；当采用电缆线路，应采用两根电缆组成的线路供电，其每根电缆应能承受 100%的二级负荷。

（4）三级负荷供电是建筑供电的最基本要求，有条件的建筑要尽量通过设置两台终端变压器来保证建筑的消防用电。

【题30】某剧场舞台设有雨淋系统，雨淋报警阀采用充水传动管控制。该雨淋系统消防水泵的下列控制方案中，错误的是（　　）。

A. 由报警阀组压力开关信号直接联锁启动消防喷淋泵

B. 由高位水箱出水管上设置的流量开关直接自动启动消防喷淋泵

C. 由火灾自动报警系统报警信号直接自动启动消防喷淋泵

D. 由消防水泵出水干管上设置的压力开关直接自动启动消防喷淋泵

【参考答案】C

【命题思路】

本题主要考查《自动喷水灭火系统设计规范》GB 50084—2017 消防水泵的启动方式。

【解题分析】

11.0.1　湿式系统、干式系统应由消防水泵出水干管上设置的**压力开关**、高位消防水箱出水管上的**流量开关**和报警阀组**压力开关直接自动启动消防水泵**。（故选项A、B、D正确）

【题31】某工业园区地块内有5座单层丙类厂房，耐火等级为二级，其中2座厂房建筑高度为5m，占地均为1000m²，3座高为10m，占地均为2000m²，相邻厂房防火间距为6m，各厂房自然排烟。该工业园地块室外消火栓设计流量至少为（　　）。

A. 20L/s　　　　B. 25L/s

C. 30L/s　　　　D. 40L/s

【参考答案】C

【命题思路】

本题主要考查《消防给水及消火栓系统技术规范》GB 50974—2014 室外消火栓系统设计流量要求。

【解题分析】

3.3.2　建筑物室外消火栓设计流量不应小于表3.3.2的规定。

建筑物室外消火栓设计流量（L/s）　　　　**表3.3.2**

耐火等级	建筑物名称及类别			建筑体积(m^3)					
				$V\leqslant1500$	$1500<V\leqslant3000$	$3000<V\leqslant5000$	$5000<V\leqslant20000$	$20000<V\leqslant50000$	$V>50000$
一、二级	工业建筑	厂房	甲、乙	15		20	25	30	35
			丙	15		20	25	30	40
			丁、戊	15					20
		仓库	甲、乙	15		25		—	
			丙	15		25		35	45
			丁、戊	15					20

续表

<table>
<tr><th rowspan="2">耐火等级</th><th colspan="3" rowspan="2">建筑物名称及类别</th><th colspan="6">建筑体积(m^3)</th></tr>
<tr><th>V≤1500</th><th>1500<V≤3000</th><th>3000<V≤5000</th><th>5000<V≤20000</th><th>20000<V≤50000</th><th>V>50000</th></tr>
<tr><td rowspan="4">一、二级</td><td rowspan="3">民用建筑</td><td colspan="2">住宅</td><td colspan="6">15</td></tr>
<tr><td rowspan="2">公共建筑</td><td>单层及多层</td><td colspan="3">15</td><td>25</td><td>30</td><td>40</td></tr>
<tr><td>高层</td><td colspan="3">—</td><td>25</td><td>30</td><td>40</td></tr>
<tr><td colspan="3">地下建筑(包括地铁)、平战结合的人防工程</td><td colspan="3">15</td><td>20</td><td>25</td><td>30</td></tr>
<tr><td rowspan="3">三级</td><td colspan="2" rowspan="2">工业建筑</td><td>乙、丙</td><td>15</td><td>20</td><td>30</td><td>40</td><td>45</td><td>—</td></tr>
<tr><td>丁、戊</td><td colspan="3">15</td><td>20</td><td>25</td><td>35</td></tr>
<tr><td colspan="3">单层及多层民用建筑</td><td colspan="2">15</td><td>20</td><td>25</td><td>30</td><td>—</td></tr>
<tr><td rowspan="2">四级</td><td colspan="3">丁、戊类工业建筑</td><td colspan="2">15</td><td>20</td><td>25</td><td colspan="2">—</td></tr>
<tr><td colspan="3">单层及多层民用建筑</td><td colspan="2">15</td><td>20</td><td>25</td><td colspan="2">—</td></tr>
</table>

注：**成组布置**的建筑物应按消火栓设计流量较大的相邻两座建筑物的体积之和确定。

本题中，丙类厂房成组布置，选取相邻两座建筑物的体积之和，为40000m^3。从上表可知，选项C正确。

【题32】某单层丙类厂房，室内净空高度为7m，该建筑室内消火栓系统最不利点消火栓栓口最低动压应为（　　）。

A. 0.10MPa　　B. 0.35MPa　　C. 0.25MPa　　D. 0.50MPa

【参考答案】B

【命题思路】

本题主要考查室内消火栓系统栓口动压要求。

【解题分析】

《消防给水及消火栓系统技术规范》GB 50974—2014

7.4.12　室内消火栓栓口压力和消防水枪充实水柱，应符合下列规定：

2 高层建筑、厂房、库房和室内净空高度超过8m的民用建筑等场所，消火栓栓口动压**不应小于0.35MPa**，且消防水枪充实水柱应按13m计算；其他场所，消火栓栓口动压不应小于0.25MPa，且消防水枪充实水柱应按10m计算。(故选项B正确)

【题33】某场所内设置自动喷水灭火系统，洒水喷头玻璃球工作液色标为黄色，则该洒水喷头公称动作温度为（　　）。

A. 57℃　　B. 68℃　　C. 93℃　　D. 79℃

【参考答案】D

【命题思路】

本题主要考查喷头玻璃球工作液色标分类。

【解题分析】

《自动喷水灭火系统　第1部分：洒水喷头》GB 5135.1—2013

5.2　公称动作温度和颜色标志

闭式洒水喷头的公称动作温度和颜色标志见下表。

玻璃球洒水喷头的公称动作温度分为13档，应在玻璃球工作液中做出相应的颜色标志。

易熔元件洒水喷头的公称动作温度分为7档，应在喷头轭臂或相应的位置做出颜色标志。

玻璃球喷头		易熔元件喷头	
公称动作温度(℃)	液体色标	公称动作温度(℃)	轭臂色标
57	橙		
68	红		
79	黄		
93	绿		
107	绿	57～77	无色
121	蓝	80～107	白
141	蓝	121～149	蓝
163	紫	163～191	红
182	紫	204～246	绿
204	黑	260～302	橙
227	黑	320～343	橙
260	黑		
343	黑		

从上表可知，选项D正确。

【题34】根据现行国家标准《泡沫灭火系统设计规范》GB 50151，油罐采用液下喷射泡沫灭火系统时，泡沫产生器应选用（　　）。

A. 横式泡沫产生器　　B. 高背压泡沫产生器

C. 立式泡沫产生器　　D. 高倍数泡沫产生器

【参考答案】B

【命题思路】

本题主要考查泡沫生产器的分类。

【解题分析】

《泡沫灭火系统设计规范》GB 50151—2010

2.2.4　横式泡沫产生器 foam maker in horizontal position

在甲、乙、丙类液体立式储罐上水平安装的泡沫产生器。

2.2.5　立式泡沫产生器 foam maker in standing position

在甲、乙、丙类液体立式储罐罐壁上铅垂安装的泡沫产生器。

2.2.6　高背压泡沫产生器 high back-pressure foam maker

有压泡沫混合液通过时能吸入空气，产生低倍数泡沫，且出口具有一定压力（表压）的装置。

选项A和选项C为液上喷射，选项B为液下喷射，故选项B正确。选项D只说明其产生的泡沫为高倍泡沫，且高倍泡沫不能用于油罐。

【题35】某耐火等级为二级的印刷厂房，地上5层建筑高度30m，厂房内设有自动喷水灭火系统。根据现行国家标准《建筑设计防火规范》GB 50016，该厂房首层任一点至最近安全出口的最大直线距离应为（　　）。

A. 40m　　B. 45m　　C. 50m　　D. 60m

【参考答案】A

【命题思路】

本题主要考查安全疏散距离的设计要求。

【解题分析】

《建筑设计防火规范》GB 50016—2014（2018年版）

3.7.4 厂房内任一点至最近安全出口的直线距离不应大于表3.7.4的规定。

厂房内任一点至最近安全出口的直线距离（m）　　表3.7.4

生产的火灾危险性类别	耐火等级	单层厂房	多层厂房	高层厂房	地下或半地下厂房（包括地下或半地下室）
甲	一、二级	30	25	—	—
乙	一、二级	75	50	30	—
丙	一、二级	80	60	40	30
	三级	60	40	—	—
丁	一、二级	不限	不限	50	45
	三级	60	50	—	—
	四级	50	—	—	—
戊	一、二级	不限	不限	75	60
	三级	100	75	—	—
	四级	60	—	—	—

本题中，印刷厂房地上5层，建筑高度30m，为高层丙类厂房。可知选项A正确。

【题36】某公共建筑的地下一层至地下三层为汽车库，每层建筑面积为2000m²，每层设有50个车位。根据现行国家标准《汽车库、修车库、停车场设计防火规范》GB 50067该汽车库属于（　　）车库。

A. Ⅰ类　　B. Ⅲ类　　C. Ⅳ类　　D. Ⅱ类

【参考答案】C

【命题思路】

本题主要考查设置汽车库的分类。

【解题分析】

《汽车库、修车库、停车场设计防火规范》GB 50067—2014

3.0.1 汽车库、修车库、停车场的分类应根据停车（车位）数量和总建筑面积确定，并应符合表3.0.1的规定。

汽车库、修车库、停车场的分类　　表3.0.1

名称		Ⅰ	Ⅱ	Ⅲ	Ⅳ
汽车库	停车数量（辆）	>300	151～300	51～150	≤50
	总建筑面积 S（m²）	S>10000	5000<S≤10000	2000<S≤5000	S≤2000

续表

名称		Ⅰ	Ⅱ	Ⅲ	Ⅳ
修车库	车位数(个)	>15	6～15	3～5	≤2
	总建筑面积 S(m²)	S>3000	1000<S≤3000	500<S≤1000	S≤500
停车场	停车数量(辆)	>400	251～400	101～250	≤100

从表中可知，选项C正确。

【题37】根据现行国家标准《火灾自动报警系统设计规范》GB 50116，关于电气火灾监控探测器设置的说法，正确的是（　　）。

A. 剩余电流式电气火灾监控探测器应设置在低压配电系统的末端配电柜内

B. 在无消防控制室且电气火灾监控探测器设置数量不超过10只时，非独立式电气火灾监控探测器可接入火灾报警控制器的探测器回路

C. 电气火灾监控探测器发出报警信号后，应在3s内联动电气火灾监控器切断保护对象的供电电源

D. 设有消防控制室时，电气火灾监控器的报警信息应在集中火灾报警控制器上显示

【参考答案】D

【命题思路】

本题主要考查电气火灾监控探测器的设计要求。

【解题分析】

《火灾自动报警系统设计规范》GB 50116—2013

9.1.4　**非独立式**电气火灾监控探测器**不应接入**火灾报警控制器的探测器回路。(故选项B错误)

9.1.5　在设置消防控制室的场所，电气火灾监控器的报警信息和故障信息应在消防控制室图形显示装置或**集中控制功能的火灾报警控制器上显示**，但该类信息与火灾报警信息的显示应有区别。(故选项D正确)

9.1.6　电气火灾监控系统的设置不应影响供电系统的正常工作，**不宜自动切断供电电源**。(故选项C错误)

9.2.1　剩余电流式电气火灾监控探测器应以设置在**低压配电系统首端**为基本原则，宜设置在第一级配电柜（箱）的出线端。在供电线路泄漏电流大于500mA时，宜在其下一级配电柜（箱）设置。(故选项A错误)

【题38】某文物库采用细水雾灭火系统进行保护，系统选型为全淹没应用方式的开式系统。该系统最不利点工作压力为（　　）。

A. 0.1MPa　　B. 1.0MPa　　C. 1.6MPa　　D. 1.2MPa

【参考答案】D

【命题思路】

本题主要考查细水雾灭火系统的最低设计工作压力。

【解题分析】

《细水雾灭火系统技术规范》GB 50898—2013

3.4.1　喷头的最低设计工作压力不应小于1.20MPa。(故选项D正确)

【题 39】根据现行国家标准《火灾自动报警系统设计规范》GB 50116，关于火灾探测器设置的说法正确的是（　　）。

A. 在 2.6m 宽的走道顶棚上安装的点型感温火灾探测器之间的间距不应超过 15m

B. 相邻两组线型光束感烟火灾探测器的水平距离不应超过 15m

C. 管路采样吸气式感烟火灾探测器的一个探测单元的采样管总长不宜超过 100m

D. 点型感烟火灾探测器距墙壁的水平距离不应小于 0.5m

【参考答案】D

【命题思路】

本题主要考查不同火灾探测器的安装设置要求。

【解题分析】

《火灾自动报警系统设计规范》GB 50116—2013

6.2.4　在宽度**小于 3m** 的内走道顶棚上设置点型探测器时，宜居中布置。**感温**火灾探测器的安装间距**不应超过 10m**；感烟火灾探测器的安装间距不应超过 15m；探测器至端墙的距离，不应大于探测器安装间距的 1/2。（故选项 A 错误）

6.2.5　点型探测器至墙壁、梁边的水平距离，不应小于 0.5m。（故选项 D 正确）

6.2.15　线型光束感烟火灾探测器的设置应符合下列规定：

2　相邻两组探测器的水平距离**不应大于 14m**，探测器至侧墙水平距离不应大于 7m，且不应小于 0.5m，探测器的发射器和接收器之间的距离不宜超过 100m。（故选项 B 错误）

6.2.17　管路采样式吸气感烟火灾探测器的设置，应符合下列规定：

3　一个探测单元的采样管**总长不宜超过 200m**，单管长度不宜超过 100m，同一根采样管不应穿越防火分区。采样孔总数不宜超过 100 个，单管上的采样孔数量不宜超过 25 个。（故选项 C 错误）

【题 40】某耐火等级为二级的 5 层建筑，高度为 28m，每层建筑面积为 12000m^2，首层设有净空高度为 6.2m 的商业营业厅。建筑内部全部采用不燃或难燃材料进行装修，并设置了湿式自动喷水灭火系统和火灾自动报警系统保护，该商店营业厅内至少应设置（　　）个水流指示器。

A. 20　　B. 3　　C. 4　　D. 19

【参考答案】B

【命题思路】

本题主要考查水流指示器的设计要求。

【解题分析】

《自动喷水灭火系统设计规范》GB 50084—2017

6.3.1（条文说明）　水流指示器的功能是及时报告发生火灾的部位，本条对系统中要求设置水流指示器的部位提出了规定，即**每个防火分区和每个楼层**均要求设有水流指示器。同时规定当一个湿式报警阀组仅控制一个防火分区或一个楼层的喷头时，由于报警阀组的水力警铃和压力开关已能发挥报告火灾部位的作用，故此种情况允许不设水流指示器。

《建筑设计防火规范》GB 50016—2014（2018 年版）

5.3.4　一、二级耐火等级建筑内的商店营业厅、展览厅，当设置自动灭火系统和火灾自动报警系统并采用不燃或难燃装修材料时，其每个防火分区的最大允许建筑面积应符合下列规定：

1　设置在高层建筑内时，**不应大于4000m²**。

本题中，建筑高度为28m，是高层民用建筑，设置了自动喷水灭火系统，商店营业厅防火分区允许的最大面积为4000m²。根据要求，设置的水流指示器数量为12000/4000=3个。

【题41】某35kV地下变电站，设有自动灭火系统，根据现行国家标准《火力发电厂与变电站设计防火规范》GB 50229，该变电站最大防火分区建筑面积为（　　）。

A. 600m²　　B. 2000m²

C. 1000m²　　D. 1200m²

【参考答案】B

【命题思路】

本题主要考查变电站的防火分区面积要求。

【解题分析】

《火力发电厂与变电站设计防火规范》GB 50229—2019

11.2.6　地下变电站、地上变电站的地下室每个防火分区的建筑面积**不应大于1000m²**。设置自动灭火系统的防火分区，其防火分区面积**可增大1.0倍**；当局部设置自动灭火系统时，增加面积可按该局部面积的1.0倍计算。（故选项B正确）

【题42】依据现行国家标准《建筑设计防火规范》GB 50016，下列车间中，空气调节系统可直接循环使用室内空气的是（　　）。

A. 纺织车间　　B. 白兰地蒸馏车间

C. 植物油加工厂精炼车间　　D. 甲酚车间

【参考答案】C

【命题思路】

本题主要考查火灾危险性的分类和建筑通风及空气调节要求。

【解题分析】

《建筑设计防火规范》GB 50016—2014（2018年版）

3.1.1　生产的火灾危险性应根据生产中使用或产生的物质性质及其数量等因素划分，可分为甲、乙、丙、丁、戊类，并应符合表3.1.1的规定。

3.1.1 生产的火灾危险性应根据生产中使用或产生的物质性质及其数量等因素划分，可分为甲、乙、丙、丁、戊类，并应符合表3.1.1的规定。

生产的火灾危险性分类　　**表3.1.1**

生产的火灾危险性类别	使用或产生下列物质生产的火灾危险性特征
甲	1. 闪点小于28℃的液体 2. 爆炸下限小于10%的气体 3. 常温下能自行分解或在空气中氧化能导致迅速自燃或爆炸的物质 4. 常温下受到水或空气中水蒸气的作用，能产生可燃气体并引起燃烧或爆炸的物质 5. 遇酸、受热、撞击、摩擦、催化以及遇有机物或硫磺等易燃的无机物，极易引起燃烧或爆炸的强氧化剂 6. 受撞击、摩擦或与氧化剂、有机物接触时能引起燃烧或爆炸的物质 7. 在密闭设备内操作温度不小于物质本身自燃点的生产

续表

生产的火灾危险性类别	使用或产生下列物质生产的火灾危险性特征
乙	1. 闪点不小于28℃，但小于60℃的液体 2. 爆炸下限不小于10%的气体 3. 不属于甲类的氧化剂 4. 不属于甲类的易燃固体 5. 助燃气体 6. 能与空气形成爆炸性混合物的浮游状态的粉尘、纤维、闪点不小于60℃的液体雾滴
丙	1. 闪点不小于60℃的液体 2. 可燃固体
丁	1. 对不燃烧物质进行加工，并在高温或熔化状态下经常产生强辐射热、火花或火焰的生产 2. 利用气体、液体、固体作为燃料或将气体、液体进行燃烧作其他用的各种生产 3. 常温下使用或加工难燃烧物质的生产
戊	常温下使用或加工不燃烧物质的生产

9.1.2 甲、乙类厂房内的空气**不应循环使用**。

丙类厂房内含有燃烧或爆炸危险粉尘、纤维的空气，在循环使用前应经净化处理，并应使空气中的含尘浓度低于其爆炸下限的25%。

9.1.2 条文说明

丙类厂房中有的工段存在可燃纤维（如**纺织厂**、亚麻厂）和粉尘，易造成火灾的蔓延，除及时清扫外，若要循环使用空气，要在通风机前设滤尘器对空气进行净化后才能循环使用。某些火灾危险性相对较低的场所，正常条件下不具有火灾与爆炸危险，但只要条件适宜仍可能发生火灾。因此，规定空气的含尘浓度要求低于含燃烧或爆炸危险粉尘、纤维的爆炸下限的25%。此规定参考了国内外有关标准对类似场所的要求。

B选项中火灾危险性为甲类，A选项和C选项中火灾危险性为丙类，D选项中火灾危险性为乙类。根据规定，选项B、D不应循环使用。选项A虽然为丙类，但火灾危险性较大，亦不能循环使用。故选项C正确。

【题43】根据现行国家标准《消防给水及消火栓系统技术规范》GB 50974，关于市政消火栓设置的说法，正确的是（　　）。

A. 市政消火栓最大保护半径应为120m

B. 当市政道路宽度不超过65m时，可在道路的一侧设置市政消火栓

C. 室外地下式消火栓应设有直径为100mm和65mm的栓口各1个

D. 市政消火栓距路边不宜小于0.5m，不应大于5m

【参考答案】C

【命题思路】

本题主要考查市政消火栓的设计要求。

【解题分析】

《消防给水及消火栓系统技术规范》GB 50974—2014

7.2.2 市政消火栓宜采用直径DN150的室外消火栓，并应符合下列要求：

2 室外地下式消火栓应有直径为**100mm和65mm的栓口各一个**。（故选项C正确）

7.2.3 市政消火栓宜在道路的一侧设置，并宜靠近十字路口，但当市政道路宽度**超**

过60m时，应在道路的两侧交叉错落设置市政消火栓。(故选项B错误)

7.2.5　市政消火栓的**保护半径不应超过**150m，间距不应大于120m。(故选项A错误)

7.2.6　市政消火栓应布置在消防车易于接近的人行道和绿地等地点，且不应妨碍交通，并应符合下列规定：

1　市政消火栓距路边**不宜小于**0.5m，**并不应大于**2.0m。(故选项D错误)

【题44】关于火灾风险评估方法的说法，正确的是（　　）。

A. 在评估对象运营之前，采用表格方式对潜在火灾危险性进行评估的方法采用安全检查表法

B. 运用事故树方法进行火灾风险评估时，每一事件可能的后续事件只能取完全对立的两种状态之一

C. 运用运筹学原理，对火灾事故原因和结果进行逻辑分析的方法属于事件树分析方法

D. 运用安全检查表法进行火灾风险评估时，可通过事故树进行定性分析出评估对象的薄弱环节，将其作为安全检查的重点

【参考答案】D

【命题思路】

本题主要考查火灾风险评估方法。

【解题分析】

《消防安全技术实务》教材第5篇消防安全评估第3章。

系统的对一个生产系统或设备进行科学的分析，从中找出各种不安全因素，确定检查项目，预先以表格的形式拟定好用于查明其安全状况的“问题清单”作为实施时的蓝本，这样的表格就称为安全检查表。

根据对编制的事故树的分析、评价结果来编制安全检查表。通过**事故树进行定性分析**，求出事故树的最小割集，按最小割集集中基本事件的多少，找出系统中的薄弱环节，以这些薄弱环节作为安全检查的重点，编制安全检查表。

火灾风险预先分析性也称初始风险分析，是安全评估的一种方法。它是**在评估对象运营之前**，特别是在设计的开始阶段，对系统存在火灾风险类别、出现条件后果等进行概略分析，尽可能评价潜在的火灾危险性。

事件树分析法起源于决策树分析法，它是一种按事故发展的时间顺序，由初始事件开始推论可能的后果，从而进行危险源辨识的方法。后续事件只能取**完全对立**的两种状态。

事故树分析法是具体运用**运筹学原理**，对事故原因和结果进行逻辑分析的方法。

选项A中，应为预先危险性分析法；选项B中，应为事件树分析法；选项C中，应为事故树分析法。故选项D正确。

【题45】根据现行国家标准《洁净厂房设计规范》GB 50073，关于洁净厂房室内消火栓设计的说法，错误的是（　　）。

A. 消火栓的用水量不应小于10L/s

B. 可通行的技术夹层应设置室内消火栓

C. 消火栓同时使用水枪数不应少于2支

D. 消火栓水枪充实水柱长度不应小于7m

【参考答案】D

【命题思路】

本题主要考查洁净厂房的消防给水设计要求。

【解题分析】

《洁净厂房设计规范》GB 50073—2013

7.4.3 洁净室的生产层及可通行的上、下技术夹层应**设置室内消火栓**。消火栓的用水量**不应小于** 10L/s，同时使用水枪数**不应少于** 2 只，水枪充实水柱长度**不应小于** 10m，每只水枪的出水量应按不小于 5L/s 计算。（故选项 D 错误）

【题 46】某大型商业建筑，油浸变压器、消防水池和消防水泵房均位于建筑地下一层；油浸变压器采用水喷雾灭火系统进行灭火保护，经计算得到水喷雾系统管道沿程和局部水头损失总计 0.13MPa，最不利点水雾喷头与消防水池的最低水位之间的静压差为 0.02MPa，则该系统消防水泵的扬程至少应为（　　）。

A. 0.30MPa　　B. 0.35MPa

C. 0.65MPa　　D. 0.50MPa

【参考答案】D

【命题思路】

本题主要考查消防水泵扬程计算方法和水雾喷头的工作压力。

【解题分析】

《水喷雾灭火系统技术规范》GB 50219—2014

3.1.3 水雾喷头的工作压力，当用于灭火时不应小于**0.35MPa**；当用于防护冷却时不应小于 0.2MPa，但对于甲 B、乙、丙类液体储罐不应小于 0.15MPa。

本题中，扬程＝工作压力（0.35MPa）＋压力损失（0.13MPa）＋静压差（0.02MPa）＝0.50MPa。故选项 D 正确。

【题 47】某平战结合的人防工程，地下 3 层，每层建筑面积 30000m^2，地下一层为商业和设备用房；地下二层和地下三层为车库、设备用房和商业用房，该人防工程的下列防火设计方案中，错误的是（　　）。

A. 地下一层设置的下沉式广场疏散区域的净面积为 180m^2

B. 地下二层设置销售各种啤酒的超市

C. 地下一层防烟楼梯间及前室的门为火灾时能自动关闭的常开式甲级防火门

D. 地下一层防火隔间的墙为耐火极限 3.00h 的实体防火隔墙

【参考答案】D

【命题思路】

本题主要考查人防工程防火设计要求。

【解题分析】

《人民防空工程设计防火规范》GB 50098—2009

3.1.6 地下商店应符合下列规定：

2 营业厅**不应设置在地下三层及三层以下**；（故选项 B 正确）

3 当总建筑面积大于 20000m^2 时，应采用防火墙进行分隔，且防火墙上不得开设门窗洞口，相邻区域确需局部连通时，应采取可靠的防火分隔措施，可选择下列防火分隔方式：

2）防火隔间，该防火隔间的墙应为**实体防火墙**，并应符合本规范第3.1.8条的规定；（故选项D错误）

4）防烟楼梯间，该防烟楼梯间及前室的门应为火灾时能**自动关闭的常开式甲级防火门**。（故选项C正确）

3.1.7　设置本规范第3.1.6条3款1项的下沉式广场时，应符合下列规定：

1　不同防火分区通向下沉式广场安全出口最近边缘之间的水平距离不应小于13m，广场内疏散区域的净面积**不应小于169m²**。（故选项A正确）

【题48】根据现行国家标准《人民防空工程设计防火规范》GB 50098人防工程疏散指示标志的下列设计方案中，正确的是（　　）。

A. 沿墙面设置的疏散标志灯下边缘距地面的垂直距离为1.2m

B. 沿地面设置的灯光型疏散方向标志的间距为10m

C. 设置在疏散走道上方的疏散标志灯下边缘距离室内地面的垂直距离为2.2m

D. 沿地面设置的蓄光型发光标志的间距为10m

【参考答案】C

【命题思路】

本题主要考查人防工程疏散指示标志的设计要求。

【解题分析】

《人民防空工程设计防火规范》GB 50098—2009

8.2.4　消防疏散指示标志的设置位置应符合下列规定：

1　沿墙面设置的疏散标志灯距地面**不应大于1m**，**间距不应大于15m**；（故选项A错误）

2　设置在疏散走道上方的疏散标志灯的方向指示应与疏散通道垂直，其大小应与建筑空间相协调；**标志灯下边缘距室内地面不应大于2.5m**，且应设置在风管等设备管道的下部；（故选项C正确）

3　沿地面设置的灯光型疏散方向标志的**间距不宜大于3m**，蓄光型发光标志的**间距不宜大于2m**。（故选项B、D错误）

【题49】某一类高层商业建筑，室内消火栓系统设计流量为30L/s。该建筑室内消火栓系统设计灭火用水量至少应为（　　）。

A. 108m³　　B. 324m³

C. 216m³　　D. 432m³

【参考答案】B

【命题思路】

本题主要考查消防用水量的计算方法及不同场所的火灾延续时间。

【解题分析】

《消防给水及消火栓系统技术规范》GB 50974—2014

3.6.2　不同场所消火栓系统和固定冷却水系统的火灾延续时间不应小于表3.6.2的规定。

不同场所的火灾延续时间　　表 3.6.2

建筑			场所与火灾危险性	火灾延续时间(h)
建筑物	工业建筑	仓库	甲、乙、丙类仓库	3.0
			丁、戊类仓库	2.0
		厂房	甲、乙、丙类厂房	3.0
			丁、戊类厂房	2.0
	民用建筑	公共建筑	高层建筑中的商业楼、展览楼、综合楼，建筑高度大于 50m 的财贸金融楼、图书馆、书库、重要的档案楼、科研楼和高级宾馆等	3.0
			其他公共建筑	2.0
		住宅		
	人防工程		建筑面积小于 $3000m^2$	1.0
			建筑面积大于或等于 $3000m^2$	2.0
	地下建筑、地铁车站			

本题中，设计用水量＝30L/s×3600s×3h/1000 L / m^3＝324 m^3。故选项 B 正确。

【题 50】根据现行国家标准《石油化工企业设计防火规范》GB 50160，关于石油化工企业平面布置的说法正确的是（　　）。

A. 对穿越生产区的架空线路采用加大防火间距的措施

B. 对穿越厂区的地区输油管道埋地敷设

C. 厂外铁路中心线与甲类工艺装置外侧设备边缘的距离为 40m

D. 空分站布置在散发粉尘场所全年最小频率风向的上风侧

【参考答案】C

【命题思路】

本题主要考查石油化工企业平面布置要求。

【解题分析】

《石油化工企业设计防火规范》GB 50160—2008

4.1.6　**公路和地区架空电力线路严禁穿越生产区**。(故选项 A 错误)

4.1.8　**地区输油（输气）管道不应穿越厂区**。(故选项 B 错误)

4.1.9　石油化工企业与相邻工厂或设施的防火间距不应小于表 4.1.9 的规定。

石油化工企业与相邻工厂或设施的防火间距　　表 4.1.9

相邻工厂或设施	防火间距(m)				
	液化烃罐组（罐外壁）	甲、乙类液体罐组(罐外壁)	可能携带可燃液体的高架火炬（火炬筒中心）	甲乙类工艺装置或设施(最外侧设备外缘或建筑物的最外轴线)	全厂性或区域性重要设施(最外侧设备外缘或建筑物的最外轴线)
居民区、公共福利设施、村庄	150	100	120	100	25
相邻工厂(围墙或用地边界线)	120	70	120	50	70

续表

相邻工厂或设施		防火间距(m)				
		液化烃罐组（罐外壁）	甲、乙类液体罐组(罐外壁)	可能携带可燃液体的高架火炬（火炬筒中心）	甲乙类工艺装置或设施(最外侧设备外缘或建筑物的最外轴线)	全厂性或区域性重要设施(最外侧设备外缘或建筑物的最外轴线)
厂外铁路	国家铁路线（中心线）	55	45	80	35	—
	厂外企业铁路线(中心线)	45	35	80	30	—
国家或工业区铁路编组站（铁路中心线或建筑物）		55	45	80	35	25
厂外公路	高速公路、一级公路（路边）	35	30	80	30	—
	其他公路(路边)	25	20	60	20	—

从上表可知，选项C正确。

4.2.5 空分站应布置在空气清洁地段，并宜位于散发乙炔及其他可燃气体、粉尘等场所的**全年最小频率风向的下风侧**。(故选项D错误)

【题51】根据现行国家标准《建筑灭火器配置设计规范》GB 50140下列配置灭火器的场所中，危险等级属于严重危险级的是（　　）。

A. 中药材库房　　B. 酒精度数小于60度的白酒库房

C. 工厂分控制室　　D. 电脑、电视机等电子产品库房

【参考答案】C

【命题思路】

本题主要考查工业建筑灭火器配置场所的危险等级。

【解题分析】

《建筑灭火器配置设计规范》GB 50140—2005附录C

危险等级	举例	
	厂房和露天、半露天生产装置区	库房和露天、半露天堆场
严重危险级	1. 闪点<60℃的油品和有机溶剂的提炼、回收、洗涤部位及其泵房、灌桶间	1. 化学危险物品库房
	2. 橡胶制品的涂胶和胶浆部位	2. 装卸原油或化学危险物品的车站、码头
	3. 二硫化碳的粗馏、精馏工段及其应用部位	3. 甲、乙类液体储罐区、桶装库房、堆场
	4. 甲醇、乙醇、丙酮、丁酮、异丙醇、醋酸乙酯、苯等的合成、精制厂房	4. 液化石油气储罐区、桶装库房、堆场
	5. 植物油加工厂的浸出厂房	5. 棉花库房及散装堆场
	6. 洗涤剂厂房石蜡裂解部位、冰醋酸裂解厂房	6. 稻草、芦苇、麦秸等堆场

续表

危险等级	举例	
	厂房和露天、半露天生产装置区	库房和露天、半露天堆场
严重危险级	7. 环氧氢丙烷、苯乙烯厂房或装置区	7. 赛璐珞及其制品、漆布、油布、油纸及其制品，油绸及其制品库房
	8. 液化石油气灌瓶间	8. 酒精度为60度以上的白酒库房
	9. 天然气、石油伴生气、水煤气或焦炉煤气的净化(如脱硫)厂房压缩机室及鼓风机室	
	10. 乙炔站、氢气站、煤气站、氧气站	
	11. 硝化棉、赛璐珞厂房及其应用部位	
	12. 黄磷、赤磷制备厂房及其应用部位	
	13. 樟脑或松香提炼厂房，焦化厂精萘厂房	
	14. 煤粉厂房和面粉厂房的碾磨部位	
	15. 谷物筒仓工作塔、亚麻厂的除尘器和过滤器室	
	16. 氯酸钾厂房及其应用部位	
	17. 发烟硫酸或发烟硝酸浓缩部位	
	18. 高锰酸钾、重铬酸钠厂房	
	19. 过氧化钠、过氧化钾、次氯酸钙厂房	
	20. 各工厂的总控制室、分控制室	
	21. 国家和省级重点工程的施工现场	
	22. 发电厂(站)和电网经营企业的控制室、设备间	
中危险级	1. 闪点≥60℃的油品和有机溶剂的提炼、回收工段及其抽送泵房	1. 丙类液体储罐区、桶装库房、堆场
	2. 柴油、机器油或变压器油灌桶间	2. 化学、人造纤维及其织物和棉、毛、丝、麻及其织物的库房、堆场
	3. 润滑油再生部位或沥青加工厂房	3. 纸、竹、木及其制品的库房、堆场
	4. 植物油加工精炼部位	4. 火柴、香烟、糖、茶叶库房
	5. 油浸变压器室和高、低压配电室	**5. 中药材库房**
	6. 工业用燃油、燃气锅炉房	6. 橡胶、塑料及其制品的库房
	7. 各种电缆廊道	7. 粮食、食品库房、堆场
	8. 油淬火处理车间	8. 电脑、电视机、收录机等电子产品及家用电器库房
	9. 橡胶制品压延、成型和硫化厂房	9. 汽车、大型拖拉机停车库
	10. 木工厂房和竹、藤加工厂房	**10. 酒精度小于60度的白酒库房**
	11. 针织品厂房和纺织、印染、化纤生产的干燥部位	11. 低温冷库
	12. 服装加工厂房、印染厂成品厂房	

续表

危险等级	举例	
	厂房和露天、半露天生产装置区	库房和露天、半露天堆场
中危险级	13. 麻纺厂粗加工厂房、毛涤厂选毛厂房	
	14. 谷物加工厂房	
	15. 卷烟厂的切丝、卷制、包装厂房	
	16. 印刷厂的印刷厂房	
	17. 电视机、收录机装配厂房	
	18. 显像管厂装配工段烧枪间	
	19. 磁带装配厂房	
	20. 泡沫塑料厂的发泡、成型、印片、压花部位	
	21. 饲料加工厂房	
	22. 地市级及以下的重点工程的施工现场	

从上表可知，选项C正确。

【题52】某地铁地下车站，消防应急照明和疏散指示系统由一台应急照明控制器、2台应急照明电箱和50只消防应急照明灯具组成。现有3只消防应急灯具损坏需要更换，更换消防应急灯具可选类型为（　　）。

A. 自带电源集中控制型　　B. 集中电源非集中控制型

C. 自带电源非集中控制型　　D. 集中电源集中控制型

【参考答案】A

【命题思路】

本题主要考查消防应急照明和疏散指示系统不同系统的定义和区别。

【解题分析】

《消防应急照明和疏散指示系统》GB 17945—2010

3.13　自带电源集中控制型系统

由自带电源型消防应急灯具、**应急照明控制器**、**应急照明配电箱**及相关附件等组成的消防应急照明和疏散指示系统。

【题53】某小型机场航站楼，消防应急照明和疏散指示系统由1台消防应急照明控制器、1台应急照明集中电源、3台应急照明分配电装置和100只消防应急灯具组成。当应急照明系统由正常工作状态转为应急状态时，发出应急转换控制信号，但消防应急灯具未点亮。据此，可以排除的故障原因是（　　）。

A. 消防应急灯具电池衰减无法保证灯具转入应急工作

B. 应急照明控制器未向应急照明集中电源发出联动控制信号

C. 系统内应急照明分配电源未转入应急输出

D. 系统内应急照明分配电装置未转入应急输出

【参考答案】A

【命题思路】

本题主要考查消防应急照明和疏散指示系统不同系统的定义和区别。

【解题分析】

《消防应急照明和疏散指示系统》GB 17945—2010

3.15 集中电源集中控制型系统：

由集中控制型消防应急灯具、**应急照明控制器**、**应急照明集中电源**、**应急照明分配电装置**及相关附件组成的消防应急照明和疏散指示系统。

由题干可知，该建筑消防应急照明和疏散指示系统为集中电源集中控制型系统，灯具由集中电源供电。

【题 54】关于建筑机械防烟系统联动控制的说法，正确的是（ ）。

A. 由同一防火分区内的两只独立火灾探测器作为相应机械加压送风机开启的联动触发信号

B. 火灾确认后，火灾自动报警系统应能在 30s 内联动开启相应的机械加压送风机

C. 加压送风口所在防火分区确认火灾后，火灾自动报警系统应仅联动开启所在楼层前室送风口

D. 火灾确认后，火灾自动报警系统应能在 20s 内联动开启相应的常压加压送风口

【参考答案】A

【命题思路】

本题主要考查机械防烟系统联动控制方式和启动要求。

【解题分析】

《火灾自动报警系统设计规范》GB 50116—2013

4.5.1 防烟系统的联动控制方式应符合下列规定：

1 应由加压送风口所在防火分区内的**两只独立的火灾探测器**或**一只火灾探测器与一只手动火灾报警按钮**的报警信号，作为送风口开启和加压送风机启动的联动触发信号，并应由消防联动控制器联动控制相关层前室等需要加压送风场所的加压送风口开启和加压送风机启动。（故选项 A 正确）

《建筑防烟排烟系统技术标准》GB 51251—2017

5.1.3 当防火分区内火灾确认后，应能在**15s 内**联动开启常闭加压送风口和加压送风机，并应符合下列规定：（故选项 B、D 错误）

1 应开启该防火分区楼梯间的全部加压送风机；

2 应开启该防火分区内**着火层及其相邻上下层前室及合用前室**的常闭送风口，同时开启加压送风机。（故选项 C 错误）

【题 55】某商场中庭开口部位设置用作防火分隔的防火卷帘。根据现行国家标准《火灾自动报警系统设计规范》GB 50116 关于该防火卷帘联动控制的说法，正确的是（ ）。

A. 应由设置在防火卷帘所在防火分区内任一专门联动防火卷帘的感温火灾探测器的报警信号作为联动触发信号，联动控制防火卷帘直接下降到楼板面

B. 防火卷帘下降到楼板面的动作信号和直接与防火卷帘控制器连接的火灾探测器报警信号，应反馈至消防控制室内的消防联动控制器

C. 应由防火卷帘一侧距卷帘纵深 0.5～5m 内设置的感温火灾探测器报警信号作为联动触发信号，联动控制防火卷帘直接下降到楼板面

D. 防火卷帘两侧设置的手动控制按钮应能控制防火卷帘的升降，在消防控制室内消防

联动控制器上不得手动控制防火卷帘的降落

【参考答案】B

【命题思路】

本题主要考查防火卷帘系统的联动控制设计要求。

【解题分析】

《火灾自动报警系统设计规范》GB 50116—2013

4.6.4 **非疏散通道上**设置的防火卷帘的联动控制设计，应符合下列规定：

1 联动控制方式，应由防火卷帘所在防火分区内**任两只独立的火灾探测器**的报警信号，作为防火卷帘下降的联动触发信号，并应联动控制防火卷帘直接下降到楼板面。（故选项A错误）

2 手动控制方式，应由防火卷帘两侧设置的手动控制按钮控制防火卷帘的升降，并应能在消防控制室内的消防联动控制器上手动控制防火卷帘的降落。（故选项D错误）

4.6.5 防火卷帘下降至距楼板面1.8m处、下降到楼板面的动作信号和防火卷帘控制器直接连接的感烟、感温火灾探测器的报警信号，**应反馈至消防联动控制器**。（故选项B正确）

选项C中，纵深参数为疏散通道上设置的防火卷帘联动控制设计规定，属于混淆项。

【题56】根据现行国家标准《建筑钢结构防火规范》GB 51249，下列民用建筑钢结构的防火设计方案中，错误的是（　　）。

A. 一级耐火等级建筑，钢结构楼盖支撑设计耐火极限取2.00h

B. 二级耐火等级建筑，钢结构楼面梁设计耐火极限取1.50h

C. 一级耐火等级建筑，钢结构柱间支撑设计耐火极限取2.50h

D. 二级耐火等级建筑，钢结构屋盖支撑设计耐火极限取1.00h

【参考答案】C

【命题思路】

本题主要考查建筑构件耐火极限的设计要求。

【解题分析】

《建筑钢结构防火规范》GB 51249—2017

3.1.1 钢结构构件的设计耐火极限应根据建筑的耐火等级，按现行国家标准《建筑设计防火规范》GB 50016的规定确定。柱间支撑的设计耐火极限应与柱相同，楼盖支撑的设计耐火极限应与梁相同，屋盖支撑和系杆的设计耐火极限应与屋顶承重构件相同。

《建筑设计防火规范（2018年版）》GB 50016—2014

5.1.2 民用建筑的耐火等级可分为一、二、三、四级。除本规范另有规定外，不同耐火等级建筑相应构件的燃烧性能和耐火极限不应低于表5.1.2的规定。

不同耐火等级建筑相应构件的燃烧性能和耐火极限（h）　　表5.1.2

构件名称	耐火等级			
	一级	二级	三级	四级
柱	不燃性 3.00	不燃性 2.50	不燃性 2.00	难燃性 0.50

续表

构件名称	耐火等级			
	一级	二级	三级	四级
梁	不燃性 2.00	不燃性 1.50	不燃性 1.00	难燃性 0.50
楼板	不燃性 1.50	不燃性 1.00	不燃性 0.50	可燃性
吊顶(包括吊顶搁栅)	不燃性 0.25	难燃性 0.25	难燃性 0.15	可燃性

从上表可知，选项 C 正确。

【题 57】根据现行国家标准《汽车库、修车库、停车场设计防火规范》关于汽车库排烟设计的说法，错误的是（　　）。

A. 建筑面积为 1000m^2 的地下一层汽车库应设置排烟系统

B. 自然排烟口的总面积不应小于室内地面面积的 1%

C. 防烟分区的建筑面积不宜大于 2000m^2

D. 用从顶棚下突出 0.5m 的梁来划分防烟分区

【参考答案】B

【命题思路】

本题主要考查汽车库排烟设计要求。

【解题分析】

《汽车库、修车库、停车场设计防火规范》GB 50067—2014

8.2.1 除敞开式汽车库、建筑面积**小于 1000m^2** 的地下一层汽车库和修车库外，汽车库、修车库应设置排烟系统，并应划分防烟分区。(故选项 A 正确)

8.2.2 防烟分区的建筑面积**不宜大于 2000m^2**，且防烟分区不应跨越防火分区。防烟分区可采用挡烟垂壁、隔墙或从顶棚下突出**不小于 0.5m 的梁**划分。(故选项 C、D 正确)

8.2.4 当采用自然排烟方式时，可采用手动排烟窗、自动排烟窗、孔洞等作为自然排烟口，并应符合下列规定：

1 自然排烟口的总面积不应小于室内地面面积的2%。(故选项 B 错误)

【题 58】根据现行国家标准在《汽车库、修车库、停车场设计防火规范》GB 50067 汽车库的下列防火设计方案中正确的是（　　）。

A. 汽车库外墙上、下层开口之间设置宽度为 1.0m 的防火挑檐

B. 汽车库与商场之间采用耐火极限为 3.00h 的防火隔墙分隔

C. 汽车库与商场之间采用耐火极限为 1.50h 的楼板分隔

D. 汽车库外墙上、下层开口之间设置高度为 1.0m 的实体墙

【参考答案】A

【命题思路】

本题主要考查汽车库与其他建筑合建时防火分隔设计要求。

【解题分析】

《汽车库、修车库、停车场设计防火规范》GB 50067—2014

5.1.6 汽车库、修车库与其他建筑合建时，应符合下列规定：

1 当贴邻建造时，应采用**防火墙**隔开；(故选项B错误)

2 设在建筑物内的汽车库（包括屋顶停车场）、修车库与其他部位之间，应采用**防火墙**和耐火极限不低于2.00h**的不燃性楼板**分隔；(故选项C错误)

3 汽车库、修车库的外墙门、洞口的上方，应设置耐火极限不低于1.00h、宽度不小于1.0m、长度不小于开口宽度的不燃性防火挑檐；

4 汽车库、修车库的外墙上、下层开口之间墙的高度，**不应小于1.2m**或设置耐火极限不低于1.00h、**宽度不小于1.0m**的不燃性防火挑檐。(故选项A正确，D错误)

【题59】某耐火等级为二级的多层电视机生产厂房，地上4层，设有自动喷水灭火系统，该厂房长20m，宽40m，每层划分为1个防火分区。根据现行国家标准《建筑设计防火规范》GB 50016，供消防人员进入厂房的救援窗口的下列设计方案中。正确的是（　　）。

A. 救援窗口下沿距室内地面为1.1m

B. 救援窗口的净争宽度为0.8m

C. 厂房二层沿一个长边设2个救援窗口

D. 利用天窗作为顶层救援窗口

【参考答案】C

【命题思路】

本题考查内容为消防救援窗口的设置要求。

【解题分析】

《建筑设计防火规范》GB 50016—2014（2018年版）

7.2.4 厂房、仓库、公共建筑的**外墙**应在每层的适当位置设置可供消防救援人员进入的窗口。(故选项D错误，天窗不能作为救援口)

7.2.5 供消防救援人员进入的窗口的净高度和净宽度均**不应小于1.0m**下沿距室内地面**不宜大于1.2m**，间距不宜大于20m且每个防火分区**不应少于2个**，设置位置应与消防车登高操作场地相对应。窗口的玻璃应易于破碎，并应设置可在室外易于识别的明显标志。(故选项C正确，B、A错误)

【题60】根据现行国家标准《火灾自动报警系统设计规范》GB 50116，关于消防控制室设计的说法，正确的是（　　）。

A. 设有3个消防控制室时，各消防控制室可相互控制建筑内的消防设备

B. 一类高层民用建筑的消防控制室不应与弱电系统中的中央控制室合用

C. 消防控制室内双列布置的设备面板前的操作距离不应小于1.5m

D. 消防控制室内的消防控制室图形显示装置应能显示消防安全管理信息

【参考答案】D

【命题思路】

本题主要考查消防控制室设计要求。

【解题分析】

《火灾自动报警系统设计规范》GB 50116—2013

3.2.4 控制中心报警系统的设计，应符合下列规定：

1 有两个及以上消防控制室时，应确定**一个主消防控制室**。

2 主消防控制室应能显示所有火灾报警信号和联动控制状态信号，并应能控制重要的消防设备；各分消防控制室内消防设备之间可互相传输、显示状态信息，但**不应互相控制**。(故选项 A 错误)

3.4.2 消防控制室内设置的消防设备应包括火灾报警控制器、消防联动控制器、消防控制室图形显示装置、消防专用电话总机、消防应急广播控制装置、消防应急照明和疏散指示系统控制装置、消防电源监控器等设备或具有相应功能的组合设备。消防控制室内设置的消防控制室图形显示装置应能显示本规范附录 A 规定的建筑物内设置的全部消防系统及相关设备的动态信息和本规范附录 B 规定的**消防安全管理信息**，并应为远程监控系统预留接口，同时应具有向远程监控系统传输本规范附录 A 和附录 B 规定的有关信息的功能。(故选项 D 正确)

3.4.8 消防控制室内设备的布置应符合下列规定：

1 设备面板前的操作距离，单列布置时不应小于 1.5m；**双列布置时不应小于 2m**。(故选项 C 错误)

5 **与建筑其他弱电系统合用**的消防控制室内，消防设备应集中设置，并应与其他设备间有明显间隔。(故选项 B 错误)

【题 61】为修车库服务的下列附属建筑中，可与修车库贴邻，但应采用防火墙隔开，并应设置直通室外的安全出口是（　　）。

A. 贮存 6 个标准钢瓶的乙炔气瓶库

B. 贮存量为 1.0t 的甲类物品库房

C. 3 个车位的封闭喷漆间

D. 总安装流量为 6m^3/h 的乙炔发生器间

【参考答案】B

【命题思路】

本题主要考查可与修车库贴邻的附属建筑的相关要求。

【解题分析】

《汽车库、修车库、停车场设计防火规范》GB 50067—2014

4.1.7 为汽车库、修车库服务的下列附属建筑，可与汽车库、修车库贴邻，但应采用防火墙隔开，并应设置直通室外的安全出口：

1 贮存量**不大于 1.0t** 的甲类物品库房；(故选项 B 正确)

2 总安装容量**不大于 5.0m^3/h** 的乙炔发生器间和贮存量**不超过** 5 个标准钢瓶的乙炔气瓶库；(故选项 A、D 错误)

3 1 个车位的非封闭喷漆间或**不大于 2 个车位的封闭喷漆间**；(故选项 C 错误)

4 建筑面积不大于 200m^2 的充电间和其他甲类生产场所。

【题 62】根据现行国家标准《火灾自动报警系统设计规范》GB 50116（　　）属于线型火灾探测器。

A. 红紫外线复合火灾探测器　　B. 红外光束火灾探测器

C. 图像型火灾探测器　　D. 管路吸气式火灾探测器

【参考答案】B

【命题思路】

本题主要考查火灾探测器的分类。

【解题分析】

《火灾自动报警系统设计规范》GB 50116—2013

根据第五章可知，火灾探测器可分为点型火灾探测器、线型火灾探测器和吸气式感烟火灾探测器。线型火灾探测器包括线型光束感烟火灾探测器、缆式线型感温火灾探测器和线型光纤感温火灾探测器。

【题63】某2层商业建筑，呈矩形布置，建筑东西长为80m，南北宽为50m，该建筑室外消火栓设计流量为30L/s，周围无可利用的市政消火栓。该建筑周边至少应设置（　　）室外消火栓。

A. 2个　　B. 3个　　C. 4个　　D. 5个

【参考答案】A

【命题思路】

本题主要考查室外消火栓数量的计算。

【解题分析】

《消防给水及消火栓系统技术规范》GB 50974—2014

7.3.2　建筑室外消火栓的数量应根据室外消火栓设计流量和保护半径经计算确定，保护半径不应大于150.0m，每个室外消火栓的出流量宜按10～15L/s计算。

该建筑室外消火栓设计流量为30L/s，可计算得消火栓数量为2～3个；建筑东西长80m，南北宽50m，小于保护半径150m范围，所以至少应设置2个室外消火栓。(故选项A正确)

【题64】下列汽车库、修车库中，应设置2个汽车疏散出口的是（　　）。

A. 总建筑面积1500m²、停车位45个的汽车库

B. 设有双车道汽车疏散出口、总建筑面积3000m²、停车位90个的地上汽车库

C. 总建筑面积3500m²、设14个修车位的修车库

D. 设有双车道汽车疏散出口、总建筑面积3000m²、停车位90个的地下汽车库

【参考答案】C

【命题思路】

本题主要考查汽车库和修车库的分类以及可设1个汽车疏散出口的条件。

【解题分析】

《汽车库、修车库、停车场设计防火规范》GB 50067—2014

3.0.1　汽车库、修车库、停车场的分类应根据停车（车位）数量和总建筑面积确定，并应符合表3.0.1的规定。

汽车库、修车库、停车场的分类　　表3.0.1

名称		Ⅰ	Ⅱ	Ⅲ	Ⅳ
汽车库	停车数量(辆)	>300	151～300	51～150	$\leqslant 50$
	总建筑面积 S(m²)	$S>10000$	$5000<S\leqslant 10000$	$2000<S\leqslant 5000$	$S\leqslant 2000$

续表

名称		Ⅰ	Ⅱ	Ⅲ	Ⅳ
修车库	车位数(个)	>15	6～15	3～5	≤2
	总建筑面积 S(m^2)	S>3000	1000<S≤3000	500<S≤1000	S≤500
停车场	停车数量(辆)	>400	251～400	101～250	≤100

6.0.10 当符合下列条件之一时，汽车库、修车库的汽车疏散出口可设置1个：

1 Ⅳ类汽车库；

2 设置双车道汽车疏散出口的Ⅲ类地上汽车库；

3 设置双车道汽车疏散出口、停车数量小于或等于100辆且建筑面积小于4000m^2的地下或半地下汽车库；

4 Ⅱ、Ⅲ、Ⅳ类修车库。

选项A为Ⅳ类汽车库，选项B为Ⅲ类汽车库，选项C为Ⅰ类修车库，需设置2个疏散出口。选项D符合第3款的规定，可设置1个疏散出口。

【题65】根据现行国家标准《气体灭火系统设计规范》GB 50370，当IG541混合气体灭火剂喷放至设计用量的95%时，其最长喷放时间应为（　　）。

A. 30s　　B. 48s　　C. 70s　　D. 60s

【参考答案】D

【命题思路】

本题主要考查IG541气体灭火系统的设计要求。

【解题分析】

《气体灭火系统设计规范》GB 50370—2005

3.4.3 当IG541混合气体灭火剂喷放至设计用量的95%时，其喷放时间**不应大于60s**，且不应小于48s。(故选项D正确)

【题66】根据现行国家标准《地铁设计规范》GB 50157，下列场所中，可按二级耐火等级设计的是（　　）。

A. 地下车站疏散楼梯间　　B. 控制中心

C. 地下车站风道　　D. 高架车站

【参考答案】D

【命题思路】

本题主要考查地铁建筑的耐火等级要求。

【解题分析】

《地铁设计防火标准》GB 51298—2018

4.1.1 下列建筑的耐火等级应为一级：

1 地下车站及其出入口通道、**风道**；(故选项A、C错误)

2 地下区间、联络通道、区间风井及**风道**；

3 **控制中心**；(故选项B错误)

4 主变电所；

5 易燃物品库、油漆库；

6　地下停车库、列检库、停车列检库、运用库、联合检修库及其他检修用房。

【题67】某百货商场，地上4层，每层建筑面积均为1500m³，层高均为5.2m，该商场的营业厅设置自动喷水灭火系统，该自动喷水灭火系统最低喷水强度应为（　　）。

A. 4L/（min·m³）　　B. 8L/（min·m³）

C. 6L/（min·m³）　　D. 12L/（min·m³）

【参考答案】B

【命题思路】

本题主要考查民用建筑危险等级分类以及自动喷水灭火系统的设计基本参数。

【解题分析】

《自动喷水灭火系统设计规范》GB 50084—2017

5.0.1　民用建筑和厂房采用湿式系统时的设计基本参数不应低于表5.0.1的规定。

民用建筑和厂房采用湿式系统的设计基本参数　　表5.0.1

火灾危险等级		最大净空高度h(m)	喷水强度[L/(min·m²)]	作用面积(m²)
轻危险级		$h \leqslant 8$	4	160
中危险级	Ⅰ级		6	
	Ⅱ级		8	
严重危险级	Ⅰ级		12	260
	Ⅱ级		16	

附录A　设置场所火灾危险等级分类

中危险级	Ⅰ级	1)高层民用建筑：旅馆、办公楼、综合楼、邮政楼、金融电信楼、指挥调度楼、广播电视楼(塔)等； 2)公共建筑(含单多高层)：医院、疗养院；图书馆(书库除外)、档案馆、展览馆(厅)；影剧院、音乐厅和礼堂(舞台除外)及其他娱乐场所；火车站、机场及码头的建筑；总建筑面积小于5000m²的商场、总建筑面积小于1000m²的地下商场等； 3)文化遗产建筑：木结构古建筑、国家文物保护单位等； 4)工业建筑：食品、家用电器、玻璃制品等工厂的备料与生产车间等；冷藏库、钢屋架等建筑构件
	Ⅱ级	**1)民用建筑：书库、舞台(葡萄架除外)、汽车停车场(库)、总建筑面积5000m²及以上的商场、总建筑面积1000m²及以上的地下商场、净空高度不超过8m、物品高度不超过3.5m的超级市场等；** 2)工业建筑：棉毛麻丝及化纤的纺织、织物及制品、木材木器及胶合板、谷物加工、烟草及制品、饮用酒(啤酒除外)、皮革及制品、造纸及纸制品、制药等工厂的备料与生产车间等

该商场总建筑面积为1500×4＝6000m²，大于5000m²属于中危险级Ⅱ级。从表5.0.1可知，选项B正确。

【题68】可以安装在消防配电线路上，以保证消防用电设备供电安全性和可靠性的装置是（　　）。

A. 过流保护装置　　B. 剩余电流动作保护装置

C. 欠压保护装置　　D. 短路保护装置

【参考答案】D

【命题思路】

本题主要考查电气线路的保护措施。

【解题分析】

为有效预防电气线路故障引发的火灾，除了合理地进行电线线缆的选型，还应根据现场的实际情况合理选择线路的敷设方式，并严格按照有关规定规范线路的敷设及连接环节保证线路的施工质量。此外，低压配电线路还应按照《低压配电设计规范》GB 50054—2011及《剩余电流动作保护装置安装和运行》GB 13955—2005等国家相关标准要求设置**短路保护**、过载保护和接地故障保护。

【题69】某储罐区中共有6个储存闪点为65℃的柴油固定顶储罐，储罐直径均为35m。均设置固定式液下喷射泡沫灭火系统保护，并配备辅助泡沫枪，根据现行国家标准《泡沫灭火系统设计规范》GB 50151，关于该储罐区泡沫灭火系统设计下列说法，正确的是（　　）。

A. 每支辅助泡沫枪的泡沫合液流量不应小于200L/min，连续供给时间不应小于30min

B. 液下喷射泡沫灭火系统的泡沫混合液供给强度不应小于5.0L/（min·m^2），连续供给时间不应于40min

C. 泡沫混合液启动后，将泡沫混合液输送到保护对象的时间不应大于10min

D. 储罐区扑救一次火灾的泡沫混合液设计用量应按1个储罐内用量、辅助泡沫枪用量之和计算

【参考答案】B

【命题思路】

本题主要考查泡沫灭火系统的设计参数要求。

【解题分析】

《泡沫灭火系统设计规范》GB 50151—2010

4.1.3　储罐区泡沫灭火系统扑救一次火灾的泡沫混合液设计用量，应按罐内用量、该罐辅助泡沫枪用量、管道剩余量**三者之和**最大的储罐确定。

4.1.4 设置固定式泡沫灭火系统的储罐区，应配置用于扑救液体流散火灾的辅助泡沫枪，泡沫枪的数量及其泡沫混合液连续供给时间不应小于表4.1.4的规定。每支辅助泡沫枪的泡沫混合液流量**不应小于240L/min**。（故选项A错误）

泡沫枪数量及其泡沫混合液连续供给时间　　表4.1.4

储罐直径(m)	配备泡沫枪数(支)	连续供给时间(min)
≤10	1	10
>10且≤20	1	20
>20且≤30	2	20
>30且≤40	**2**	**30**
>40	3	30

4.1.10　固定式泡沫灭火系统的设计应满足在泡沫消防水泵或泡沫混合液泵启动后，将泡沫混合液或泡沫输送到保护对象的时间**不大于5min**。（故选项C错误）

4.2.2　泡沫混合液供给强度及连续供给时间应符合下列规定：

2　非水溶性液体储罐液下或半液下喷射系统，其泡沫混合液供给强度**不应小于**

5.0L/（min・m^2）、连续供给时间不应小于 40min。（故选项 B 正确）

【题 70】某冷库冷藏间室内净高为 4.5m，设计温度为 5℃，冷藏间内设有自动喷水灭火系统，该冷藏间自动喷水灭火系统的下列设计方案中，正确的是（　　）。

A. 采用干式系统，选用公称动作温度为 68℃的喷头

B. 采用预作用系统，选用公称动作温度为 79℃的喷头

C. 采用雨淋系统，选用水幕喷头

D. 采用湿式系统，选用公称动作温度为 57℃的喷头

【参考答案】D

【命题思路】

本题主要考查不同环境温度场所的系统选型要求。

【解题分析】

《自动喷水灭火系统设计规范》GB 50084—2017

4.2.2　环境温度不低于 4℃且不高于 70℃的场所，应采用湿式系统。（故选项 D 正确）

【题 71】下列民用建筑房间中，可设一个疏散门的是（　　）。

A. 老年人日间照料中心内位于走道尽端，建筑面积为 50m^2 的房间

B. 托儿所内位于袋形走道一侧，建筑面积为 60m^2 的房间

C. 教学楼内位于袋形走道一侧，建筑面积为 70m^2 的教室

D. 病房楼内位于两个安全出口之间，建筑面积为 80m^2 的病房

【参考答案】C

【命题思路】

本题主要考查民用建筑可设置 1 个疏散门的条件。

【解题分析】

《建筑设计防火规范》GB 50016—2014（2018 年版）

5.5.15　公共建筑内房间的疏散门数量应经计算确定且不应少于 2 个。除托儿所、幼儿园、老年人照料设施、医疗建筑、教学建筑内位于走道尽端的房间外，符合下列条件之一的房间可设置 1 个疏散门：

1　位于两个安全出口之间或袋形走道两侧的房间，对于托儿所、幼儿园、老年人照料设施，建筑面积不大于 50m^2；对于医疗建筑、教学建筑，建筑面积不大于 75m^2；对于其他建筑或场所，建筑面积不大于 120m^2。

选项 A 老年人日间照料中心位于走道尽端，不符合条件，选项 B 和选项 D 面积不符合条件。故选项 C 正确。

【题 72】某大学科研楼共 6 层，建筑高度 22.8m，第六层为国家级工程实验中心，该中心设有自动喷水灭火系统和自然排烟系统，根据现行国家标准《建筑内部装修设计防火规范》GB 50222，该工程实验中心的下列室内装修材料选用方案中，正确的是（　　）。

A. 墙面采用燃烧性能为 B_1 级的装修材料

B. 试验操作台采用燃烧性能为 B_1 级的装修材料

C. 窗帘等装饰织物采用燃烧性能为 B_2 级的装修材料

D. 地面采用燃烧性能为 B_2 级的装修材料

【参考答案】A

【命题思路】

本题主要考查多层民用建筑内部各部位装修材料的燃烧性能等级及提高和降低要求。

【解题分析】

《建筑内部装修设计防火规范》GB 50222—2017

4.0.12 经常使用明火器具的餐厅、**科研试验室**，其装修材料的燃烧性能等级除A级外，应在表5.1.1、表5.2.1、表5.3.1、表6.0.1、表6.0.5规定的基础上提高一级。

5.1.1 单层、多层民用建筑内部各部位装修材料的燃烧性能等级，不应低于本规范表5.1.1的规定。

序号	建筑物及场所	建筑规模、性质	装修材料燃烧性能等级							
			顶棚	墙面	地面	隔断	固定家具	装饰织物		其他装修装饰材料
								窗帘	帷幕	
1	候机楼的候机大厅、贵宾候机室、售票厅、商店、餐饮场所等	—	A	A	B_1	B_1	B_1	B_1	—	B_1
2	汽车站、火车站、轮船客运站的候车(船)室、商店、餐饮场所等	建筑面积>10000m^2	A	A	B_1	B_1	B_1	B_1	—	B_2
		建筑面积≤10000m^2	A	B_1	B_1	B_1	B_1	B_1	—	B_2
3	观众厅、会议厅、多功能厅、等候厅等	每个厅建筑面积>400m^2	A	A	B_1	B_1	B_1	B_1	B_1	B_1
		每个厅建筑面积≤400m^2	A	B_1	B_1	B_1	B_2	B_1	B_1	B_2
4	体育馆	>3000座位	A	A	B_1	B_1	B_1	B_1	B_1	B_2
		≤3000座位	A	B_1	B_1	B_1	B_2	B_2	B_1	B_2
5	商店的营业厅	每层建筑面积>1500m^2或总建筑面积>3000m^2	A	B_1	B_1	B_1	B_1	B_1	—	B_2
		每层建筑面积≤1500m^2或总建筑面积≤3000m^2	A	B_1	B_1	B_1	B_2	B_1	—	—
6	宾馆、饭店的客房及公共活动用房等	设置送回风道(管)的集中空气调节系统	A	B_1	B_1	B_1	B_2	B_2	—	B_2
		其他	B_1	B_1	B_2	B_2	B_2	B_2	—	—
7	养老院、托儿所、幼儿园的居住及活动场所	—	A	A	B_1	B_1	B_2	B_1	—	B_2
8	医院的病房区、诊疗区、手术区	—	A	A	B_1	B_1	B_2	B_1	—	B_2
9	**教学场所、教学实验场所**	**—**	**A**	B_1	B_2	B_2	B_2	B_2	B_2	B_2

5.1.3 **除本规范第 4 章规定的场所**和本规范表 5.1.1 中序号为 11～13 规定的部位外，当单层、多层民用建筑需做内部装修的空间内装有自动灭火系统时，除顶棚外，其内部装修材料的燃烧性能等级可在本规范表 5.1.1 规定的基础上降低一级；当同时装有火灾自动报警装置和自动灭火系统时，其装修材料的燃烧性能等级可在本规范表 5.1.1 规定的基础上降低一级。

国家级工程实验中心属于科研实验室，装修材料的燃烧性能等级应提高一级，即顶棚和地面应为 A 级，其余均应为 B_1 级。题干中设有自动喷水灭火系统属于干扰项。

【题 73】某耐火等级为一级的公共建筑，地下 1 层，地上 5 层，建筑高度 23m。地下一层为设备用房，地上一、二层为商店营业厅，三至五层为办公用房，该建筑设有自动喷水灭火系统和火灾自动报警系统，并采用不燃和难燃材料装修。该建筑下列防火分区划分方案中，错误的是（　　）。

A. 地下一层防火分区建筑面积最大为 1000m²

B. 首层防火分区建筑面积最大为 10000m²

C. 二层防火分区建筑面积最大为 5000m²

D. 三层防火分区建筑面积最大为 4000m²

【参考答案】B

【命题思路】

本题主要考查民用建筑防火分区最大允许建筑面积要求。

【解题分析】

《建筑设计防火规范》GB 50016—2014（2018 年版）

5.3.1 除本规范另有规定外，不同耐火等级建筑的允许建筑高度或层数、防火分区最大允许建筑面积应符合表 5.3.1 的规定。

表 5.3.1

名称	耐火等级	允许建筑高度或层数	防火分区的最大允许建筑面积(m²)	备注
高层民用建筑	一、二级	按本规范第 5.1.1 条确定	1500	对于体育馆、剧场的观众厅，防火分区的最大允许建筑面积可适当增加
单、多层民用建筑	一、二级	按本规范第 5.1.1 条确定	2500	
	三级	5 层	1200	
	四级	2 层	600	
地下或半地下建筑(室)	一级	—	500	设备用房的防火分区最大允许建筑面积不应大于 1000m²

注：1 表中规定的防火分区最大允许建筑面积，当建筑内设置自动灭火系统时，可按本表的规定增加 1.0 倍；局部设置时，防火分区的增加面积可按该局部面积的 1.0 倍计算。

5.3.4 一、二级耐火等级建筑内的商店营业厅、展览厅，当设置自动灭火系统和火灾自动报警系统并采用不燃或难燃装修材料时，其每个防火分区的最大允许建筑面积应符合下列规定：

1　设置在高层建筑内时，不应大于 4000m²；

2　设置在单层建筑或仅设置在多层建筑的首层内时，不应大于 10000m²；

3　设置在地下或半地下时，不应大于 2000m²。

该建筑一层和二层均为商业营业厅，所以首层防火分区建筑面积不应大于 5000m²。

(故选项 B 错误)

【题 74】根据现行国家标准《自动喷水灭火系统设计规范》GB 50084，下列自动喷水灭火系统组件中，可组成防护冷却系统的是（　　）。

A. 闭式洒水喷头、湿式报警阀组

B. 开式洒水喷头、雨淋报警阀组

C. 水幕喷头、雨淋报警阀组

D. 闭式洒水喷头、干式报警阀组

【参考答案】A

【命题思路】

本题主要考查防护冷却系统定义。

【解题分析】

《自动喷水灭火系统设计规范》GB 50084—2017

2.1.12　防护冷却系统 cooling protection sprinkler system

由闭式洒水喷头、湿式报警阀组等组成，发生火灾时用于冷却防火卷帘、防火玻璃墙等防火分隔设施的闭式系统。

【题 75】根据现行国家标准《建筑灭火器配置设计规范》GB 50140，下列建筑灭火器的配置方案中，正确的是（　　）。

A. 某电子游戏厅，建筑面积 150m²，配置 2 具 MF/ABC4 型手提式灭火器

B. 某办公楼，将 1 间计算机房和 5 间办公室作为一个计算单元配置灭火器

C. 某酒店建筑首层的门厅与二层相通两层按照一个计算单元配置灭火器

D. 某高校教室，配置的 MF/ABC3 型手提式灭火器，最大保护距离为 25m

【参考答案】A

【命题思路】

本题主要考查灭火器的保护距离和配置基准要求、计算单元的划分要求和不同场所的危险等级。

【解题分析】

《建筑灭火器配置设计规范》GB 50140—2005

5.2.1　设置在 A 类火灾场所的灭火器，其最大保护距离应符合表 5.2.1 的规定。

A 类火灾场所的灭火器最大保护距离（m）　　表 5.2.1

灭火器型式 危险等级	手提式灭火器	推车式灭火器
严重危险级	15	30
中危险级	20	40
轻危险级	25	50

6.2.1　A类火灾场所灭火器的最低配置基准应符合表6.2.1的规定。

A类火灾场所灭火器的最低配置基准　　　**表6.2.1**

危险等级	严重危险级	中危险级	轻危险级
单具灭火器最小配置灭火级别	3A	2A	1A
单位灭火级别最大保护面积(m^2/A)	50	75	100

7.2.1　灭火器配置设计的计算单元应按下列规定划分：

1　当一个楼层或一个水平防火分区内各场所的**危险等级和火灾种类相同时，可将其作为一个计算单元。**

2　当一个楼层或一个水平防火分区内各场所的**危险等级和火灾种类不相同时，应将其分别作为不同的计算单元。**

3　同一计算单元**不得跨越防火分区和楼层。**

附录A　建筑灭火器配置类型、规格和灭级别基本参数举例

干粉（磷酸铵盐）	—	1	MF/ABC1	1A	21B
	—	2	MF/ABC2	1A	21B
	—	3	MF/ABC3	2A	34B
	—	4	**MF/ABC4**	**2A**	55B
	—	5	MF/ABC5	3A	89B
	—	6	MF/ABC6	3A	89B
	—	8	MF/ABC8	4A	144B
	—	10	MF/ABC10	6A	144B

附录D　民用建筑灭火器配置场所的危险等级举例

危险等级	举例
严重危险级	1. 县级及以上的文物保护单位、档案馆、博物馆的库房、展览室、阅览室
	2. 设备贵重或可燃物多的实验室
	3. 广播电台、电视台的演播室、道具间和发射塔楼
	4. 专用电子计算机房
	5. 城镇及以上的邮政信函和包裹分拣房、邮袋库、通信枢纽及其电信机房
	6. 客房数在50间以上的旅馆、饭店的公共活动用房、多功能厅、厨房
	7. 体育场(馆)、电影院、剧院、会堂、礼堂的舞台及后台部位
	8. 住院床位在50张及以上的医院的手术室、理疗室、透视室、心电图室、药房、住院部、门诊部、病历室
	9. 建筑面积在2000m^2及以上的图书馆、展览馆的珍藏室、阅览室、书库、展览厅
	10. 民用机场的候机厅、安检厅及空管中心、雷达机房
	11. 超高层建筑和一类高层建筑的写字楼、公寓楼
	12. 电影、电视摄影棚
	13. 建筑面积在1000m^2及以上的经营易燃易爆化学物品的商场、商店的库房及铺面

续表

危险等级	举例
严重危险级	14. 建筑面积在 200m^2 及以上的公共娱乐场所
	15. 老人住宿床位在 50 张及以上的养老院
	16. 幼儿住宿床位在 50 张及以上的托儿所、幼儿园
	17. 学生住宿床位在 100 张及以上的学校集体宿舍
	18. 县级及以上的党政机关办公大楼的会议室
	19. 建筑面积在 500m^2 及以上的车站和码头的候车(船)室、行李房
中危险级	1. 县级以下的文物保护单位、档案馆、博物馆的库房、展览室、阅览室
	2. 一般的实验室
	3. 广播电台电视台的会议室、资料室
	4. 设有集中空调、电子计算机、复印机等设备的办公室
	5. 城镇以下的邮政信函和包裹分拣房、邮袋库、通信枢纽及其电信机房
	6. 客房数在 50 间以下的旅馆、饭店的公共活动用房、多功能厅和厨房
	7. 体育场(馆)、电影院、剧院、会堂、礼堂的观众厅
	8. 住院床位在 50 张以下的医院的手术室、理疗室、透视室、心电图室、药房、住院部、门诊部、病历室
	9. 建筑面积在 2000m^2 以下的图书馆、展览馆的珍藏室、阅览室、书库、展览厅
	10. 民用机场的检票厅、行李厅
	11. 二类高层建筑的写字楼、公寓楼
	12. 高级住宅、别墅
	13. 建筑面积在 1000m^2 以下的经营易燃易爆化学物品的商场、商店的库房及铺面
	14. 建筑面积在 200m^2 以下的公共娱乐场所
	15. 老人住宿床位在 50 张以下的养老院
	16. 幼儿住宿床位在 50 张以下的托儿所、幼儿园
	17. 学生住宿床位在 100 张以下的学校集体宿舍
	18. 县级以下的党政机关办公大楼的会议室
	19. 学校教室、教研室
	20. 建筑面积在 500m^2 以下的车站和码头的候车(船)室、行李房
	21. 百货楼、超市、综合商场的库房、铺面
	22. 民用燃油、燃气锅炉房
	23. 民用的油浸变压器室和高、低压配电室
轻危险级	1. 日常用品小卖店及经营难燃烧或非燃烧的建筑装饰材料商店
	2. 未设集中空调、电子计算机、复印机等设备的普通办公室
	3. 旅馆、饭店的客房
	4. 普通住宅
	5. 各类建筑物中以难燃烧或非燃烧的建筑构件分隔的并主要存贮难燃烧或非燃烧材料的辅助房间

选项 A 属于中危险级，单具灭火器最小配置级别为 2A，单位灭火级别最大保护面积

为 $75m^2/A$，MF/ABC4型手提式灭火器的灭火级别为2A，2具保护面积为 $150m^2$，满足配置要求；

选项B包括严重危险级和中危险级或轻危险级，应将其分别作为不同的计算单元；

选项C中，门厅与二层应按照不同的计算单元；

选项D属于中危险级，MF/ABC3型手提式灭火器的灭火级别为2A，最大保护距离不应大于20m。

【题76】根据现行国家标准《建筑设计防火规范》GB 50016，不宜布置在民用建筑附近的厂房是（　　）。

A. 橡胶制品硫化厂房　　B. 苯甲酸生产厂房

C. 甘油制备厂房　　D. 活性炭制造厂房

【参考答案】D

【命题思路】

本题主要考查常见厂房火灾危险性分类以及民用建筑与厂房的平面布局要求。

【解题分析】

《建筑设计防火规范》GB 50016—2014（2018年版）

3.1.1　本条规定了生产的火灾危险性分类原则。为便于使用，表1列举了部分常见生产的火灾危险性分类。

乙类	1. 闪点大于或等于28℃至小于60℃的油品和有机溶剂的提炼、回收、洗涤部位及其泵房，松节油或松香蒸馏厂房及其应用部位，醋酸酐精馏厂房，已内酰胺厂房，甲酚厂房，氯丙醇厂房，樟脑油提取部位，环氧氯丙烷厂房，松针油精制部位，煤油灌桶间； 2. 一氧化碳压缩机室及净化部位，发生炉煤气或鼓风炉煤气净化部位，氨压缩机房； 3. 发烟硫酸或发烟硝酸浓缩部位，高锰酸钾厂房，重铬酸钠（红钒钠）厂房； 4. 樟脑或松香提炼厂房，硫黄回收厂房，焦化厂精萘厂房； 5. 氧气站，空分厂房； 6. 铝粉或镁粉厂房，金属制品抛光部位，煤粉厂房、面粉厂的碾磨部位、**活性炭制造及再生厂房**、谷物筒仓的工作塔，亚麻厂的除尘器和过滤器室
丙类	1. 闪点大于或等于60℃的油品和有机液体的提炼、回收工段及其抽送泵房，香料厂的松油醇部位和乙酸松油脂部位，**苯甲酸厂房**，苯乙酮厂房，焦化厂焦油厂房，**甘油、桐油的制备厂房**，油浸变压器室，机器油或变压油罐桶间，润滑油再生部位，配电室（每台装油量大于60kg的设备），沥青加工厂房，植物油加工厂的精炼部位； 2. 煤、焦炭、油母页岩的筛分、转运工段和栈桥或储仓，木工厂房，竹、藤加工厂房，**橡胶制品的压延、成型和硫化厂房**，针织品厂房、纺织、印染、化纤生产的干燥部位，服装加工厂房，棉花加工和打包厂房，造纸厂备料、干燥车间，印染厂成品厂房，麻纺厂粗加工车间，谷物加工房，卷烟厂的切丝、卷制、包装车间，印刷厂的印刷车间，毛涤厂选毛车间，电视机、收音机装配厂房，显像管厂装配工段烧枪间，磁带装配厂房，集成电路工厂的氧化扩散间、光刻间，泡沫塑料厂的发泡、成型、印片压花部位，饲料加工厂房，畜（禽）屠宰、分割及加工车间、鱼加工车间

5.2.1　在总平面布局中，应合理确定建筑的位置、防火间距、消防车道和消防水源等，不宜将民用建筑布置在**甲、乙类**厂（库）房，甲、乙、丙类液体储罐，可燃气体储罐和可燃材料堆场的附近。

从上表可知，D选项为乙类厂房，不宜布置在民用建筑附近，答案为D。

【题77】下列水喷雾灭火系统喷头选型方案中，错误的是（　　）。

A. 用于白酒厂酒缸灭火保护的水喷雾灭火系统，选用离心雾化型水雾喷头

B. 用于液化石油气灌瓶间防护冷却的水喷雾灭火系统，选用撞击型水雾喷头

C. 用于电缆沟电缆灭火保护的水喷雾灭火系统，选用撞击型水雾喷头

D. 用于丙类液体固定顶储罐防护冷却的水喷雾灭火系统，选用离心雾化型水雾喷头

【参考答案】C

【命题思路】

本题主要考查水雾喷头的选型要求。

【解题分析】

《水喷雾灭火系统技术规范》GB 50219—2014

4.0.2 水雾喷头的选型应符合下列要求：

1 扑救**电气火灾**，应选用离心雾化型水雾喷头。(故选项 C 不符合规范要求)。

【题 78】某建筑净空高度为 5m 的商业营业厅，设有机械排烟系统，共划分为 4 个防烟分区，最小防烟分区面积为 500m^2。根据《建筑防烟排烟系统技术标准》GB 51251，该机械排烟系统设置的下列方案中，正确的是（　　）。

A. 排烟口与最近安全出口的距离为 1.2m

B. 防烟分区的最大边长长度为 40m

C. 最小防烟分区的排烟量为 30000m^3/h

D. 最大防烟分区的建筑面积为 1500m^2

【参考答案】C

【命题思路】

本题主要考查净高小于 6m 建筑内机械排烟系统设计要求。

【解题分析】

《建筑防烟排烟系统技术标准》GB 51251—2017

4.2.4 公共建筑、工业建筑防烟分区的最大允许面积及其长边最大允许长度应符合表 4.2.4 的规定，当工业建筑采用自然排烟系统时，其防烟分区的长边长度尚不应大于建筑内空间净高的 8 倍。

表 4.2.4

空间净高 H(m)	最大允许面积(m^2)	长边最大允许长度(m)
$H\leqslant3.0$	500	24
$3.0<H\leqslant6.0$	1000	36
$H>6.0$	2000	60m；具有自然对流条件时，不应大于 75m

从上表可知，该商场净高 5m，其最大防烟分区面积应为 1000m^2，长边最大允许长度为 36m，故选项 B、D 错误。

4.4.12 排烟口的设置应按本标准第 4.6.3 条经计算确定，且防烟分区内任一点与最近的排烟口之间的水平距离不应大于 30m。除本标准第 4.4.13 条规定的情况以外，排烟口的设置尚应符合下列规定：

5 排烟口的设置宜使烟流方向与人员疏散方向相反，排烟口与附近安全出口相邻边缘之间的水平距离**不应小于 1.5m**。(故选项 A 错误)

4.6.3 除中庭外下列场所一个防烟分区的排烟量计算应符合下列规定：

1 建筑空间净高小于或等于 6m 的场所，其排烟量应按不小于 60m^3/（h·m^2）计

算，且取值不小于15000m^3/h，或设置有效面积不小于该房间建筑面积2%的自然排烟窗（口）。（故选项C正确）

【题79】某多层科研楼设有室内消防给水系统，消防水泵采用两台离心式消防水泵，一用一备，该消防水泵管路的下列设计方案中，正确的是（　　）。

A. 2台消防水泵的2条DN150吸水管通过1条DN200钢管接入消防水池

B. 2台消防水泵的2条DN150吸水管均采用同心异径管件与水泵相连

C. 消防水泵吸水口处设置吸水井，喇叭口在消防水池最低有效水位下的淹没深度为650mm

D. 消防水泵吸水口处设置旋流防止器，其在消防水池最低有效水位下的淹没深度为150mm

【参考答案】C

【命题思路】

本题主要考查消防水泵设计及安装要求。

【解题分析】

《消防给水及消火栓系统技术规范》GB 50974—2014

5.1.13　离心式消防水泵吸水管、出水管和阀门等，应符合下列规定：

1　一组消防水泵，**吸水管不应少于两条**，当其中一条损坏或检修时，其余吸水管应仍能通过全部消防给水设计流量；（故选项A错误）

2　消防水泵吸水管布置**应避免形成气囊**；（故选项B错误）

4　消防水泵吸水口的淹没深度应满足消防水泵在最低水位运行安全的要求，吸水管喇叭口在消防水池最低有效水位下的淹没深度应根据吸水管喇叭口的水流速度和水力条件确定，但**不应小于600mm**。当采用旋流防止器时，淹没深度**不应小于200mm**。（故选项C正确，D错误）

12.3.2　消防水泵的安装应符合下列要求：

7　吸水管水平管段上不应有气囊和漏气现象。变径连接时，**应采用偏心异径管件**并应采用管顶平接。

12.3.2（条文说明）　规定了消防水泵的安装技术规则。

7　消防水泵吸水管安装若有倒坡现象则会产生气囊，采用大小头与消防水泵吸水口连接，如果是同心大小头，则在吸水管上部有倒坡现象存在。异径管的大小头上部会存留从水中析出的气体，因此**应采用偏心异径管**。

【题80】根据现行国家标准《火灾自动报警系统设计规范》，（　　）不属于区域火灾报警系统组成部分。

A. 火灾探测器　　　　B. 消防联动控制器

C. 手动火灾报警按钮　　　　D. 火灾报警控制器

【参考答案】B

【命题思路】

本题主要考查区域火灾报警系统的组成部分。

【解题分析】

《火灾自动报警系统设计规范》GB 50116—2013

3.2.2 区域报警系统的设计，应符合下列规定：

1 系统应由**火灾探测器、手动火灾报警按钮、火灾声光警报器及火灾报警控制器**等组成，系统中可包括消防控制室图形显示装置和指示楼层的区域显示器。

二、多项选择题（共20题，每题2分。每题的备选项中，有2个或2个以上符合题意，至少有1个错项。错选，本题不得分；少选，所选的每个选项得0.5分）

【题81】某3层图书馆，建筑面积为12000m²，室内最大净空高度为4.5m，图书馆内全部设置自动喷水灭火系统等，下列关于该自动喷水灭火系统的做法中，正确的有（　　）。

A. 系统的喷水强度为4L/（min·m²）

B. 共设置1套湿式报警阀组

C. 采用流量系数K=80的洒水喷头

D. 系统的作用面积为160m²

E. 系统最不利点处喷头的工作压力为0.1MPa

【参考答案】CDE

【命题思路】

本题主要考查不同场所的火灾危险等级及自动喷水灭火系统设计参数要求。

【解题分析】

《自动喷水灭火系统设计规范》GB 50084—2017

附录A 设置场所火灾危险性等级分类

设置场所火灾危险等级分类　　表A

火灾危险等级		设置场所分类
轻危险级		住宅建筑、幼儿园、老年人建筑、建筑高度为24m及以下的旅馆、办公楼；仅在走道设置闭式系统的建筑等
中危险级	Ⅰ级	1)高层民用建筑：旅馆、办公楼、综合楼、邮政楼、金融电信楼、指挥调度楼、广播电视楼(塔)等； 2)公共建筑(含单多高层)：医院、疗养院、**图书馆(书库除外)**、档案馆、展览馆(厅)；影剧院、音乐厅和礼堂(舞台除外)及其他娱乐场所；火车站、机场及码头的建筑；总建筑面积小于5000m²的商场、总建筑面积小于1000m²的地下商场等； 3)文化遗产建筑：木结构古建筑、国家文物保护单位等； 4)工业建筑：食品、家用电器、玻璃制品等工厂的备料与生产车间等；冷藏库、钢屋架等建筑构件
	Ⅱ级	1)民用建筑：书库、舞台(葡萄架除外)、汽车停车场(库)、总建筑面积5000m²及以上的商场、总建筑面积1000m²及以上的地下商场、净空高度不超过8m、物品高度不超过3.5m的超级市场等； 2)工业建筑：棉毛麻丝及化纤的纺织、织物及制品、木材木器及胶合板、谷物加工、烟草及制品、饮用酒(啤酒除外)、皮革及制品、造纸及纸制品、制药等工厂的备料与生产车间等

5.0.1 民用建筑和厂房采用湿式系统时的设计基本参数不应低于表5.0.1的规定。

民用建筑和厂房采用湿式系统的设计基本参数 **表 5.0.1**

<table>
<tr><th colspan="2">火灾危险等级</th><th>最大净空高度 h(m)</th><th>喷水强度[L/(min·m^2)]</th><th>作用面积(m^2)</th></tr>
<tr><td colspan="2">轻危险级</td><td rowspan="5">$h\leqslant 8$</td><td>4</td><td rowspan="3">160</td></tr>
<tr><td rowspan="2">中危险级</td><td>Ⅰ级</td><td>6</td></tr>
<tr><td>Ⅱ级</td><td>8</td></tr>
<tr><td rowspan="2">严重危险级</td><td>Ⅰ级</td><td>12</td><td rowspan="2">260</td></tr>
<tr><td>Ⅱ级</td><td>16</td></tr>
</table>

注：系统最不利点处洒水喷头的工作压力**不应低于** 0.05MPa。

6.1.1 **设置闭式系统的场所，洒水喷头类型和场所的最大净空高度应符合表 6.1.1 的规定；仅用于保护室内钢屋架等建筑构件的洒水喷头和设置货架内置洒水喷头的场所，可不受此表规定的限制。**

洒水喷头类型和场所净空高度 **表 6.1.1**

<table>
<tr><th colspan="2" rowspan="2">设置场所</th><th colspan="3">喷头类型</th><th rowspan="2">场所净空高度 h(m)</th></tr>
<tr><th>一只喷头的保护面积</th><th>响应时间性能</th><th>流量系数 K</th></tr>
<tr><td rowspan="5">民用建筑</td><td rowspan="2">普通场所</td><td>标准覆盖面积洒水喷头</td><td>快速响应喷头
特殊响应喷头
标准响应喷头</td><td>$K\geqslant 80$</td><td rowspan="2">$h\leqslant 8$</td></tr>
<tr><td>扩大覆盖面积洒水喷头</td><td>快速响应喷头</td><td>$K\geqslant 80$</td></tr>
<tr><td rowspan="2">高大空间场所</td><td>标准覆盖面积洒水喷头</td><td>快速响应喷头</td><td>$K\geqslant 115$</td><td rowspan="2">$8<h\leqslant 12$</td></tr>
<tr><td colspan="3">非仓库型特殊应用喷头</td></tr>
<tr><td colspan="4">非仓库型特殊应用喷头</td><td>$12<h\leqslant 18$</td></tr>
</table>

6.2.3 一个报警阀组控制的洒水喷头数应符合下列规定：

1 湿式系统、预作用系统**不宜超过** 800 只；干式系统不宜超过 500 只。

7.1.2 直立型、下垂型标准覆盖面积洒水喷头的布置，包括同一根配水支管上喷头的间距及相邻配水支管的间距，应根据设置场所的火灾危险等级、洒水喷头类型和工作压力确定，并不应大于表 7.1.2 的规定，且不应小于 1.8m。

直立型、下垂型标准覆盖面积洒水喷头的布置 **表 7.1.2**

<table>
<tr><th rowspan="2">火灾危险等级</th><th rowspan="2">正方形布置的边长(m)</th><th rowspan="2">矩形或平行四边形布置的长边边长(m)</th><th rowspan="2">一只喷头的最大保护面积(m^2)</th><th colspan="2">喷头与端墙的距离(m)</th></tr>
<tr><th>最大</th><th>最小</th></tr>
<tr><td>轻危险级</td><td>4.4</td><td>4.5</td><td>20.0</td><td>2.2</td><td rowspan="4">0.1</td></tr>
<tr><td>中危险级Ⅰ级</td><td>3.6</td><td>4.0</td><td>12.5</td><td>1.8</td></tr>
<tr><td>中危险级Ⅱ级</td><td>3.4</td><td>3.6</td><td>11.5</td><td>1.7</td></tr>
<tr><td>严重危险级、仓库危险级</td><td>3.0</td><td>3.6</td><td>9.0</td><td>1.5</td></tr>
</table>

本题中，图书馆为中危险Ⅰ级，所以选项 CDE 正确。报警阀组数量＝12000/12.5/800＝1.2，需要 2 个报警阀组，所以选项 B 错误。

【题 82】下列住宅建筑安全出口，疏散楼梯和户门的设计方案，正确的有（　　）。

A. 建筑高度 27m 住宅，各单元每层建筑面积 700m²，每层设 1 个安全出口

B. 建筑高度 18m 住宅，敞开楼梯间与电梯井相邻，户门采用乙级防火门

C. 建筑高度 36m 住宅，采用封闭楼梯间

D. 建筑高度 56m 住宅，每个单元设置 1 个安全出口，户门采用乙级防火门

E. 建筑高度 30m 住宅，采用敞开楼梯间，户门采用乙级门

【参考答案】BE

【命题思路】

本题主要考查住宅建筑安全出口和疏散楼梯设置要求

【解题分析】

《建筑设计防火规范》GB 50016—2014（2018 年版）

5.5.25　住宅建筑安全出口的设置应符合下列规定：

1　建筑高度不大于 27m 的建筑，当每个单元任一层的建筑面积**大于 650m²**，或任一户门至最近安全出口的距离大于 15m 时，每个单元每层的安全出口不应少于 2 个；（故选项 A 错误）

2　建筑高度大于 27m、不大于 54m 的建筑，当每个单元任一层的建筑面积大于 650m²，或任一户门至最近安全出口的距离大于 10m 时，每个单元每层的安全出口不应少于 2 个；

3　建筑高度**大于 54m** 的建筑，每个单元每层的安全出口**不应少于 2 个**。（选项 D 错误）

5.5.27　住宅建筑的疏散楼梯设置应符合下列规定：

1　建筑高度不大于 21m 的住宅建筑可采用敞开楼梯间；与电梯井相邻布置的疏散楼梯应采用封闭楼梯间，**当户门采用乙级防火门时，仍可采用敞开楼梯间**。（故选项 B 正确）

2　建筑高度大于 21m、**不大于 33m** 的住宅建筑应采用封闭楼梯间；**当户门采用乙级防火门时，可采用敞开楼梯间。**（故选项 E 正确）

3　建筑高度**大于 33m 的住宅建筑应采用防烟楼梯间。**户门不宜直接开向前室，确有困难时，每层开向同一前室的户门不应大于 3 樘且应采用乙级防火门。（故选项 C 错误）

【题 83】根据现行国家标准《建筑设计防火规范》，下列民用建筑防火间距设计方案中，正确的有（　　）。

A. 建筑高度为 32m 住宅建筑与建筑高度 25m 办公楼，相邻侧外墙均设有普通门窗，建筑之间的间距为 13m

B. 建筑高度为 22m 的商场建筑与 10kV 的预装式变电站，相邻侧商场建筑外墙设有普通门窗，建筑之间的间距为 3m

C. 建筑高度为 22m 的商场建筑与建筑高度为 120m 酒店，相邻外墙为防火墙，建筑之间间距不限

D. 建筑高度为 32m 住宅建筑与木结构体育馆，相邻侧外墙均设有普通门窗，建筑之间间距不限

E. 建筑高度为 32m 住宅建筑与建筑高度 22m 的二级耐火等级商场建筑，相邻侧外墙均设有普通门窗，建筑之间间距为 6m

【参考答案】AB

【命题思路】

本题主要考查民用建筑分类和防火间距要求。

【解题分析】

《建筑设计防火规范》GB 50016—2014（2018 年版）

5.1.1　民用建筑根据其建筑高度和层数可分为单、多层民用建筑和高层民用建筑。高层民用建筑根据其建筑高度、使用功能和楼层的建筑面积可分为一类和二类。民用建筑的分类应符合表 5.1.1 的规定。

民用建筑的分类　　**表 5.1.1**

名称	高层民用建筑		单、多层民用建筑
	一类	二类	
住宅建筑	建筑高度大于 54m 的住宅建筑（包括设置商业服务网点的住宅建筑）	建筑高度大于 27m，但不大于 54m 的住宅建筑（包括设置商业服务网点的住宅建筑）	建筑高度不大于 27m 的住宅建筑（包括设置商业服务网点的住宅建筑）
公共建筑	1. 建筑高度大于 50m 的公共建筑 2. 建筑高度 24m 以上部分任一楼层建筑面积大于 1000m^2 的商店、展览、电信、邮政、财贸金融建筑和其他多种功能组合的建筑 3. 医疗建筑、重要公共建筑、**独立建造的老年人照料设施** 4. 省级及以上的广播电视和防灾指挥调度建筑、网局级和省级电力调度建筑 5. 藏书超过 100 万册的图书馆、书库	除一类高层公共建筑外的其他高层公共建筑	1. 建筑高度大于 24m 的单层公共建筑。 2. 建筑高度不大于 24m 的其他公共建筑

5.2.2　民用建筑之间的防火间距不应小于表 5.2.2 的规定，与其他建筑的防火间距，除应符合本节规定外，尚应符合本规范其他章的有关规定。

民用建筑之间的防火间距（m）　　**表 5.2.2**

建筑类别		高层民用建筑	裙房和其他民用建筑		
		一、二级	一、二级	三级	四级
高层民用建筑	一、二级	13	9	11	14
裙房和其他民用建筑	一、二级	9	6	7	9
	三级	11	7	8	10
	四级	14	9	10	12

注：2　两座建筑相邻较高一面外墙为防火墙，或高出相邻较低一座一、二级耐火等级建筑的屋面 15m 及以下范围内的外墙为防火墙时，其防火间距不限。

3　相邻两座高度相同的一、二级耐火等级建筑中相邻任一侧外墙为防火墙，屋顶的耐火极限不低于 1.00h 时，其防火间距不限。

5.2.3　民用建筑与单独建造的变电站的防火间距应符合本规范第 3.4.1 条有关室外变、配电站的规定，但与单独建造的终端变电站的防火间距，可根据变电站的耐火等级按本规范第 5.2.2 条有关民用建筑的规定确定。

民用建筑与10kV及以下的预装式变电站的防火间距不应小于3m。

5.2.6 建筑高度大于100m的民用建筑与相邻建筑的防火间距。当符合本规范第3.4.5条、第3.5.3条、第4.2.1条和第5.2.2条允许减小的条件时，仍不应减小。

11.0.10 民用木结构建筑之间及其与其他民用建筑的防火间距不应小于表11.0.10的规定。

民用木结构建筑与厂房（仓库）等建筑的防火间距、木结构厂房（仓库）之间及其与其他民用建筑的防火间距，应符合本规范第3、4章有关四级耐火等级建筑的规定。

民用木结构建筑之间及其与其他民用建筑的防火间距（m）　　表11.0.10

建筑耐火等级或类别	一、二级	三级	木结构建筑	四级
木结构建筑	8	9	10	11

本题中，A选项为二类高层住宅和二类高层公建的防火间距要求，不应小于13m；B选项为多层公建与10kV预装式变电站的防火间距要求，不应小于3m；C选项为多层公建与建筑高度大于100m的民用建筑的防火间距要求，不应减小，且不应小于9m；D选项为二类高层住宅与民用木结构建筑的防火间距要求，不应小于8m；E选项为二类高层住宅与多层公建的防火间距要求，不应小于9m。ABDE选项中均为普通门窗，不符合减小的条件。故答案为AB。

【题84】聚氯乙烯电缆燃完时，燃烧产物有（　　）。

A. 炭瘤　　B. 氮氧化物

C. 腐蚀性气体　　D. 熔滴

E. 水蒸气

【参考答案】AC

【命题思路】

本题主要考查常见高聚物的主要燃烧产物。

【解题分析】

《消防安全技术实务》教材第1篇第1章第3节燃烧产物及典型物质的燃烧

含氯的高聚物，如聚氯乙烯等，燃烧时无熔滴，有碳瘤，并产生HCl气体，有毒且溶于水后有腐蚀性。（故选项A、C正确）

【题85】某植物油加工厂的浸出车间，地上3层，建筑物高度为15m，浸出车间设计方案中，正确的有（　　）。

A. 车间地面采用不发火花的地面

B. 浸出车间与工厂总控制室贴邻设置

C. 车间管、沟采取保护措施后与相邻厂房的管、沟相通

D. 浸出工段内的封闭楼梯间设置门斗

E. 泄压设施采用安全玻璃

【参考答案】ADE

【命题思路】

本题主要考查厂房的防爆要求。

【解题分析】

《建筑设计防火规范》GB 50016—2014（2018 年版）

3.6.3 泄压设施宜采用轻质屋面板、轻质墙体和易于泄压的门、窗等，应采用**安全玻璃**等在爆炸时不产生尖锐碎片的材料。（故选项 E 正确）

3.6.6 散发较空气重的可燃气体、可燃蒸气的甲类厂房和有粉尘、纤维爆炸危险的乙类厂房。应符合下列规定：

1 应采用**不发火花的地面**。采用绝缘材料作整体面层时，应采取防静电措施。（故选项 A 正确）

3.6.8 有爆炸危险的甲、乙类厂房的总控制室**应独立设置**。（故选项 B 错误）

3.6.10 有爆炸危险区域内的楼梯间、室外楼梯或有爆炸危险的区域与相邻区域连通处，**应设置门斗**等防护措施。门斗的隔墙应为耐火极限不应低于 2.00h 的防火隔墙，门应采用甲级防火门并应与楼梯间的门错位设置。（故选项 D 正确）

3.6.11 使用和生产甲、乙、丙类液体的厂房，其管、沟**不应与相邻厂房的管、沟相通**，下水道应设置隔油设施。（故选项 C 错误）

【题 86】某商场建筑，地上 4 层，地下 2 层，每层建筑面积 1000m^2，地下一层为库房和设备用房，地上一至四层均为营业厅，该建筑内设置的柴油发电机房的下列设计方案中，正确的有（　　）。

A. 在储油间与发电机之间设置耐火极限为 2.00h 的防火隔墙

B. 柴油发电机房与营业厅之间设置耐火极限为 2.00h 的防火隔墙

C. 将柴油发电机房设置在地下二层

D. 柴油发电机房与营业厅之间设置耐火极限为 1.50h 的防火隔墙

E. 储油间的柴油总储存量为 1m^3

【参考答案】CE

【命题思路】

本题主要考查柴油发电机房的平面布置要求。

【解题分析】

《建筑设计防火规范》GB 50016—2014（2018 年版）

5.4.13 布置在民用建筑内的柴油发电机房应符合下列规定：

1 **宜布置在首层或地下一、二层**。（故选项 C 正确）

2 不应布置在人员密集场所的上一层、下一层或贴邻。（故选项 B、D 错误）

3 应采用耐火极限**不低于 2.00h 的防火隔墙**和 1.50h 的不燃性楼板与其他部位分隔，门应采用甲级防火门。

4 机房内设置储油间时，其总储存量**不应大于 1m^3**，储油间应采用耐火极限**不低于 3.00h 的防火隔墙**与发电机间分隔；确需在防火隔墙上开门时，应设置甲级防火门。（故选项 A 错误，E 正确）

【题 87】根据现行国家标准《火灾自动报警系统设计规范》GB 50116，关于火灾自动报警系统线缆选择的说法，正确的有（　　）。

A. 消防联动控制线路应选择阻燃铜芯电缆

B. 消防专用电话传输线路应选择耐高温铜芯导线

C. 供电线路应选择耐火铜芯电缆

D. 火灾探测器报警总线应选择阻燃铜芯导线

E. 消防应急广播传输线路应选择耐火铜芯导线

【参考答案】CD

【命题思路】

本题主要考查火灾自动报警系统布线要求。

【解题分析】

《火灾自动报警系统设计规范》GB 50116—2013

11.2.2 火灾自动报警系统的供电线路、消防联动控制线路应采用耐火铜芯电线电缆，报警总线、消防应急广播和消防专用电话等传输线路应采用阻燃或阻燃耐火电线电缆。

【题 88】下列建筑场所湿式自动喷水灭火系统喷头选型方案中，正确的有（　　）。

A. 办公楼附建的地下汽车库，选用直立型洒水喷头

B. 装有非通透性吊顶的商场，选用下垂型洒水喷头

C. 总建筑面积为 $5000m^2$ 的地下商场，选用隐蔽式洒水喷头

D. 多层旅馆客房，选用边墙型洒水喷头

E. 工业园区员工集体宿舍，选用家用喷头

【参考答案】ABDE

【命题思路】

本题主要考查不同场所的喷头选型要求。

【解题分析】

《自动喷水灭火系统设计规范》GB 50084—2017

附录 A 设置场所火灾危险性等级分类

设置场所火灾危险等级分类 **表 A**

火灾危险等级		设置场所分类
轻危险级		住宅建筑、幼儿园、老年人建筑、**建筑高度为 24m 及以下的旅馆**、办公楼；仅在走道设置闭式系统的建筑等
中危险级	Ⅰ级	1)高层民用建筑：旅馆、办公楼、综合楼、邮政楼、金融电信楼、指挥调度楼、广播电视楼(塔)等； 2)公共建筑(含单多高层)：医院、疗养院；图书馆(书库除外)、档案馆、展览馆(厅)；影剧院、音乐厅和礼堂(舞台除外)及其他娱乐场所；火车站、机场及码头的建筑；总建筑面积小于 $5000m^2$ 的商场、总建筑面积小于 $1000m^2$ 的地下商场等； 3)文化遗产建筑：木结构古建筑、国家文物保护单位等； 4)工业建筑：食品、家用电器、玻璃制品等工厂的备料与生产车间等；冷藏库、钢屋架等建筑构件
中危险级	Ⅱ级	1)民用建筑：书库、舞台(葡萄架除外)、**汽车停车场(库)**、总建筑面积 $5000m^2$ 及以上的商场、**总建筑面积 $1000m^2$ 及以上的地下商场**、净空高度不超过 8m、物品高度不超过 3.5m 的超级市场等； 2)工业建筑：棉毛麻丝及化纤的纺织、织物及制品、木材木器及胶合板、谷物加工、烟草及制品、饮用酒(啤酒除外)、皮革及制品、造纸及纸制品、制药等工厂的备料与生产车间等

6.1.3 湿式系统的洒水喷头选型应符合下列规定：

1 不做吊顶的场所，当配水支管布置在梁下时，应采用直立型洒水喷头；

2 **吊顶下布置的洒水喷头，应采用下垂型洒水喷头或吊顶型洒水喷头；**（故选项B正确）

3 顶板为水平面的轻危险级、中危险级Ⅰ级住宅建筑、宿舍、旅馆建筑客房、医疗建筑病房和办公室，可采用边墙型洒水喷头；

4 易受碰撞的部位，应采用带保护罩的洒水喷头或吊顶型洒水喷头；

5 顶板为水平面，且无梁、通风管道等障碍物影响喷头洒水的场所，可采用扩大覆盖面积洒水喷头；

6 **住宅建筑和宿舍、公寓等非住宅类居住建筑宜采用家用喷头；（故选项E正确）**

7 不宜选用隐蔽式洒水喷头；确需采用时，应**仅适用于轻危险级和中危险级Ⅰ级场所。（故选项C错误）**

选项A中，车库一般不做吊顶，所以应采用直立型洒水喷头，故正确；选项C为中危险II级，不应选用隐蔽式洒水喷头，故错误；选项D为轻危险级，可采用边墙型洒水喷头。

【题89】下列办公建筑内会议厅的平面布置方案中，正确的有（　　）。

A. 耐火等级为二级的办公建筑，将建筑面积为300m^{2}的会议厅布置在地下一层

B. 耐火等级为一级的办公建筑，将建筑面积为600m^{2}的会议厅布置在地上四层

C. 耐火等级为一级的办公建筑，将建筑面积为200m^{2}的会议厅布置在地下二层

D. 耐火等级为二级的办公建筑，将建筑面积为500m^{2}的会议厅布置在地上三层

E. 耐火等级为三级的办公建筑，将建筑面积为200m^{2}的会议厅布置在地上三层

【参考答案】ACD

【命题思路】

本题主要考查会议厅的平面布置要求，重点考查布置在其他楼层时的要求。

【解题分析】

《建筑设计防火规范》GB 50016—2014（2018年版）

5.4.8 建筑内的会议厅、多功能厅等人员密集的场所，**宜布置在首层、二层或三层。**设置在三级耐火等级的建筑内时，不应布置在三层及以上楼层。确需布置在一、二级耐火等级建筑的其他楼层时，应符合下列规定：

1 一个厅、室的疏散门不应少于2个，且建筑面积**不宜大于**400m^2；

2 设置在地下或半地下时，**宜设置在地下一层**，不应设置在地下三层及以下楼层。

【题90】下列民用建筑（场所）自动喷水灭火系统参数设计方案中，正确的有（　　）。

方案	建筑(场所)	室内净高	喷水强度	作用面积
1	高层办公室	3.8	6L/(min·m^2)	160m^2
2	地下汽车库	3.6	8L/(min·m^2)	200m^2
3	商业中庭	10	12L/(min·m^2)	160m^2

续表

方案	建筑(场所)	室内净高	喷水强度	作用面积
4	体育馆	13	12L/(min·m^2)	160m^2
5	会展中心	16	15L/(min·m^2)	160m^2

A. 方案 4　　B. 方案 5　　C. 方案 1
D. 方案 2　　E. 方案 3

【参考答案】CE

【命题思路】

本题主要考查不同场所的火灾危险性等级和湿式系统设计参数要求。

【解题分析】

《自动喷水灭火系统设计规范》GB 50084—2017

附录 A　设置场所火灾危险性等级分类

设置场所火灾危险等级分类　　**表 A**

火灾危险等级		设置场所分类
轻危险级		住宅建筑、幼儿园、老年人建筑、建筑高度为 24m 及以下的旅馆、办公楼;仅在走道设置闭式系统的建筑等
中危险级	Ⅰ级	1)高层民用建筑:旅馆、**办公楼**、综合楼、邮政楼、金融电信楼、指挥调度楼、广播电视楼(塔)等; 2)公共建筑(含单多高层):医院、疗养院、图书馆(书库除外)、档案馆、展览馆(厅);影剧院、音乐厅和礼堂(舞台除外)及其他娱乐场所;火车站、机场及码头的建筑;总建筑面积小于 5000m^2 的商场、总建筑面积小于 1000m^2 的地下商场等; 3)文化遗产建筑:木结构古建筑、国家文物保护单位等; 4)工业建筑:食品、家用电器、玻璃制品等工厂的备料与生产车间等;冷藏库、钢屋架等建筑构件
	Ⅱ级	1)民用建筑:书库、舞台(葡萄架除外)、**汽车停车场(库)**、总建筑面积 5000m^2 及以上的商场、总建筑面积 1000m^2 及以上的地下商场、净空高度不超过 8m、物品高度不超过 3.5m 的超级市场等; 2)工业建筑:棉毛麻丝及化纤的纺织、织物及制品、木材木器及胶合板、谷物加工、烟草及制品、饮用酒(啤酒除外)、皮革及制品、造纸及纸制品、制药等工厂的备料与生产车间等

5.0.1　民用建筑和厂房采用湿式系统时的设计基本参数不应低于表 5.0.1 的规定。

民用建筑和厂房采用湿式系统的设计基本参数　　**表 5.0.1**

火灾危险等级		最大净空高度 h(m)	喷水强度[L/(min·m^2)]	作用面积(m^2)
轻危险级		$h \leqslant 8$	4	160
中危险级	Ⅰ级		6	
	Ⅱ级		8	
严重危险级	Ⅰ级		12	260
	Ⅱ级		16	

5.0.2　民用建筑和厂房高大空间场所采用湿式系统的设计基本参数不应低于表 5.0.2

的规定。

民用建筑和厂房高大空间场所采用湿式系统的设计基本参数　　表 5.0.2

适用场所		最大净空高度 h(m)	喷水强度 [L/(min·m²)]	作用面积 (m²)	喷头间距 S(m)
民用建筑	中庭、体育馆、航站楼等	$8<h\leqslant12$	12	160	$1.8\leqslant S\leqslant3.0$
		$12<h\leqslant18$	15		
	影剧院、音乐厅、会展中心等	$8<h\leqslant12$	15		
		$12<h\leqslant18$	20		
厂房	制衣制鞋、玩具、木器、电子生产车间等	$8<h\leqslant12$	15		
	棉纺厂、麻纺厂、泡沫塑料生产车间等		20		

方案1为中危险Ⅰ级，根据表5.0.1可知，其设计方案正确；方案2为中危险Ⅱ级，根据表5.0.1的规定，其最大保护面积应为160m²，但选项中为200m²，故设计方案错误。方案3、方案4和方案5均属于高大空间，根据表5.0.2的规定，方案3正确，方案4和方案5错误。故答案应为CE。

【题91】根据现行国家标准《石油库设计规范》GB 50074，下列作业场所中，应设消除人体静电装置的有（　　）。

A. 润滑油泵房的门外2m范围内

B. 轻柴油储罐的上灌扶梯入口处

C. 重柴油储罐的上灌扶梯入口处

D. 石脑油装卸码头的上下船出入口处

E. 100号重油装卸作业区内操作平台的扶梯入口处

【参考答案】BCD

【命题思路】

本题主要考查常见易燃可燃液体物质火灾危险性分类和防静电要求。

【解题分析】

《石油库设计规范》GB 50074—2014

3.0.3（条文说明）本次修订参照现行国家标准《石油化工企业设计防火规范》GB 50160—2008的规定，对石油库储存的易燃和可燃液体的火灾危险性进行了新的分类，分类的目的是针对不同火灾危险性的易燃和可燃液体，采取不同的安全措施。易燃和可燃液体的火灾危险性分类举例见表1。

易燃和可燃液体的火灾危险性分类举例　　表1

类别		名称
甲	A	液化氯甲烷，液化顺式-2丁烯，液化乙烯，液化乙烷，液化反式-2丁烯，液化环丙烷，液化丙烯，液化丙烷，液化环丁烷，液化新戊烷，液化丁烯，液化丁烷，液化氯乙烯，液化环氧乙烷，液化丁二烯，液化异丁烷，液化异丁烯，液化石油气，二甲胺，三甲胺，二甲基亚硫，液化甲醚（二甲醚）

续表

类别		名称
甲	B	原油，**石脑油**，汽油，戊烷，异戊烷，异戊二烯，己烷，异己烷，环己烷，庚烷，异庚烷，辛烷，异辛烷，苯，甲苯，乙苯，邻二甲苯，间、对二甲苯，甲醇、乙醇、丙醇、异丙醇、异丁醇，石油醚，乙醚，乙醛，环氧丙烷，二氯乙烷，乙胺，二乙胺，丙酮，丁醛，三乙胺，醋酸乙烯，二氯乙烯、甲乙酮，丙烯腈，甲酸甲酯，醋酸乙酯，醋酸异丙酯，醋酸丙酯，醋酸异丁酯，甲酸丁酯，醋酸丁酯，醋酸异戊酯，甲酸戊酯，丙烯酸甲酯，甲基叔丁基醚，吡啶，液态有机过氧化物，二硫化碳
乙	A	煤油，喷气燃料，丙苯，异丙苯，环氧氯丙烷，苯乙烯，丁醇，戊醇，异戊醇，氯苯，乙二胺，环己酮，冰醋酸，液氨
	B	**轻柴油**，环戊烷，硅酸乙酯，氯乙醇，氯丙醇，二甲基甲酰胺，二乙基苯，液硫
丙	A	**重柴油**，20号重油，苯胺，锭子油，酚，甲酚，甲醛，糠醛，苯甲醛，环己醇，甲基丙烯酸，甲酸，乙二醇丁醚，糖醇，乙二醇，丙二醇，辛醇，单乙醇胺，二甲基乙酰胺
	B	蜡油，100**号重油**，渣油，变压器油，**润滑油**，液体沥青，二乙二醇醚，三乙二醇醚，邻苯二甲酸二丁酯，甘油，联苯-联苯醚混合物，二氯甲烷，二乙醇胺，三乙醇胺，二乙二醇，三乙二醇

14.3.14 下列**甲、乙和丙A类液体**作业场所应设消除人体静电装置：

1 泵房的门外；

2 储罐的上罐扶梯入口处；

3 装卸作业区内操作平台的扶梯入口处；

4 码头上下船的出入口处。(故选项BCD正确)

【题92】某公共建筑，共4层，建筑高度22m，其中一至三层为商店，四层为电影院；电影院的独立疏散楼梯采用室外疏散楼梯。该室外疏散楼梯的下列设计方案中，正确的有(　　)。

A. 室外楼梯平台的耐火极限为0.50h

B. 室外楼梯栏杆扶手的高度为1.10m

C. 室外楼梯倾斜角度为45°

D. 室外楼梯周围2m内的墙面上不设置门、窗、洞口

E. 建筑二、三、四层通向该室外楼梯的门采用乙级防火门

【参考答案】BCDE

【命题思路】

本题主要考查室外疏散楼梯的设计要求。

【解题分析】

《建筑设计防火规范》GB 50016—2014（2018年版）

6.4.5 室外疏散楼梯应符合下列规定：

1 **栏杆扶手的高度不应小于1.10m**，楼梯的净宽度不应小于0.90m。（故选项B正确）

2 倾斜角度**不应大于45°**。(故选项C正确)

3 梯段和平台均应采用不燃材料制作。**平台的耐火极限不应低于1.00h**，梯段的耐火极限不应低于0.25h。(故选项A错误)

4 通向室外楼梯的门应采用**乙级防火门**，并应向外开启。(故选项E正确)

5 除疏散门外，楼梯周围2m内的**墙面上不应设置门、窗、洞口**。疏散门不应正对梯段。(故选项D正确)

【题93】根据现行国家标准《气体灭火系统设计规范》GB 50370，关于七氟丙烷气体灭火系统的说法，正确的有（　　）。

A. 在防护区疏散出口门外应设置气体灭火装置的手动启动和停止装置

B. 手动与自动控制转换状态应在防护区内外的显示装置上显示

C. 同一防护区内多台预制灭火系统装置同时启动的动作响应时差不应大于2s

D. 防护区外的手动启动按钮按下时，应通过火灾报警控制器联动控制气体灭火装置的启动

E. 防护区最低环境温度不应低于−15℃

【参考答案】ABC

【命题思路】

本题主要考查气体灭火系统的控制设计要求。

【解题分析】

《气体灭火系统设计规范》GB 50370—2005

3.1.15 同一防护区内的预制灭火系统装置多于1台时，必须能同时启动，其动作响应时差**不得大于2s**。(故选项C正确)

3.2.10 防护区的最低环境温度**不应低于−10℃**。(故选项E错误)

5.0.4 灭火设计浓度或实际使用浓度大于无毒性反应浓度（NOAEL浓度）的防护区和采用热气溶胶预制灭火系统的防护区，应设手动与自动控制的转换装置。当人员进入防护区时，应能将灭火系统转换为手动控制方式；当人员离开时，应能恢复为自动控制方式。**防护区内外应设手动、自动控制状态的显示装置。**(故选项B正确)

5.0.5 自动控制装置应在接到两个独立的火灾信号后才能启动。**手动控制装置和手动与自动转换装置应设在防护区疏散出口的门外便于操作的地方**，安装高度为中心点距地面1.5m。机械应急操作装置应设在储瓶间内或防护区疏散出口门外便于操作的地方。(故选项A正确)

《火灾自动报警系统设计规范》GB 50116—2013

4.4.1 气体灭火系统、泡沫灭火系统应分别由**专用的气体灭火控制器**、泡沫灭火控制器控制。(故选项D错误)

【题94】某多层科研楼设有室内消防给水系统，其高位消防水箱进水管管径为DN100。该高位消防水箱溢流管的下列设置方案中，正确的有（　　）。

A. 溢流水管经排水沟与建筑排水管网连接

B. 溢流水管上安装用于检修的闸阀

C. 溢流管采用DN150钢管

D. 溢流管的喇叭口直径为250mm

E. 溢流水位低于进水管口的最低点100mm

【参考答案】AE

【命题思路】

本题主要考查溢流管的设计要求。

【解题分析】

《消防给水及消火栓系统技术规范》GB 50974—2014

4.3.9 消防水池的出水、排水和水位应符合下列规定：

3 消防水池应设置溢流水管和排水设施，并应采用**间接排水**。

5.2.6 高位消防水箱应符合下列规定：

6 进水管应在溢流水位以上接入，进水管口的最低点高出溢流边缘的高度应等于进水管管径，但最小**不应小于100mm**，最大不应大于150mm；(故选项E正确)

8 溢流管的直径不应小于进水管直径的**2倍**，且不应小于DN100，溢流管的喇叭口直径不应小于溢流管直径的**1.5～2.5倍**。(故选项C、D错误)

选项B中，溢流管应保证畅通，不能设置闸阀；选项C中，溢流管的直径最小应为进水管直径的2倍，即200；选项D中，溢流管的喇叭口直径应为DN100×2×(1.5～2.5)＝DN300～DN500。故答案为AE。

【题95】某固定顶储罐，储存5000m³航空煤油。该储罐低倍数泡沫灭火系统可选用（　　）。

A. 固定式液上喷射系统
B. 固定式半液下喷射系统
C. 半固定式液下喷射系统
D. 固定式液下喷射系统
E. 半固定式液上喷射系统

【参考答案】ABD

【命题思路】

本题主要考查非水溶性固定顶储罐采用低倍数泡沫灭火系统的选择形式。

【解题分析】

《泡沫灭火系统设计规范》GB 50151—2010

4.1.2 储罐区低倍数泡沫灭火系统的选择，应符合下列规定：

1 非水溶性甲、乙、丙类液体固定顶储罐，应选用**液上喷射、液下喷射或半液下喷射系统**。(故选项ABD正确)

【题96】根据现行国家标准《火灾自动报警系统设计规范》GB 50116，消防联动控制器应具有切断火灾区域及相关区域非消防电源的功能。当局部区域发生电气设备火灾时，不可立即切断的非消防电源有（　　）。

A. 客用电梯电源
B. 空调电源
C. 生活给水泵电源
D. 自动扶梯电源
E. 正常照明电源

【参考答案】ACE

【命题思路】

本题主要考查发生火灾时，不可立即切断的非消防电源的场所。

【解题分析】

《火灾自动报警系统设计规范》GB 50116—2013

4.10.1 消防联动控制器应具有切断火灾区域及相关区域的非消防电源的功能，当需要切断正常照明时，宜在自动喷淋系统、消火栓系统动作前切断。

条文说明：关于火灾确认后，火灾自动报警系统应能切断火灾区域及相关区域的非消防电源，在国内是极具争议的问题，各种情况都有，比较复杂，各地区、各设计院的设计差异也很大。理论上讲，只要能确认不是供电线路发生的火灾，都可以先不切断电源，尤其是正常照明电源，如果发生火灾时正常照明正处于点亮状态，则应予以保持，因为正常照明的照度较高，有利于人员的疏散。正常照明、生活水泵供电等非消防电源只要在水系统动作前切断，就不会引起触电事故及二次灾害；其他在发生火灾时没必要继续工作的电源，或切断后也不会带来损失的非消防电源，可以在确认火灾后立即切断。本规范列出了火灾时，应切断的非消防电源用电设备和不应切断的非消防电源用电设备如下，设计人员可参照执行。

（1）火灾时可立即切断的非消防电源有：普通动力负荷、自动扶梯、排污泵、空调用电、康乐设施、厨房设施等。

（2）火灾时不应立即切掉的非消防电源有：**正常照明**、**生活给水泵**、安全防范系统设施、地下室排水泵、**客梯**和Ⅰ～Ⅲ类汽车库作为车辆疏散口的提升机。（故选项ACE正确）

【题97】根据现行国家标准《自动喷水灭火系统设计规范》GB 50084，下列湿式自动喷水灭火系统消防水泵控制方案中，正确的有（　　）。

A. 由消防水泵出水干管上设置的压力开关动作信号与高位水箱出水管上设置的流量开关信号作为联动与触发信号，自动启动消防喷淋泵

B. 由高位水箱出水管上设置的流量开关动作信号与火灾自动报警系统报警信号作为联动与触发信号，自动启动消防喷淋泵

C. 由消防水泵出水干管上设置的压力开关动作信号与火灾自动报警系统报警信号作为联动与触发信号，直接自动启动消防喷淋泵

D. 火灾自动报警联动控制器处于手动状态时，由报警阀组压力开关动作信号作为触发信号，直接控制启动消防喷淋泵

E. 火灾自动报警联动控制器处于自动状态时，由高位水箱出水管上设置的流量开关信号作为触发信号，直接自动启动消防喷淋泵

【参考答案】DE

【命题思路】

本题主要考查消防喷淋泵的启动信号。

【解题分析】

《自动喷水灭火系统设计规范》GB 50084—2017

11.0.1　湿式系统、干式系统应由消防水泵出水干管上设置的**压力开关**、高位消防水箱出水管上的**流量开关**和**报警阀组压力开关**直接自动启动消防水泵。

条文说明：需要说明的是，规定不同的启泵方式，并不是要求系统均应设置这几种启泵方式，而是指**任意一种方式**均应能直接启动消防水泵。（故选项D、E正确）

【题98】下列建筑中。属于一类民用建筑的有（　　）。

A. 建筑高度为26m的病房楼

B. 建筑高度为32m的员工宿舍楼

C. 建筑高度为54m的办公楼

D. 建筑高度为26m、藏书量为120万册的图书馆建筑

E. 建筑高度为 33m 的住宅楼

【参考答案】ACD

【命题思路】

本题主要考查民用建筑分类。

【解题分析】

《建筑设计防火规范》GB 50016—2014（2018 年版）

5.1.1 民用建筑根据其建筑高度和层数可分为单、多层民用建筑和高层民用建筑。高层民用建筑根据其建筑高度、使用功能和楼层的建筑面积可分为一类和二类。民用建筑的分类应符合表 5.1.1 的规定。

民用建筑的分类 **表 5.1.1**

名称	高层民用建筑		单、多层民用建筑
	一类	二类	
住宅建筑	建筑高度大于 54m 的住宅建筑(包括设置商业服务网点的住宅建筑)	建筑高度大于 27m，但不大于 54m 的住宅建筑(包括设置商业服务网点的住宅建筑)	建筑高度不大于 27m 的住宅建筑(包括设置商业服务网点的住宅建筑)
公共建筑	1. 建筑高度大于 50m 的公共建筑 2. 建筑高度 24m 以上部分任一楼层建筑面积大于 $1000m^2$ 的商店、展览、电信、邮政、财贸金融建筑和其他多种功能组合的建筑 3. 医疗建筑、重要公共建筑、**独立建造的老年人照料设施** 4. 省级及以上的广播电视和防灾指挥调度建筑、网局级和省级电力调度建筑 5. 藏书超过 100 万册的图书馆、书库	除一类高层公共建筑外的其他高层公共建筑	1. 建筑高度大于 24m 的单层公共建筑。 2. 建筑高度不大于 24m 的其他公共建筑

选项 B 和选项 E 属于二类民用建筑。

【题 99】某综合楼，地上 5 层，建筑高度 18m，第三层设有电子游戏厅，设有火灾自动报警系统。自动喷水灭火系统和自然排烟系统。根据现行国家标准《建筑内部装修设计防火规范》GB 50222，该电子游戏厅的下列装修方案中，正确的有（ ）。

A. 游艺厅设置燃烧性能为 B_2 级的座梯

B. 墙面粘贴燃烧性能为 B_1 级的布质壁纸

C. 安装燃烧性能为 B_1 级的顶棚

D. 室内装饰选用纯麻装饰布

E. 地面铺设燃烧性能为 B_1 级的塑料地板

【参考答案】BE

【命题思路】

本题主要考查多层民用建筑内部各部位装修材料的燃烧性能等级要求，题干中设置了干扰项，易判断为可降低一级。

【解题分析】

《建筑内部装修设计防火规范》GB 50222—2017

5.1.1 单层、多层民用建筑内部各部位装修材料的燃烧性能等级，不应低于本规范表5.1.1的规定。

单层、多层民用建筑内部各部位装修材料的燃烧性能等级 **表5.1.1**

序号	建筑物及场所	建筑规模、性质	装修材料燃烧性能等级							
			顶棚	墙面	地面	隔断	固定家具	装饰织物		其他装饰装修材料
								窗帘	帷幕	
12	歌舞娱乐游艺场所	—	A	B_1	B_1	B_1	B_1	B_1	B_1	B_1

5.1.3 除本规范第4章规定的场所和本规范表5.1.1中**序号为11～13规定的部位外**，当单层、多层民用建筑需做内部装修的空间内装有自动灭火系统时，除顶棚外，其内部装修材料的燃烧性能等级可在本规范表5.1.1规定的基础上降低一级；当同时装有火灾自动报警装置和自动灭火系统时，其装修材料的燃烧性能等级可在本规范表5.1.1规定的基础上降低一级。

本题中电子游戏厅序号为12，不在装修材料的燃烧性能等级可降低一级范围内。D选项中纯麻装饰布属于可燃装饰，电子游戏厅除了顶棚为A级，其余部分均要求不低于B_1级。故答案为BE。

【题100】下列厂房中，可设1个安全出口的有（　　）。

A. 每层建筑面积80m²，同一时间的作业人数为4人的赤磷制备厂房

B. 每房建筑面积160m²，同一时间的作业人数为8人的木工厂房

C. 每层建筑面积240m²，同一时间的作业人数为12人的空分厂房

D. 每层建筑面积400m²，同一时间的作业人数为32人的制砖车间

E. 每层建筑面积320m²，同一时间的作业人数为16人的热处理厂房

【参考答案】ABE

【命题思路】

本题主要考查常见生产厂房的火灾危险性分类和可设置1个安全出口的条件。

【解题分析】

《建筑设计防火规范》GB 50016—2014（2018年版）

3.1.1（条文说明） 为便于使用，表1列举了部分常见生产的火灾危险性分类。

生产的火灾危险性分类举例 **表1**

生产的火灾危险性类别	举例
甲类	1.闪点小于28℃的油品和有机溶剂的提炼、回收或洗涤部位及其泵房，橡胶制品的涂胶和胶浆部位，二硫化碳的粗馏、精馏工段及其应用部位，青霉素提炼部位，原料药厂的非纳西汀车间的烃化、回收及电感精馏部位，皂素车间的抽提、结晶及过滤部位，冰片精制部位，农药厂乐果厂房，敌敌畏的合成厂房、磺化法糖精厂房，氯乙醇厂房，环氧乙烷、环氧丙烷工段，苯酚厂房的磺化、蒸馏部位，焦化厂吡啶工段，胶片厂片基车间，汽油加铅室，甲醇、乙醇、丙酮、丁酮异丙醇、醋酸乙酯、苯等的合成或精制厂房，集成电路工厂的化学清洗间（使

续表

生产的火灾危险性类别	举例
甲类	用闪点小于 28℃的液体),植物油加工厂的浸出车间;白酒液态法酿酒车间、酒精蒸馏塔,酒精度为 38 度及以上的勾兑车间、灌装车间、酒泵房;白兰地蒸馏车间、勾兑车间、灌装车间、酒泵房。 2. 乙炔站,氢气站,石油气体分馏(或分离)厂房,氯乙烯厂房,乙烯聚合厂房,天然气、石油伴生气、矿井气、水煤气或焦炉煤气的净化(如脱硫)厂房压缩机室及鼓风机室,液化石油气灌瓶间,丁二烯及其聚合厂房,醋酸乙烯厂房,电解水或电解食盐厂房,环己酮厂房,乙基苯和苯乙烯厂房,化肥厂的氢氮气压缩厂房,半导体材料厂使用氢气的拉晶间,硅烷热分解室。 3. 硝化棉厂房及其应用部位,赛璐珞厂房,黄磷制备厂房及其应用部位,三乙基铝厂房,染化厂某些能自行分解的重氮化合物生产,甲胺厂房,丙烯腈厂房。 4. 金属钠、钾加工厂房及其应用部位,聚乙烯厂房的一氧二乙基铝部位,三氯化磷厂房,多晶硅车间三氯氢硅部位,五氧化磷厂房。 5. 氯酸钠、氯酸钾厂房及其应用部位,过氧化氢厂房,过氧化钠、过氧化钾厂房,次氯酸钙厂房。 **6. 赤磷制备厂房及其应用部位,五硫化二磷厂房及其应用部位。** 7. 洗涤剂厂房石蜡裂解部位,冰醋酸裂解厂房
乙类	1. 闪点大于等于 28℃至小于 60℃的油品和有机溶剂的提炼、回收、洗涤部位及其泵房,松节油或松香蒸馏厂房及其应用部位,醋酸酐精馏厂房,己内酰胺厂房,甲酚厂房,氯丙醇厂房,樟脑油提取部位,环氧氯丙烷厂房,松针油精制部位,煤油灌桶间。 2. 一氧化碳压缩机室及净化部位,发生炉煤气或鼓风炉煤气净化部位,氨压缩机房。 3. 发烟硫酸或发烟硝酸浓缩部位,高锰酸钾厂房,重铬酸钠(红钒钠)厂房。 4. 樟脑或松香提炼厂房,硫磺回收厂房,焦化厂精萘厂房。 5. 氧气站,**空分厂房**。 6. 铝粉或镁粉厂房,金属制品抛光部位,煤粉厂房、面粉厂的碾磨部位、活性炭制造及再生厂房,谷物筒仓的工作塔,亚麻厂的除尘器和过滤器室
丙类	1. 闪点大于等于 60℃的油品和有机液体的提炼、回收工段及其抽送泵房,香料厂的松油醇部位和乙酸松油脂部位,苯甲酸厂房,苯乙酮厂房,焦化厂焦油厂房,甘油、桐油的制备厂房,油浸变压器室,机器油或变压油罐桶间,润滑油再生部位,配电室(每台装油量大于 60kg 的设备),沥青加工厂房,植物油加工厂的精炼部位。 2. 煤、焦炭、油母页岩的筛分、转运工段和栈桥或储仓,**木工厂房**,竹、藤加工厂房,橡胶制品的压延、成型和硫化厂房,针织品厂房,纺织、印染、化纤生产的干燥部位,服装加工厂房,棉花加工和打包厂房,造纸厂备料、干燥车间,印染厂成品厂房,麻纺厂粗加工车间,谷物加工房,卷烟厂的切丝、卷制、包装车间,印刷厂的印刷车间,毛涤厂选毛车间,电视机、收音机装配厂房,显像管厂装配工段烧枪间,磁带装配厂房,集成电路工厂的氧化扩散间、光刻间,泡沫塑料厂的发泡、成型、印片压花部位,饲料加工厂房,畜(禽)屠宰、分割及加工车间、鱼加工车间
丁类	1. 金属冶炼、锻造、铆焊、热轧、铸造、**热处理厂房**。 2. 锅炉房,玻璃原料熔化厂房,灯丝烧拉部位,保温瓶胆厂房,陶瓷制品的烘干、烧成厂房,蒸汽机车库,石灰焙烧厂房,电石炉部位,耐火材料烧成部位,转炉厂房,硫酸车间焙烧部位,电极煅烧工段配电室(每台装油量小于等于 60kg 的设备)。 3. 铝塑料材料的加工厂房,酚醛泡沫塑料的加工厂房,印染厂的漂炼部位,化纤厂后加工润湿部位
戊类	**制砖车间**,石棉加工车间,卷扬机室,不燃液体的泵房和阀门室,不燃液体的净化处理工段,除镁合金外的金属冷加工车间,电动车库,钙镁磷肥车间(焙烧炉除外),造纸厂或化学纤维厂的浆粕蒸煮工段,仪表、器械或车辆装配车间,氟利昂厂房,水泥厂的轮窑厂房,加气混凝土厂的材料准备、构件制作厂房

3.7.2 厂房内每个防火分区或一个防火分区内的每个楼层，其安全出口的数量应经计算确定，且不应少于2个；当符合下列条件时，可设置1个安全出口：

1 甲类厂房，每层建筑面积不大于100m^2。且同一时间的作业人数不超过5人；

2 乙类厂房，每层建筑面积不大于150m^2，且同一时间的作业人数不超过10人；

3 丙类厂房，每层建筑面积不大于250m^2，且同一时间的作业人数不超过20人；

4 丁、戊类厂房，每层建筑面积不大于400m^2，且同一时间的作业人数不超过30人；

5 地下或半地下厂房（包括地下或半地下室），每层建筑面积不大于50m^2，且同一时间的作业人数不超过15人。

本题中，选项A为甲类，B为丙类，C为乙类，D为戊类，E为丁类，根据3.7.2条规定，选项A、B和E可设置1个安全出口。

2017 年

一级注册消防工程师《消防安全技术实务》真题解析

一、单项选择题（共 80 题，每题 1 分，每题的备选项中，只有 1 个最符合题意）

【题 1】关于火灾探测器的说法，正确的是（　　）。

A. 点型感温探测器是不可复位探测器

B. 感烟型火灾探测器都是点型火灾探测器

C. 既能探测烟雾又能探测温度的探测器是复合火灾探测器

D. 剩余电流式电气火灾监控探测器不属于火灾探测器

【参考答案】C

【命题思路】

本题主要考察火灾探测器的分类和原理。

【解题分析】

《消防安全技术实务》教材第 3 篇第 9 章第 1 节

火灾探测器根据其探测火灾特征参数的不同，分为感烟、感温、感光、气体和复合五种基本类型。

火灾探测器根据其监视范围的不同，分为**点型**火灾探测器和**线型**火灾探测器。

火灾探测器根据其是否具有复位功能，分为**可复位**探测器和**不可复位**探测器两种。

选项 A 中，感温探测器分为可复位和不可复位两种，说法错误。选项 B 中，感烟探测器分为点型和线性光束型，说法错误。选项 D 中，剩余电流式电气火灾监控探测器属于电气火灾监控系统，属于火灾探测器，说法错误。

【题 2】关于控制中心报警系统的说法，不符合规范要求的是（　　）。

A. 控制中心报警系统具备至少包含两个集中报警系统

B. 控制中心报警系统具备消防联动控制功能

C. 控制中心报警系统至少设置一个消防主控制室

D. 控制中心报警系统各分消防控制室之间可以相互传送信息并控制重要设备

【参考答案】D

【命题思路】

本题主要考察控制中心报警系统的设计要求。

【解题分析】

《火灾自动报警系统设计规范》GB 50116—2013

3.2.1　火灾自动报警系统形式的选择，应符合下列规定：

3　设置两个及以上消防控制室的保护对象，或已设置**两个及以上集中报警系统**的保护对象，应采用控制中心报警系统。

3.2.4　控制中心报警系统的设计，应符合下列规定：

1　有两个及以上消防控制室时，应确定**一个主消防控制室**。

2　主消防控制室应能显示所有火灾报警信号和联动控制状态信号，并应**能控制重要的消防设备**；各分消防控制室内消防设备之间可互相传输、显示状态信息，但**不应互相控制**。

根据以上规定，选项 D 中各分消控室不应相互控制，因此选 D。

【题3】关于火灾自动报警系统组件的说法，正确的是（　　）。

A. 手动火灾报警按钮是手动产生火灾报警信号的器件，不属于火灾自动报警系统触发器件

B. 火灾报警控制器可以接收，显示和传递火灾报警信号，并能发出控制信号

C. 剩余电流式电气火灾监控探测器与电气火灾监控器连接，不属于火灾自动报警系统

D. 火灾自动报警系统备用电源采用的蓄电池满足供电时间要求时，主电源可不采用消防电源

【参考答案】B

【命题思路】

本题主要考察火灾自动报警系统的组成和设计要求。

【解题分析】

《火灾自动报警系统设计规范》GB 50116—2013

3.1.2　火灾自动报警系统应设有**自动和手动两种**触发装置。

9.1.2　电气火灾监控系统应由下列部分或全部设备组成：

1　电气火灾监控器；

2　**剩余电流式电气火灾监控探测器；**

3　测温式电气火灾监控探测器。

10.1.1　火灾自动报警系统应设置交流电源和蓄电池备用电源。

（条文说明：蓄电池备用电源主要用于停电条件下保证火灾自动报警系统的正常工作。）

10.1.2　火灾自动报警系统的交流电源**应采用消防电源**，备用电源可采用火灾报警控制器和消防联动控制器自带的蓄电池电源或消防设备应急电源。

《消防控制室通用技术要求》GB 25506—2010

5.2　火灾报警控制器

火灾报警控制器应符合下列要求：

a）应能显示火灾探测器、火灾显示盘、手动火灾报警按钮的正常工作状态、**火灾报警状态、屏蔽状态及故障状态等相关信息；**

b）应能控制火灾声光警报器启动和停止。

手动火灾报警按钮属于火灾自动报警系统的触发器件，选项A错误。剩余电流式电气火灾监控探测器是电子火灾监控系统组成部分，属于火灾自动报警系统，选项C错误。火灾自动报警系统的交流电源应采用消防电源，因此选项D错误。火灾报警控制器应能控制火灾声光警报器启动和停止，因此选项B正确。

【题4】下列场所中，不宜选择感烟探测器的是（　　）。

A. 汽车库　　　　B. 计算机房

C. 发电机房　　　　D. 电梯机房

【参考答案】C

【命题思路】

本题主要考察感烟探测器和感温探测器的应用场所。

【解题分析】

《火灾自动报警系统设计规范》GB 50116—2013

5.2.2 下列场所宜选择点型感烟火灾探测器：

1 饭店、旅馆、教学楼、办公楼的厅堂、卧室、办公室、商场、列车载客车厢等；

2 **计算机房**、通信机房、电影或电视放映室等；

3 楼梯、走道、**电梯机房**、**车库**等；

4 书库、档案库等；

5.2.5 符合下列条件之一的场所，宜选择点型感温火灾探测器；且应根据使用场所的典型应用温度和最高应用温度选择适当类别的感温火灾探测器：

1 相对湿度经常大于95%；

2 可能发生无烟火灾；

3 有大量粉尘；

4 吸烟室等在正常情况下有烟或蒸气滞留的场所；

5 厨房、锅炉房、**发电机房**、烘干车间等不宜安装感烟火灾探测器的场所；

6 需要联动熄灭“安全出口”标志灯的安全出口内侧；

7 其他无人滞留且不适合安装感烟火灾探测器，但发生火灾时需要及时报警的场所。

选项C中，发电机房可能存在烟雾和粉尘，因此不宜选用感烟探测器。

选项A、选项B和选项D宜选择点型感烟火灾探测器，

【题5】某酒店厨房的火灾探测器经常误报火警，最可能的原因是（　　）。

A. 厨房内安装的是感烟火灾探测器

B. 厨房内的火灾探测器编码地址错误

C. 火灾报警控制器供电电压不足

D. 厨房内的火灾探测器通信信号总线故障

【参考答案】A

【命题思路】

本题主要考察感烟探测器和感温探测器的应用场所。

【解题分析】

《火灾自动报警系统设计规范》GB 50116—2013

5.2.5 符合下列条件之一的场所，宜选择点型感温火灾探测器；且应根据使用场所的典型应用温度和最高应用温度选择适当类别的感温火灾探测器：

5 **厨房**、锅炉房、发电机房、烘干车间等不宜安装感烟火灾探测器的场所。

厨房会产生较大油烟，如安装感烟火灾探测器会产生误报，因此选A。

【题6】下列设置在公共建筑内的柴油发电机房的设计方案中，错误的是（　　）。

A. 采用轻柴油作为柴油发电机燃料

B. 燃料管道在进入建筑物前设置自动和手动切断阀

C. 火灾自动报警系统采用感温探测器

D. 设置湿式自动喷水灭火系统

【参考答案】A

【命题思路】

本题主要考察柴油发电机房的防火设计要求。

【解题分析】

《建筑设计防火规范》GB 50016—2014

3.1.1 条文说明

本条规定了生产的火灾危险性分类原则。

为了比较切合实际地确定划分液体物质的闪点标准，本规范1987年版编制组曾对596种易燃、可燃液体的闪点进行了统计和分析，情况如下：

3）国产16种规格的柴油闪点大多数为60～90℃（其中仅“－35号”柴油为50℃）；

5.4.13 布置在民用建筑内的柴油发电机房应符合下列规定：

6 应设置与柴油发电机容量和建筑规模相适应的灭火设施，当建筑内其他部位设置自动喷水灭火系统时，机房**内应设置自动喷水灭火系统**。

条文说明：由于部分柴油的闪点可能低于60℃，因此，需要设置在建筑内的柴油设备或柴油储罐，柴油的闪点不应低于60℃。

5.4.15 设置在建筑内的锅炉、柴油发电机，其燃料供给管道应符合下列规定：

1 在进入建筑物前和设备间内的管道上**均应设置自动和手动切断阀**。

《火灾自动报警系统设计规范》GB 50116—2013

5.2.5 符合下列条件之一的场所，宜选择点型感温火灾探测器；且应根据使用场所的典型应用温度和最高应用温度选择适当类别的感温火灾探测器：

5 厨房、锅炉房、**发电机房**、烘干车间等不宜安装感烟火灾探测器的场所。

选项A中，轻柴油的“－35号”柴油闪点为50℃，低于60℃，不应作为柴油发电机燃料。

【题7】下列建筑场所中，不应布置在民用建筑地下二层的是（　　）。

A. 礼堂　　B. 电影院观众厅

C. 歌舞厅　　D. 会议厅

【参考答案】C

【命题思路】

本题主要考察不同功能用房的平面布置要求。

【解题分析】

《建筑设计防火规范》GB 50016—2014

5.4.7 剧场、**电影院**、**礼堂**宜设置在独立的建筑内；采用三级耐火等级建筑时，不应超过2层；确需设置在其他民用建筑内时，至少应设置1个独立的安全出口和疏散楼梯，并应符合下列规定：

2 设置在一、二级耐火等级的建筑内时，观众厅宜布置在首层、二层或三层；确需布置在四层及以上楼层时，一个厅、室的疏散门不应少于2个，且每个观众厅的建筑面积不宜大于400m^2。

3 设置在三级耐火等级的建筑内时，不应布置在三层及以上楼层。

4 设置在地下或半地下时，宜设置在地下一层，**不应设置在地下三层及以下楼层**。

5.4.8 建筑内的**会议厅**、多功能厅等人员密集的场所，宜布置在首层、二层或三层。设置在三级耐火等级的建筑内时，不应布置在三层及以上楼层。确需布置在一、二级耐火等级建筑的其他楼层时，应符合下列规定：

2 设置在地下或半地下时，宜设置在地下一层，**不应设置在地下三层及以下楼层。**

5.4.9 **歌舞厅**、录像厅、夜总会、卡拉OK厅（含具有卡拉OK功能的餐厅）、游艺厅（含电子游艺厅）、桑拿浴室（不包括洗浴部分）、网吧等歌舞娱乐放映游艺场所（不含剧场、电影院）的布置应符合下列规定：

1 **不应布置在地下二层及以下楼层；**

2 宜布置在一、二级耐火等级建筑内的首层、二层或三层的靠外墙部位；

3 不宜布置在袋形走道的两侧或尽端；

4 确需布置在地下一层时，地下一层的地面与室外出入口地坪的高差不应大于10m；

5 确需布置在地下或四层及以上楼层时，一个厅、室的建筑面积不应大于$200m^2$。

根据以上规定，当礼堂、电影院观众厅和会议厅设置在地下或半地下时宜设置在地下一层，不应设置在地下三层及以下楼层。歌舞厅不应布置在地下二层及以下楼层，因此选C。

【题8】下列建筑或场所中，可不设置室外消防栓的是（　　）。

A. 用于消防救援和消防车停靠的屋面上

B. 高层民用建筑

C. 3层居住区，居住人数≤500人

D. 耐火等级不低于二级，且建筑物体积≤$3000m^2$的戊类厂房

【参考答案】D

【命题思路】

本题主要考察室外消火栓设置场所的相关要求。

【解题分析】

《建筑设计防火规范》GB 50016—2014

8.1.2 城镇（包括居住区、商业区、开发区、工业区等）应沿可通行消防车的街道设置市政消火栓系统。

民用建筑、厂房、仓库、储罐（区）和堆场周围应设置室外消火栓系统。

用于消防救援和消防车停靠的屋面上，应设置室外消火栓系统。

注：耐火等级不低于二级且建筑体积不大于$3000m^3$的戊类厂房，**居住区人数不超过500人且建筑层数不超过两层的居住区**，可不设置室外消火栓系统。

根据以上规定，用于消防救援和消防车停靠的屋面上、高层民用建筑和3层楼的居住区，都需要设置室外消火栓系统。选项D可不设置室外消防栓。

【题9】建筑物的耐火等级由建筑主要构件的（　　）决定。

A. 燃烧性能　　B. 耐火极限

C. 燃烧性能和耐火极限　　D. 结构类型

【参考答案】C

【命题思路】

本题主要考察耐火等级的定义。

【解题分析】

《建筑设计防火规范》GB 50016—2014

3.2.1 厂房和仓库的耐火等级可分为一、二、三、四级，相应建筑构件的**燃烧性能和耐火极限**，除本规范另有规定外，不应低于表3.2.1的规定。

5.1.2 民用建筑的耐火等级可分为一、二、三、四级。除本规范另有规定外，不同耐火等级建筑相应构件的**燃烧性能和耐火极限**不应低于表5.1.2的规定。

从以上规定可见，建筑物的耐火等级与其主要构件的燃烧性能和耐火极限息息相关。选C正确。

【题10】在标准耐火试验条件下对4组承重墙试件进行耐火极限测定，实验结果如下表所示，表中数据正确的试验序号是（　　）。

序号	承载能力(min)	完整性(min)	隔热性(min)
1	130	120	115
2	130	135	115
3	115	120	120
4	115	115	120

A. 序号2　　B. 序号1

C. 序号3　　D. 序号4

【参考答案】B

【命题思路】

本题主要考察耐火极限的定义和判定准则。

【解题分析】

《建筑设计防火规范》GB 50016—2014

2.1.10 耐火极限 fire resistance rating

在标准耐火试验条件下，建筑构件、配件或结构从受到火的作用时起，至失去承载能力、完整性或隔热性时止所用时间，用小时表示。

参考《建筑构件耐火试验方法》GB/T 9978—2008

12.2 判定准则

12.2.1 隔热性和完整性对应承载能力

如果试件的"承载能力"已不符合要求，则将自动认为试件的"隔热性"和"完整性"不符合要求。

12.2.2 隔热性对应完整性

如果试件的"完整性"已不符合要求，则将自动认为试件的"隔热性"不符合要求。

从以上规定可见，从时间长度上看，承载能力、完整性或隔热性的重要性排序：承载能力大于完整性大于隔热性。因此本题选B。

【题11】关于疏散楼梯间设置的做法，错误的是（　　）。

A. 2层展览建筑无自然通风条件的封闭楼梯间，在楼梯间直接设置机械加压送风系统

B. 与高层办公主体建筑之间设置防火墙的商业裙房，其疏散楼梯间采用封闭楼梯间

C. 建筑高度为33m的住宅建筑，户外均采用乙级防火门，其疏散楼梯间采用敞开楼梯间

D. 建筑高度32m，标准层建筑面积为1500m^{2}的电信楼，其疏散楼梯间采用封闭楼梯间

【参考答案】D

【命题思路】

本题主要考察民用建筑的分类和疏散楼梯间的设置要求。

【解题分析】

《建筑设计防火规范》GB 50016—2014

5.1.1 民用建筑根据其建筑高度和层数可分为单、多层民用建筑和高层民用建筑。高层民用建筑根据其建筑高度、使用功能和楼层的建筑面积可分为一类和二类。民用建筑的分类应符合表 5.1.1 的规定。

表 5.1.1

名称	高层民用建筑		单、多层民用建筑
	一类	二类	
住宅建筑	建筑高度大于 54m 的住宅建筑(包括设置商业服务网点的住宅建筑)	建筑高度大于 27m，但不大于 54m 的住宅建筑(包括设置商业服务网点的住宅建筑)	建筑高度不大于 27m 的住宅建筑(包括设置商业服务网点的住宅建筑)
公共建筑	1. 建筑高度大于 50m 的公共建筑 2. 建筑高度 24m 以上部分任一楼层建筑面积大于 1000m^2 的商店、展览、电信、邮政、财贸金融建筑和其他多种功能组合的建筑 3. 医疗建筑、重要公共建筑、**独立建造的老年人照料设施** 4. 省级及以上的广播电视和防灾指挥调度建筑、网局级和省级电力调度建筑 5. 藏书超过 100 万册的图书馆、书库	除一类高层公共建筑外的其他高层公共建筑	1. 建筑高度大于 24m 的单层公共建筑。 2. 建筑高度不大于 24m 的其他公共建筑

5.5.12 **一类高层公共建筑**和建筑高度大于 32m 的二类高层公共建筑，其疏散楼梯**应采用防烟楼梯间**。

裙房和建筑高度不大于 32m 的二类高层公共建筑，其疏散楼梯应采用封闭楼梯间。

注：当裙房与高层建筑主体之间设置防火墙时，裙房的疏散楼梯可按本规范有关单、多层建筑的要求确定。

5.5.27 住宅建筑的疏散楼梯设置应符合下列规定：

2 建筑高度大于 21m、不大于 33m 的住宅建筑应采用封闭楼梯间；**当户门采用乙级防火门时，可采用敞开楼梯间。**

6.4.2 封闭楼梯间除应符合本规范第 6.4.1 条的规定外，尚应符合下列规定：

1 **不能自然通风或自然通风不能满足要求时，应设置机械加压送风系统或采用防烟楼梯间。**

选项 D 所述的建筑属于一类高层公共建筑，根据以上规范 5.5.12 条的规定，其疏散楼梯间应采用防烟楼梯间。因此选 D。

【题 12】采用泡沫灭火系统保护酒精储罐，应选用（　　）。

A. 抗溶泡沫液　　　　B. 水成膜泡沫液

C. 氟蛋白泡沫液　　　　　　　　D. 蛋白泡沫液

【参考答案】A

【命题思路】

本题主要考察不同性质泡沫液的使用要求。

【解题分析】

《泡沫灭火系统设计规范》GB 50151—2010

3.2.3　**水溶性甲、乙、丙类液体**和其他对普通泡沫有破坏作用的甲、乙、丙类液体，以及用一套系统同时保护水溶性和非水溶性甲、乙、丙类液体的，**必须选用抗溶泡沫液**。

酒精储罐主要储藏酒精（乙醇），其火灾危险性为甲类，为水溶性液体，必须选用抗溶泡沫液。因此选项 A 正确。

【题 13】下列建筑或场所中，可不设置室内消火栓的是（　　）。

A. 占地面积 500m^2 的丙类仓库

B. 粮食仓库

C. 高层公共建筑

D. 建筑体积 5000m^2，耐火等级三级的丁类厂房

【参考答案】B

【命题思路】

本题主要考察室内消火栓设置场所要求。

【解题分析】

《建筑设计防火规范》GB 50016—2014

8.2.1　下列建筑或场所应设置室内消火栓系统：

1　建筑占地面积**大于 300m^2** 的厂房和仓库；

2　**高层公共建筑**和建筑高度大于 21m 的住宅建筑。

注：建筑高度不大于 27m 的住宅建筑，设置室内消火栓系统确有困难时，可只设置干式消防竖管和不带消火栓箱的 DN65 的室内消火栓。

8.2.2　本规范第 8.2.1 条未规定的建筑或场所和符合本规范第 8.2.1 条规定的下列建筑或场所，可不设置室内消火栓系统，但宜设置消防软管卷盘或轻便消防水龙：

1　耐火等级为一、二级且可燃物较少的单、多层丁、戊类厂房（仓库）；

2　耐火等级为三、四级且建筑体积**不大于 3000m^3 的丁类厂房**；耐火等级为三、四级且建筑体积不大于 5000m^3 的戊类厂房（仓库）；

3　**粮食仓库**、金库、远离城镇且无人值班的独立建筑。

根据以上规定，大于 300m^2 的仓库、高层公共建筑、建筑体积大于 3000m^3 且耐火极限为三级的丁类厂房，都需要设置室内消火栓系统，选项 A、C、D 均错误。粮食仓库可不设置室内消火栓系统，选项 B 正确。

【题 14】关于灭火器配置计算修正系数的说法，错误的是（　　）。

A. 同时设置室内消火栓系统，灭火系统和火灾自动报警系统时，修正系数为 0.3

B. 仅设室内消火栓系统时，修正系数为 0.9

C. 仅设有灭火系统时，修正系数为 0.7

D. 同时设置室内消火栓系统和灭火系统时，修正系数为 0.5

【参考答案】A

【命题思路】

本题主要考察灭火器不同计算单元配置设计修正系数。

【解题分析】

《建筑灭火器配置设计规范》GB 50140—2005

7.3.2 修正系数应按表7.3.2的规定取值。

表7.3.2

计算单元	K
未设室内消火栓系统和灭火系统	1.0
设有室内消火栓系统	0.9
设有灭火系统	0.7
设有室内消火栓系统和灭火系统	0.5
可燃物露天堆场 甲、乙、丙类液体储罐区 可燃气体储罐区	0.3

从上表可知，同时设置室内消火栓系统和灭火系统时，修正系数为0.5，与是否设置火灾自动报警系统无关。因此选A正确。

【题15】室外消火栓距离建筑外墙不宜小于（　　）m。

A. 2.0　　B. 3.0

C. 6.0　　D. 5.0

【参考答案】D

【命题思路】

本题主要考察室外消火栓距建筑外墙距离的要求。

【解题分析】

《消防给水及消火栓系统技术规范》GB 50974—2014

7.2.6 市政消火栓应布置在消防车易于接近的人行道和绿地等地点，且不应妨碍交通，并应符合下列规定：

1 市政消火栓距路边不宜小于0.5m，并不应大于2.0m；

2 市政消火栓距建筑外墙或外墙边缘不宜小于5.0m；

根据以上规定，室外消火栓距离建筑外墙边缘不宜小于5.0m，因此选D。

【题16】大学生集体宿舍楼疏散走道内设置的疏散照明，其地面水平照度不应低于（　　）lx。

A. 3.0　　B. 4.0

C. 5.0　　D. 10.0

【参考答案】A

【命题思路】

本题主要考察建筑内疏散照明的地面最低水平照度要求和人员密集场所定义。

【解题分析】

《中华人民共和国消防法》第七十三条

（四）人员密集场所，是指公众聚集场所，医院的门诊楼、病房楼，学校的教学楼、图书馆、食堂和**集体宿舍**，养老院，福利院，托儿所，幼儿园，公共图书馆的阅览室，公共展览馆、博物馆的展示厅，劳动密集型企业的生产加工车间和员工集体宿舍，旅游、宗教活动场所等。

《建筑设计防火规范》GB 50016—2014

10.3.2 建筑内疏散照明的地面最低水平照度应符合下列规定：

1 对于疏散走道，不应低于1.0lx。

2 **对于人员密集场所、避难层（间），不应低于3.0lx**；对于老年人照料设施、病房楼或手术部的避难间，不应低于10.0lx。

3 对于楼梯间、前室或合用前室、避难走道，不应低于5.0lx；对于人员密集场所、老年人照料设施、病房楼或手术部内的楼梯间、前室或合用前室、避难走道，不应低于10.0lx。

根据以上规定，集体宿舍为人员密集场所，其疏散走道内疏散照明的最低水平照度为3.0lx，因此选A。

【题17】灭火器组件不包括（　　）。

A. 筒体、阀门　　B. 压力开关

C. 压力表、保险销　　D. 虹吸管、密封器

【参考答案】B

【命题思路】

本题主要考察灭火器的基本组件。

【解题分析】

《消防安全技术实务》教材第3篇第13章第2节关于灭火器配件的内容。

灭火器配件主要由灭火器**筒体**、**阀门**、灭火剂、**保险销**、**虹吸管**、**密封圈**和**压力指示器**等组成。

因此选B。

【题18】下列建筑防爆措施中，不属于预防性措施的是（　　）。

A. 生产过程中尽量不用具有爆炸危险的可燃物质

B. 消除静电火花

C. 设置可燃气体浓度报警装置

D. 设置泄压构件

【参考答案】D

【命题思路】

本题主要考察预防性防爆措施。

【解题分析】

《消防安全技术实务》教材第2篇第8章第1节关于防爆措施的内容。

（一）预防性技术措施

1. 排除能引起爆炸的各类可燃物质

（1）**在生产过程中尽量不用或少用具有爆炸危险的各类可燃物质**；

（2）生产设备应尽可能保持密闭状态，防止“跑、冒、滴、漏”；

（3）加强通风除尘；

（4）预防燃气泄漏，设置可燃气体浓度报警装置；

（5）利用惰性介质进行保护。

2. 消除或控制能引起爆炸的各种火源

（1）防止撞击、摩擦产生火花；

（2）防止高温表面成为点火源；

（3）防止日光照射；

（4）防止电气火灾。

根据以上资料，**生产过程中尽量不用或少用具有爆炸危险的可燃物质**、消除静电火花、设置可燃气体浓度报警装置等措施都属于预防性措施。

设置泄压构件则属于减轻性技术措施，因此选 D。

【题 19】根据防烟排烟系统的联动控制设计要求，当（　　）时，送风口不会动作。

A. 同一防护区内一只火灾探测器和一只手动报警按钮报警

B. 联动控制器接收到送风机启动的反馈信号

C. 同一防护区内两只独立的感烟探测器报警

D. 在联动控制器上手动控制送风口开启

【参考答案】B

【命题思路】

本题主要考察防排烟系统联动控制设计要求。

【解题分析】

《火灾自动报警系统设计规范》GB 50116—2013

4.5.1　防烟系统的联动控制方式应符合下列规定：

1　应由加压送风口所在防火分区内的**两只独立的火灾探测器**或**一只火灾探测器与一只手动火灾报警按钮**的报警信号，作为送风口开启和加压送风机启动的联动触发信号，并应由消防联动控制器联动控制相关层前室等需要加压送风场所的加压送风口开启和加压送风机启动。

4.5.3　防烟系统、排烟系统的手动控制方式，应能在消防控制室内的消防**联动控制器上手动控制送风口**、电动挡烟垂壁、排烟口、排烟窗、排烟阀的开启或关闭及防烟风机、排烟风机等设备的启动或停止，防烟、排烟风机的启动、停止按钮应采用专用线路直接连接至设置在消防控制室内的消防联动控制器的手动控制盘，并应直接手动控制防烟、排烟风机的启动、停止。

4.5.4　送风口、排烟口、排烟窗或排烟阀开启和关闭的动作信号，防烟、排烟风机启动和停止及电动防火阀关闭的动作信号，均应反馈至消防联动控制器。

根据以上规定，当同一防护区内**两只独立的火灾探测器**或**一只火灾探测器与一只手动火灾报警按钮**的报警信号可以作为联动触发信号，因此选项 A 和 C 可以动作；消防联动控制器也可以作为手动控制方式开启送风口，因此选项 D 可以动作。

选项 B 中，联动控制器应接收到送风机启动的反馈信号，但反馈至消防联动控制器的动作信号不是送风口开启的触发信号，因此选 B。

【题 20】关于地铁车站安全出口设置的说法，错误的是（　　）。

A. 每个站厅公共区应设置不少于 2 个直通地面的安全出口

B. 安全出口同方向设置时，两个安全出口通道口部之间净距不应小于 5m

C. 地下车站的设备与管理用房区域安全出口的数量不应小于 2 个

D. 地下换乘车站的换乘通道不应作为安全出口

【参考答案】B

【命题思路】

本题主要考察地铁车站安全疏散设计要求。

【解题分析】

《消防安全技术实务》教材第 4 篇第 3 章第 2 节关于地铁建筑安全疏散的内容。

车站每个站厅公共区安全出口的数量应经计算确定，且应设置不少于 2 个直通地面的安全出口。

地下车站的设备与管理用房区域安全出口的数量不应小于 2 个，其中有人值守的防火分区应有 1 个安全出口直通地面。

安全出口应分散设置，当同方向设置时，两个安全出口通道口部之间的净距不应小于 10m。

竖井、爬楼、电梯、消防专用通道，以及设在两侧式站台之间的过轨地道、地下换乘车站的换乘通道不应作为安全出口。

根据以上内容，选项 A、C、D 均正确。选项 B 错误。

注：新颁布的《地铁设计防火标准》GB 51298—2018 第 5.1.4 条规定站厅安全出口之间的水平距离不应小于 20m 。因此，不管根据当时的教材还是新版本的规范，选项 B 的内容都不正确。

【题 21】将计算空间划分为众多相互关联的体积元，通过求解质量、能量和动量方程，获得空间热参数在设定时步长内变化情况的预测，以描述火灾发展的模型属于（　　）。

A. 经验模型　　B. 区域模型

C. 不确定模型　　D. 场模型

【参考答案】B

【命题思路】

本题主要考察火灾发展模型。

【解题分析】

《消防安全技术实务》教材第 5 篇第 4 章第 3 节关于区域模型的内容。

区域模拟思想：把所研究的受限空间划分为不同的区域，并假设每个区域内的状态参数是均匀一致的，而质量、能量的交换只发生在区域与区域之间、区域与边界之间以及它们与火源之间。

根据教材的内容很容易进行判断，选 B 正确。

【题 22】联动型火灾报警控制器的功能不包括（　　）。

A. 显示火灾显示盘的工况　　B. 显示系统屏蔽信息

C. 联动控制稳压泵启动　　D. 切断非消防电源供电

【参考答案】C

【命题思路】

本题主要考察消防联动控制器的功能。

【解题分析】

《消防给水及消火栓系统技术规范》GB 50974—2014

11.0.6 稳压泵应由消防给水管网或气压水罐上设置的稳压泵自动启停泵**压力开关或压力变送器控制**。

《消防控制室通用技术要求》GB 25506—2010

5.2 火灾报警控制器

火灾报警控制器应符合下列要求：

a）应能显示火灾探测器、**火灾显示盘**、手动火灾报警按钮的正常工作状态、火灾报警状态、**屏蔽状态**及故障状态等相关信息；

b）应能控制火灾声光警报器启动和停止。

《火灾自动报警系统设计规范》GB 50116—2013

4.10.1 消防联动控制器应具有**切断火灾区域及相关区域的非消防电源的功能**，当需要切断正常照明时，宜在自动喷淋系统、消火栓系统动作前切断。

根据以上规定，选项 A、B、D 均属于联动型火灾报警控制器的功能。选项 C 中，稳压泵的启动应由压力开关或压力变送器控制，不由火灾报警控制器启动，因此选 C。

【题 23】水喷雾的主要灭火机理不包括（　　）。

A. 窒息　　B. 乳化

C. 稀释　　D. 阻断链式反应

【参考答案】D

【命题思路】

本题主要考察水喷雾的灭火机理。

【解题分析】

《消防安全技术实务》教材第 3 篇第 4 章第 1 节关于水喷雾灭火机理的内容。

1. 表面冷却；2. 窒息；3. 乳化；4. 稀释。

根据以上内容，选 D。

【题 24】采用非吸气型喷射装置的泡沫喷淋系统包含非水溶性甲、乙、丙类液体时，应选用（　　）。

A. 水成膜泡沫液或成膜氟蛋白泡沫液

B. 蛋白泡沫液

C. 氟蛋白泡沫液

D. 抗溶性泡沫液

【参考答案】A

【命题思路】

本题主要考察非水溶性液体的泡沫液选择。

【解题分析】

《泡沫灭火系统设计规范》GB 50151—2010

3.2.2 保护非水溶性液体的泡沫-水喷淋系统、泡沫枪系统、泡沫炮系统泡沫液的选择，应符合下列规定：

1 当采用吸气型泡沫产生装置时，可选用蛋白、氟蛋白、水成膜或成膜氟蛋白泡沫液；

2 当采用非吸气型喷射装置时，应选用**水成膜或成膜氟蛋白泡沫液**。

根据以上规定，选项A正确。

【题25】在建筑高度为126.2m的办公塔楼短边侧拟建一座建筑高度为23.9m，耐火等级为二级的商业建筑，该商业建筑屋面板耐火极限为1.00h且无天窗，毗邻办公塔楼外墙为防火墙，其防火间距不应小于（ ）。

A. 9　　B. 4

C. 6　　D. 13

【参考答案】A

【命题思路】

本题主要考察民用建筑之间的防火间距要求及防火间距减小时的相关条件。注意对于建筑高度大于100m的建筑，减小条件不适用。

【解题分析】

《建筑设计防火规范》GB 50016—2014

5.2.2 民用建筑之间的防火间距不应小于表5.2.2的规定，与其他建筑的防火间距，除应符合本节规定外，尚应符合本规范其他章的有关规定。

表5.2.2

建筑类别		高层民用建筑	裙房和其他民用建筑		
		一、二级	一、二级	三级	四级
高层民用建筑	一、二级	13	9	11	14
裙房和其他民用建筑	一、二级	9	6	7	9
	三级	11	7	8	10
	四级	14	9	10	12

注：1 相邻两座单、多层建筑，当相邻外墙为不燃性墙体且无外露的可燃性屋檐，每面外墙上无防火保护的门、窗、洞口不正对开设且该门、窗、洞口的面积之和不大于外墙面积的5%时，其防火间距可按本表的规定减少25%。

2 两座建筑相邻较高一面外墙为防火墙，或高出相邻较低一座一、二级耐火等级建筑的屋面15m及以下范围内的外墙为防火墙时，其防火间距不限。

3 相邻两座高度相同的一、二级耐火等级建筑中相邻任一侧外墙为防火墙，屋顶的耐火极限不低于1.00h时，其防火间距不限。

4 相邻两座建筑中较低一座建筑的耐火等级不低于二级，相邻较低一面外墙为防火墙且屋顶无天窗，屋顶的耐火极限不低于1.00h时，其防火间距不应小于3.5m；对于高层建筑，不应小于4m。

5 相邻两座建筑中较低一座建筑的耐火等级不低于二级且屋顶无天窗，相邻较高一面外墙高出较低一座建筑的屋面15m及以下范围内的开口部位设置甲级防火门、窗，或设置符合现行国家标准《自动喷水灭火系统设计规范》GB 50084规定的防火分隔水幕或本规范第6.5.3条规定的防火卷帘时，其防火间距不应小于3.5m；对于高层建筑，不应小于4m。

6 相邻建筑通过连廊、天桥或底部的建筑物等连接时，其间距不应小于本表的规定。

7 耐火等级低于四级的既有建筑，其耐火等级可按四级确定。

5.2.6 建筑高度大于100m的民用建筑与相邻建筑的防火间距，当符合本规范第3.4.5条、第3.5.3条、第4.2.1条和第5.2.2条允许减小的条件时，仍不应减小。

根据以上规定，本题中办公塔楼的建筑高度大于100m，其防火间距不能减小。拟建的商业建筑高度23.9m、耐火等级为二级，不属于高层建筑，因此按照表5.2.2的规定，防火间距应为9m，应该选A。

【题26】单台消防水泵的设计压力和流量分别不大于（　　）时，消防泵组合在泵房内预留流量计和压力计接口。

A. 0.50MPa、25L/s　　B. 1.00MPa、25L/s

C. 1.00MPa、20L/s　　D. 0.50MPa、20L/s

【参考答案】D

【命题思路】

本题主要考察消防水泵的设计压力和流量参数。

【解题分析】

《消防给水及消火栓系统技术规范》GB 50974—2014

5.1.11　一组消防水泵应在消防水泵房内设置流量和压力测试装置，并应符合下列规定：

1 单台消防水泵的流量**不大于**20L/s、设计工作压力**不大于**0.50MPa时，泵组应预留测量用流量计和压力计接口，其他泵组宜设置泵组流量和压力测试装置。

根据以上要求，选D正确。

【题27】下列消防配电设计方案中，符合规范要求的是（　　）。

A. 消防水泵电源由建筑一层低压分配电室出线

B. 消防电梯配电线路采用树干式供电

C. 消防配电线路设置过负载保护装置

D. 排烟风机两路电源在排烟机房内自动切换

【参考答案】D

【命题思路】

本题主要考察消防配电设计要求。

【解题分析】

《消防安全技术实务》教材第3篇第14章第2节关于配电设计的内容。

（三）配电设计

消防水泵、喷淋水泵、水幕泵和消防电梯要由变配电站或主配电室**直接出线**，采用**放射式供电**。

消防水泵、防烟排烟风机及消防电梯的两路低压电源应能在设备机房内**自动切换**。

消防负荷的配电线路所设置的保护电器要具有短路保护功能，但**不宜设置过负荷保护装置**。

根据以上内容，选D正确。

【题28】关于地铁防排烟设计的说法，正确的是（　　）。

A. 站台公共区每个防烟分区的建筑面积不宜超过2000m²

B. 地下车站的设备用房和管理用房的防烟分区可以跨越防火分区

C. 站厅公共区每个防烟分区的建筑面积不宜超过3000m²

D. 地铁内设置的挡烟垂壁等设施的下垂高度不应小于450mm

【参考答案】A

【命题思路】

本题主要考察地铁防烟分区划分要求。

【解题分析】

《地铁设计规范》GB 50157—2013

8.1.5 站厅公共区和设备管理区应采用挡烟垂壁或建筑结构划分防烟分区，**防烟分区不应跨越防火分区**。站厅公共区内每个防烟分区的最大允许建筑面积**不应大于**$2000m^2$，设备管理区内每个防烟分区的最大允许建筑面积不应大于$750m^2$。

8.1.7 挡烟垂壁或划分防烟分区的建筑结构应为不燃材料且耐火极限不应低于0.50h，凸出顶棚或封闭吊顶**不应小于0.5m**。挡烟垂壁的下缘至地面、楼梯或扶梯踏步面的垂直距离不应小于2.3m。

根据以上内容，选项A正确。

【题29】下列自动喷水灭火系统中，属于开式系统的是（　　）。

A. 湿式系统　　B. 干式系统

C. 雨淋系统　　D. 预作用系统

【参考答案】C

【命题思路】

本题主要考察自动喷水灭火系统的基本概念。

【解题分析】

《自动喷水灭火系统设计规范》GB 50084—2001（2005年版）

2.1.3 雨淋系统 deluge sprinkler system

由火灾自动报警系统或传动管控制，自动开启雨淋报警阀和启动消防水泵后，向开式洒水喷头供水的自动喷水灭火系统。亦称开式系统。

根据以上内容，雨淋系统属于开式系统，因此选C正确。

按照规范定义，开式系统是指采用开式洒水喷头的自动喷水灭火系统；闭式系统是指采用闭式洒水喷头的自动喷水灭火系统。选项A湿式系统，是指准工作状态时配水管道内充满用于启动系统的有压水的闭式系统；选项B干式系统，是指准工作状态时配水管道内充满用于启动系统的有压气体的闭式系统；选项D预作用系统，是指准工作状态时配水管道内充满用于启动系统的有压气体的闭式系统。因此选项A、B、D均是闭式系统。

【题30】避难走道楼板及防火隔墙的最低耐火极限应分别为（　　）。

A. 1.00h、2.00h　　B. 1.50h、3.00h

C. 1.50h、2.00h　　D. 1.00h、3.00h

【参考答案】B

【命题思路】

本题主要考察疏散走道的耐火极限要求。

【解题分析】

《建筑设计防火规范》GB 50016—2014

6.4.14 避难走道的设置应符合下列规定：

1 避难走道防火隔墙的耐火极限**不应低于**3.00h，楼板的耐火极限**不应低于**1.50h。

根据以上要求，选 B 正确。

【题 31】人防工程的采光窗井与相邻一类高层民用建筑主体出入口的最小防火间距是（　　）m。

A. 6　　B. 9

C. 10　　D. 13

【参考答案】D

【命题思路】

本题主要考察人防工程采光窗井与相邻建筑的防火间距要求。

【解题分析】

《人民防空工程设计防火规范》GB 50098—2009

3.2.2　人防工程的采光窗井与相邻地面建筑的最小防火间距，应符合表 3.2.2 的规定。

采光窗井与相邻地面建筑的最小防火间距（m）　　表 3.2.2

防火间距 \ 地面建筑类别和耐火等级 / 人防工程类别	民用建筑			丙、丁、戊类厂房、库房			高层民用建筑		甲、乙类厂房、库房
	一、二级	三级	四级	一、二级	三级	四级	主体	附属	—
丙、丁、戊类生产车间、物品库房	10	12	14	10	12	14	13	6	25
其他人防工程	6	7	9	10	12	14	13	6	25

注：1. 防火间距按人防工程有窗外墙与相邻地面建筑外墙的最近距离计算；
2. 当相邻的地面建筑物外墙为防火墙时，其防火间距不限。

根据上表的要求，采光窗井与高层民用建筑主体的最小防火间距为 13m，因此选 D。

【题 32】机械加压送风系统启动后，按照余压值从大到小排列，排序正确的是（　　）。

A. 走道、前室、防烟楼梯间　　B. 前室、防烟楼梯间、走道

C. 防烟楼梯间、前室、走道　　D. 防烟楼梯间、走道、前室

【参考答案】C

【命题思路】

本题主要考察机械加压送风系统的压力要求。

【解题分析】

由于 2017 年注册消防工程师考试期间，《建筑防烟排烟系统技术标准》GB 51251—2017 尚未正式实施，因此本题解析参考《建筑设计防火规范》GB 50016—2006。

9.3.3　防烟楼梯间内机械加压送风防烟系统的余压值应为 40～50Pa；前室、合用前室应为 25～30Pa。

余压值是相对于走道而言的，目的是防止烟气从走道进入前室或防烟楼梯间，但又不至于过高造成人们推不开疏散门。根据以上规范内容，余压值从大到小排列顺序为防烟楼梯间大于前室大于走道，因此选 C 正确。

【题 33】某商业综合体建筑，裙房与高层建筑主体采用防火墙分隔，地上 4 层，地下 2 层，

地下二层为汽车库，地下一层为超市及设备用房，地上各层功能包括商业营业厅、餐厅及电影院。下列场所对应的防火分区建筑面积中，错误的是（　　）。

A. 地下超市，2100m^2　　B. 商业营业厅，4800m^2

C. 自主餐饮区，4200m^2　　D. 电影院区域，3100m^2

【参考答案】A

【命题思路】

本题主要考察不同耐火等级建筑的防火分区建筑面积要求。

【解题分析】

《建筑设计防火规范》GB 50016—2014

5.3.1　除本规范另有规定外，不同耐火等级建筑的允许建筑高度或层数、防火分区最大允许建筑面积应符合表5.3.1的规定。

不同耐火等级建筑的允许建筑高度或层数、防火分区最大允许建筑面积　　表5.3.1

名称	耐火等级	允许建筑高度或层数	防火分区的最大允许建筑面积(m^2)	备注
高层民用建筑	一、二级	按本规范第5.1.1条确定	1500	对于体育馆、剧场的观众厅，防火分区的最大允许建筑面积可适当增加
单、多层民用建筑	一、二级	按本规范第5.1.1条确定	2500	
	三级	5层	1200	
	四级	2层	600	
地下或半地下建筑(室)	一级	—	500	设备用房的防火分区最大允许建筑面积不应大于1000m^2

注：1　表中规定的防火分区最大允许建筑面积，当建筑内设置自动灭火系统时，可按本表的规定增加1.0倍；局部设置时，防火分区的增加面积可按该局部面积的1.0倍计算。

2　裙房与高层建筑主体之间设置防火墙时，裙房的防火分区可按单、多层建筑的要求确定。

5.3.4　一、二级耐火等级建筑内的商店营业厅、展览厅，当设置自动灭火系统和火灾自动报警系统并采用不燃或难燃装修材料时，其每个防火分区的最大允许建筑面积应符合下列规定：

1　设置在高层建筑内时，不应大于4000m^2；

2　设置在单层建筑或仅设置在多层建筑的首层内时，不应大于10000m^2；

3　设置在地下或半地下时，不应大于2000m^2。

根据以上规定，本题裙房与高层建筑主体采用防火墙分隔，裙房的防火分区可按单、多层建筑的要求确定，在设置自动灭火系统的情况下，地上各层一个防火分区的最大允许面积为5000m^2，因此选项B、C、D所述正确。位于地下的超市，防火分区面积不应大于2000m^2，因此选项A所述错误。

【题34】净空高度不大于6.0m的民用建筑采用自然排烟的防烟分区内任一点至最近排烟窗的水平距离不应大于（　　）m。

A. 20　　B. 35

C. 50　　D. 30

【参考答案】D

【命题思路】

本题主要考察自然排烟设施的水平距离要求。

【解题分析】

由于2017年注册消防工程师考试期间，《建筑防烟排烟系统技术标准》GB 51251—2017尚未正式实施，因此本题解析参考《建筑设计防火规范》GB 50016—2006。

9.2.4　作为自然排烟的窗口宜设置在房间的外墙上方或屋顶上，并应有方便开启的装置。自然排烟口距该防烟分区最远点的水平距离不应超过30m。

根据以上要求，选D正确。

【题35】某地上4层乙类厂房，其有爆炸危险的生产部位宜设置在第（　　）层靠外墙泄压设施附近。

A. 三　　B. 四

C. 二　　D. 一

【参考答案】B

【命题思路】

本题主要考察厂房的防爆设计要求。

【解题分析】

《建筑设计防火规范》GB 50016—2014

3.6.7　有爆炸危险的甲、乙类生产部位，宜布置在单层厂房靠外墙的泄压设施或多层厂房**顶层靠外墙**的泄压设施附近。

根据以上要求，其有爆炸危险的生产部位宜布置在顶层，选B正确。

【题36】某7层商业综合体建筑，裙房与塔楼连通部位采用防火卷帘分隔。裙房地上1层、地下2层，建筑面积35000m^2，耐火等级一级，商业生态包括商业营业厅及餐厅等。裙房第3层百人疏散宽度指标应为（　　）m/百人。

A. 0.65　　B. 1

C. 0.75　　D. 0.85

【参考答案】B

【命题思路】

本题主要考察百人最小净疏散宽度指标。

【解题分析】

《建筑设计防火规范》GB 50016—2014

5.5.21　除剧场、电影院、礼堂、体育馆外的其他公共建筑，其房间疏散门、安全出口、疏散走道和疏散楼梯的各自总净宽度，应符合下列规定：

1　每层的房间疏散门、安全出口、疏散走道和疏散楼梯的各自总净宽度，应根据疏散人数按每100人的最小疏散净宽度不小于表5.5.21-1的规定计算确定。当每层疏散人数不等时，疏散楼梯的总净宽度可分层计算，地上建筑内下层楼梯的总净宽度应按该层及以上疏散人数最多一层的人数计算；地下建筑内上层楼梯的总净宽度应按该层及以下疏散人数最多一层的人数计算。

每层的房间疏散门、安全出口、疏散走道和疏散楼梯的每100人最小疏散净宽度（m/百人）

表5.5.21-1

建筑层数		建筑的耐火等级		
		一、二级	三级	四级
地上楼层	1～2层	0.65	0.75	1.00
	3层	0.75	1.00	—
	≥4层	1.00	1.25	—
地下楼层	与地面出入口地面的高差 $\Delta H \leqslant 10$m	0.75	—	—
	与地面出入口地面的高差 $\Delta H > 10$m	1.00	—	—

该建筑为7层，耐火等级为一级，根据上表，百人疏散宽度取值为1.00。注意该表中的建筑层数是指建筑的总层数。

【题37】根据《汽车库、修车库、停车场设计防火规范》GB 50067，关于室外消火栓用水量的说法，正确的是（　　）。

A. Ⅱ类汽车库、修车库、停车场室外消火栓用水量不应小于15L/s

B. Ⅰ类汽车库、修车库、停车场室外消火栓用水量不应小于20L/s

C. Ⅲ类汽车库、修车库、停车场室外消火栓用水量不应小于10L/s

D. Ⅳ类汽车库、修车库、停车场室外消火栓用水量不应小于5L/s

【参考答案】B

【命题思路】

本题主要考察汽车库、修车库、停车场的室外消火栓用水量要求。

【解题分析】

《汽车库、修车库、停车场设计防火规范》GB 50067—2014

7.1.5　除本规范另有规定外，汽车库、修车库、停车场应设置室外消火栓系统，其室外消防用水量应按消防用水量最大的一座计算，并应符合下列规定：

1　Ⅰ、Ⅱ类汽车库、修车库、停车场，不应小于20L/s；

2　Ⅲ类汽车库、修车库、停车场。不应小于15L/s；

3　Ⅳ类汽车库、修车库、停车场，不应小于10L/s。

根据以上规定，选B正确。

【题38】下列加油加气站组合中，允许联合建站的是（　　）。

A. LPG加气站与加油站　　B. CNG加气母站与加油站

C. CNG加气母站与LNG加气站　　D. LPG加气站与CNG加气站

【参考答案】A

【命题思路】

本题主要考察加油加气站的联合建站要求。

【解题分析】

《汽车加油加气站设计与施工规范》GB 50516—2012（2014年版）

3.0.2　加油加气站可与电动汽车充电设施联合建站。加油加气站可按本规范第

3.0.12 条～第 3.0.15 条的规定联合建站。下列加油加气站不应联合建站：

1　CNG 加气母站与加油站；

2　CNG 加气母站与 LNG 加气站；

3　LPG 加气站与 CNG 加气站；

4　LPG 加气站与 LNG 加气站。

根据以上规定，A 选项中，LPG 加气站与加油站允许合建。

【题 39】消防用电应采用一级负荷的建筑是（　　）。

A. 建筑高度为 45m 的乙类厂房　　B. 建筑高度为 55m 的丙类仓库

C. 建筑高度为 50m 的住宅　　D. 建筑高度为 45m 的写字楼

【参考答案】B

【命题思路】

本题主要考察消防用电一级负荷供电要求。

【解题分析】

《建筑设计防火规范》GB 50016—2014

10.1.1　下列建筑物的消防用电应按一级负荷供电：

1　建筑高度**大于 50m 的乙、丙类厂房和丙类仓库**；

2　**一类高层**民用建筑。

根据以上规定，选 B 正确。C 选项和 D 选项均为二类高层建筑。

【题 40】下列初始条件中，可使甲烷爆炸极限范围变窄的是（　　）。

A. 注入氮气　　B. 提高温度

C. 增大压力　　D. 增大点火能量

【参考答案】A

【命题思路】

本题主要考察爆炸极限的基本概念。

【解题分析】

《消防安全技术实务》教材第 1 篇第 3 章第 2 节关于爆炸极限的内容。

爆炸极限受以下四个方面的影响：(1) 火源能量；(2) 初始压力；(3) 初温；(4) 惰性气体。

根据以上内容，提高温度、增大压力和增大点火能量都会使可燃气爆炸范围增大。在可燃混合气体中加入氮气等惰性气体，会使爆炸极限范围变小，一般上限降低，下限变化则比较复杂。

【题 41】下列民用建筑的场所或部位中，应设置排烟设施的是（　　）。

A. 设置在二层，房间建筑面积为 $50m^2$ 的歌舞娱乐放映游艺场所

B. 地下一层的防烟楼梯间前室

C. 建筑面积 $120m^2$ 的中庭

D. 建筑内长度为 18m 的疏散走道

【参考答案】C

【命题思路】

本题主要考察排烟设施设置场所。

【解题分析】

《建筑设计防火规范》GB 50016—2014

8.5.3 民用建筑的下列场所或部位应设置排烟设施：

1 设置在一、二、三层且房间建筑面积**大于** $100m^2$ 的歌舞娱乐放映游艺场所，设置在四层及以上楼层、地下或半地下的歌舞娱乐放映游艺场所；

2 **中庭**；

3 公共建筑内建筑面积大于 $100m^2$ 且经常有人停留的地上房间；

4 公共建筑内建筑面积大于 $300m^2$ 且可燃物较多的地上房间；

5 建筑内长度**大于 20m** 的疏散走道。

根据以上规定，选 C 正确。

【题 42】下列建筑材料及制品中，燃烧性能等级属于 B_2 级的是（　　）。

A. 水泥板　　　　B. 混凝土板

C. 矿棉板　　　　D. 胶合板

【参考答案】D

【命题思路】

本题主要考察常见建筑材料及制品的燃烧性能。

【解题分析】

《建筑内部装修设计防火规范》GB 50222—2017

3.0.2 条文说明

按现行国家标准《建筑材料及制品燃烧性能分级》GB 8624，将内部装修材料的燃烧性能分为四级，以利于装修材料的检测和本规范的实施。

为方便设计单位借鉴采纳，本规范对常用建筑内部装修材料燃烧性能等级划分进行了举例。表 1 中列举的材料大致分为两类，一类是天然材料，一类是人造材料或制品。天然材料的燃烧性能等级划分是建立在大量试验数据积累的基础上形成的结果；人造材料或制品是在常规生产工艺和常规原材料配比下生产出的产品，其燃烧性能的等级划分同样是在大量试验数据积累的基础上形成的，划分结果具有普遍性。

常用建筑内部装修材料燃烧性能等级划分举例　　表 1

材料类别	级别	材料举例
各部位材料	A	花岗石、大理石、水磨石、水泥制品、混凝土制品、石膏板、石灰制品、黏土制品、玻璃、瓷砖、马赛克、钢铁、铝、铜合金、天然石材、金属复合板、纤维石膏板、玻镁板、硅酸钙板等
顶棚材料	B_1	纸面石膏板、纤维石膏板、水泥刨花板、矿棉板、玻璃棉装饰吸声板、珍珠岩装饰吸声板、难燃胶合板、难燃中密度纤维板、岩棉装饰板、难燃木材、铝箔复合材料、难燃酚醛胶合板、铝箔玻璃钢复合材料、复合铝箔玻璃棉板等
墙面材料	B_1	纸面石膏板、纤维石膏板、水泥刨花板、矿棉板、玻璃棉板、珍珠岩板、难燃胶合板、难燃中密度纤维板、防火塑料装饰板、难燃双面刨花板、多彩涂料、难燃墙纸、难燃墙布、难燃仿花岗岩装饰板、氯氧镁水泥装配式墙板、难燃玻璃钢平板、难燃 PVC 塑料护墙板、阻燃模压木质复合板材、彩色难燃人造板、难燃玻璃钢、复合铝箔玻璃棉板等
	B_2	各类天然木材、木制人造板、竹材、纸制装饰板、装饰微薄木贴面板、印刷木纹人造板、塑料贴面装饰板、聚酯装饰板、复塑装饰板、塑纤板、胶合板、塑料壁纸、无纺贴墙布、墙布、复合壁纸、天然材料壁纸、人造革、实木饰面装饰板、胶合竹夹板等

续表

材料类别	级别	材料举例
地面材料	B_1	硬PVC塑料地板、水泥刨花板、水泥木丝板、氯丁橡胶地板、难燃羊毛地毯等
	B_2	半硬质PVC塑料地板、PVC卷材地板等
装饰织物	B_1	经阻燃处理的各类难燃织物等
	B_2	纯毛装饰布、经阻燃处理的其他织物等
其他装修装饰材料	B_1	难燃聚氯乙烯塑料、难燃酚醛塑料、聚四氟乙烯塑料、难燃脲醛塑料、硅树脂塑料装饰型材、经难燃处理的各类织物等
	B_2	经阻燃处理的聚乙烯、聚丙烯、聚氨酯、聚苯乙烯、玻璃钢、化纤织物、木制品等

根据生活常识也可以进行判断，选项A、B、C所述材料均为不燃性材料，燃烧性能为A级。因此选D正确。

【题43】下列装修材料中，属于B_1级墙面装修材料的是（　　）。

A. 塑料贴面装饰板　　B. 纸制装饰墙

C. 无纺贴墙布　　D. 纸面石膏板

【参考答案】D

【命题思路】

本题主要考察常见建筑材料及制品的燃烧性能。

【解题分析】

参考《建筑内部装修设计防火规范》GB 50222—2017第3.0.2的条文说明（见上题）。根据条文说明，选D正确。

【题44】根据规范要求，剩余电流式电气火灾监控探测器应设置在（　　）。

A. 高压配电系统末端

B. 采用IT、TN系统的配电线路上

C. 泄漏电流大于500mA的供电线路上

D. 低压配电系统首端

【参考答案】D

【命题思路】

本题主要考察剩余电流式电气火灾监控探测器的设置要求。

【解题分析】

《火灾自动报警系统设计规范》GB 50116—2013

9.2.1　剩余电流式电气火灾监控探测器应以设置在**低压配电系统首端**为基本原则，宜设置在第一级配电柜（箱）的出线端。在供电线路泄漏电流大于500mA时，宜在其下一级配电柜（箱）设置。

9.2.2　剩余电流式电气火灾监控探测器**不宜设置在IT系统**的配电线路和消防配电线路中。

9.2.3　选择剩余电流式电气火灾监控探测器时，应计及供电系统自然漏流的影响，并应选择参数合适的探测器；**探测器报警值宜为300～500mA**。

根据以上规定，选D正确。

【题45】判定某封闭段长度为1.5km的城市交通隧道的类别，正确的是（　　）。

A. 允许通行危险化学品车的隧道，定为一类隧道

B. 不允许通行危险化学品车的隧道，定为二类隧道

C. 仅限通行非危险化学品车的隧道，无论单孔双孔，均定为三类隧道

D. 单孔的隧道定为一类隧道，双孔的隧道定为二类

【参考答案】C

【命题思路】

本题主要考察城市交通隧道的分类。

【解题分析】

《建筑设计防火规范》GB 50016—2014

12.1.2　单孔和双孔隧道应按其封闭段长度和交通情况分为一、二、三、四类，并应符合表12.1.2的规定。

单孔和双孔隧道分类　　**表12.1.2**

用途	一类	二类	三类	四类
	隧道封闭段长度 L(m)			
可通行危险化学品等机动车	$L>1500$	$500<L\leqslant1500$	$L\leqslant1500$	—
仅限通行非危险化学品等机动车	$L>3000$	$1500<L\leqslant3000$	$500<L\leqslant1500$	$L\leqslant500$
仅限人行或通行非机动车	—	—	$L>1500$	$L\leqslant1500$

从上表规定的内容可知，选C正确。

【题46】下列消防救援入口设置的规范中，符合要求的是（　　）。

A. 一类高层办公楼外墙面，连续设置无间隔的广告屏幕

B. 救援入口净高和净宽均为1.6m

C. 每个防火分区设置1个救援入口

D. 多层医院顶层外墙面，连续设置无间隔的广告屏幕

【参考答案】B

【命题思路】

本题主要考察消防救援窗口的设置要求。

【解题分析】

《建筑设计防火规范》GB 50016—2014

7.2.4　厂房、仓库、公共建筑的外墙应在**每层**的适当位置设置可供消防救援人员进入的窗口。

7.2.5　供消防救援人员进入的窗口的净高度和净宽度均不应小于1.0m，下沿距室内地面不宜大于1.2m，**间距不宜大于20m**且每个防火分区不应少于2个，设置位置应与消防车登高操作场地相对应。窗口的玻璃应易于破碎，并应设置可在室外易于识别的明显标志。

根据以上规定，选项B正确。选项A和D中外墙面上连续设置无间隔的广告屏幕，将导致无法设救援窗口，因此选项A和D错误。每个防火分区不应少于2个救援窗，因

此选项 C 错误。

【题 47】某单位拟新建一座石油库，下列该石油库规划布局方案中，不符合消防安全布局原则的是（　　）。

A. 储罐区布置在本单位地势较低处

B. 储罐区泡沫站布置在罐区防火墙外的非防爆区

C. 铁路装卸区布置在地势高于石油库的边缘地带

D. 行政管理区布置在本单位全年最小频率风向的上风侧

【参考答案】D

【命题思路】

本题主要考察石油库的平面布置要求。

【解题分析】

《石油库设计规范》GB 50074—2014

5.1.10　铁路装卸区宜布置在石油库的**边缘地带**，铁路线不宜与石油库出入口的道路相交叉。

5.1.12　消防车库、办公室、控制室等场所，宜布置在储罐区**全年最小频率风向的下风侧**。

5.1.13　储罐区泡沫站应布置在罐组防火堤外的**非防爆区**，与储罐的防火间距不应小于 20m。

《建筑设计防火规范》GB 50016—2014

4.1.1　甲、乙、丙类液体储罐区，液化石油气储罐区，可燃、助燃气体储罐区和可燃材料堆场等，应布置在城市（区域）的边缘或相对独立的安全地带，并宜布置在城市（区域）全年最小频率风向的上风侧。

甲、乙、丙类液体储罐（区）宜布置在**地势较低的地带**。当布置在地势较高的地带时，应采取安全防护设施。

液化石油气储罐（区）宜布置在地势平坦、开阔等不易积存液化石油气的地带。

根据以上规定，办公室宜布置在储罐区全年最小频率风向的下风侧，因此选项 D 不符合消防安全布局。其他选项均符合要求。

【题 48】采用燃烧性能为 A 级，耐火极限≥1h 的秸秆纤维板材组装的绿色环保型板房，可广泛用于施工工地和灾区过道设置，在静风状态下，对板房进行实体火灾试验，测得距着火板房外墙各测点的最大热辐射如下表所示，据此可判定，该板房安全经济的防火间距是（　　）。

测点	距离(m)	最大热辐射强度(kW/m^2)	最大热辐射强度的时间(s)
1	1.0	24.425	222
2	2.0	12.721	213
3	3.0	6.640	213
4	4.0	2.529	214

A. 1.0　　B. 2.0

C. 3.0　　D. 4.0

【参考答案】C

【命题思路】

本题主要考察火灾蔓延和防火间距的判定准则。

【解题分析】

《消防安全技术综合能力》教材第4篇第3章第6节关于防止火灾蔓延扩大判定准则的内容。

根据澳大利亚建筑规范协会出版的《防火安全工程指南》提供的资料，在火灾通过热辐射蔓延的设计中，当被引燃物是很薄很轻的窗帘、松散地堆放的报纸等非常容易被点燃的物品时，其临界辐射强度可取为10kW/m^2；当被引燃物是带软垫的家具等一般物品时，其临界辐射强度可取为20kW/m^2；对于厚度为5cm或更厚的木板等很难被引燃的物品，其临界辐射强度可取为40kW/m^2。如不能确定可燃物的性质，为了安全起见，其临界辐射强度取为**10kW/m^2**。

根据以上内容，本题2.0m处的最大热辐射大于10**kW/m^2**，所以3.0m是安全经济的防火间距。因此选C。

【题49】关于中庭与周围连通空间进行防火分隔的做法，错误的是（　　）。

A. 采用乙级防火门、窗，且火灾时能自行关闭

B. 采用耐火极限为1.00h的防火隔墙

C. 采用耐火隔热和耐火完整性为1.00h的防火玻璃墙

D. 采用耐火完整性为1.00h的非隔热性防火玻璃墙，并设置自动喷水灭火系统保护

【参考答案】A

【命题思路】

本题主要考察中庭防火分隔与连通空间防火分隔设计要求。

【解题分析】

《建筑设计防火规范》GB 50016—2014

5.3.2　建筑内设置自动扶梯、敞开楼梯等上、下层相连通的开口时，其防火分区的建筑面积应按上、下层相连通的建筑面积叠加计算；当叠加计算后的建筑面积大于本规范第5.3.1条的规定时，应划分防火分区。

建筑内设置中庭时，其防火分区的建筑面积应按上、下层相连通的建筑面积叠加计算；当叠加计算后的建筑面积大于本规范第5.3.1条的规定时，应符合下列规定：

1　与周围连通空间应进行防火分隔：采用防火隔墙时，**其耐火极限不应低于1.00h**；采用防火玻璃墙时，**其耐火隔热性和耐火完整性不应低于1.00h**。采用耐火完整性不低于1.00h的非隔热性防火玻璃墙时，**应设置自动喷水灭火系统进行保护**；采用防火卷帘时，其耐火极限不应低于3.00h，并应符合本规范第6.5.3条的规定；与中庭相连通的门、窗，应采用火灾时能自行关闭的**甲级防火门、窗**。

根据以上规定，应采用火灾时能自行关闭的甲级防火门、窗，因此选项A所述错误。其他选项中的做法均符合规定。

【题50】一个防护区内设置5台预制七氟丙烷灭火装置，启动时其动作响应时差不得大于（　　）s。

A. 1　　　　B. 3

C. 5　　D. 2

【参考答案】D

【命题思路】

本题主要考察气体灭火系统装置的动作响应时差要求。

【解题分析】

《气体灭火系统设计规范》GB 50370—2005

3.1.15　同一防护区内的预制灭火系统装置多于1台时，必须能同时启动，其动作响应时差**不得大于2s**。

根据以上规定，选D正确。

【题51】下列多层厂房中，设置机械加压送风系统的封闭楼梯间应采用乙级防火门的是（　　）。

A. 服装加工厂房　　B. 机械修理厂

C. 汽车厂总装厂房　　D. 金属冶炼厂

【参考答案】A

【命题思路】

本题主要考察封闭楼梯间的设计要求。

【解题分析】

《建筑设计防火规范》GB 50016—2014

6.4.2　封闭楼梯间除应符合本规范第6.4.1条的规定外，尚应符合下列规定：

3　高层建筑、人员密集的公共建筑、人员密集的**多层丙类厂房**、甲、乙类厂房，其封闭楼梯间的门应采用乙级防火门，并应向疏散方向开启；其他建筑，可采用双向弹簧门。

本题选项中，服装加工厂是丙类厂房，机械修理厂、汽车厂总装厂房和金属冶炼厂为丁戊类厂房。因此选A正确。

【题52】发生火灾时，湿式喷水灭火系统中的湿式报警阀由（　　）开启。

A. 火灾探测器　　B. 水流指示器

C. 闭式喷头　　D. 压力开关

【参考答案】C

【命题思路】

本题主要考察自动喷水灭火系统的工作原理。

【解题分析】

《自动喷水灭火系统设计规范》GB 50084—2001（2005年版）

4.1.3　自动喷水灭火系统的设计原则应符合下列规定：

1　闭式洒水喷头或启动系统的火灾探测器，应能有效探测初期火灾；

2　湿式系统、干式系统应在开放一只洒水喷头后自动启动，预作用系统、雨淋系统和水幕系统应在火灾自动报警系统报警后自动启动。

11.0.1　湿式系统、干式系统的喷头动作后，应由压力开关直接连锁自动启动供水泵。

根据以上规定，闭式喷头启动湿式灭火系统，压力开关启动消防水泵。因此选C

正确。

【题53】关于可燃气体探测报警系统设计的说法，符合规范要求的是（　　）。

A. 可燃气体探测器可接入可燃气体报警控制器，也可直接接入火灾报警控制器的探测回路

B. 探测天然气的可燃气体探测器应安装在保护空间的下部

C. 液化石油气探测器可采用壁挂及吸顶安装方式

D. 能将报警信号传输至消防控制室时，可燃气体报警控制器可安装在保护区域附近无人值班的场所

【参考答案】D

【命题思路】

本题主要考察可燃气体探测器的设计要求。

【解题分析】

《火灾自动报警系统设计规范》GB 50116—2013

8.1.2　可燃气体探测报警系统应独立组成，可燃气体探测器**不应接入火灾报警控制器的探测器回路**；当可燃气体的报警信号需接入火灾自动报警系统时，应由可燃气体报警控制器接入。

8.2.1　**探测气体密度小于空气密度的可燃气体探测器应设置在被保护空间的顶部，探测气体密度大于空气密度的可燃气体探测器应设置在被保护空间的下部，探测气体密度与空气密度相当时，可燃气体探测器可设置在被保护空间的中间部位或顶部。**

8.3.1　当有消防控制室时，可燃气体报警控制器**可设置在保护区域附近**；当无消防控制室时，可燃气体报警控制器应设置在有人值班的场所。

根据以上规定，可燃气体探测器不应接入火灾报警控制器的探测器回路，选项A错误。液化石油气比空气重，天然气比空气轻，因此选项B和C的安装位置错误。选项D正确。

【题54】关于建筑防烟分区的说法，正确的是（　　）。

A. 防烟分区面积一定时，挡烟垂壁下降越低越有利于烟气及时排除

B. 建筑设置敞开楼梯时，防烟分区可跨越防火分区

C. 防烟分区划分得越小越有利于控制延期蔓延

D. 排烟与补风在同一防烟分区时，高位补风优于低位补风

【参考答案】A

【命题思路】

本题主要考察防烟分区的设计要求。

【解题分析】

2017年注册消防工程师考试期间，《建筑防烟排烟系统技术标准》GB 51251—2017尚未实施，因此本题解析参考《建筑设计防火规范》GB 50016—2006。

9.4.2　需设置机械排烟设施且室内净高小于等于6.0m的场所应划分防烟分区；每个防烟分区的建筑面积不宜超过500m^2，防烟分区不应跨越防火分区。

防烟分区宜采用隔墙、顶棚下凸出不小于500mm的结构梁以及顶棚或吊顶下凸出不小于500mm的不燃烧体等进行分隔。

9.4.7　机械加压送风防烟系统和排烟补风系统的室外进风口宜布置在室外排烟口的下方，且高差不宜小于3.0m；当水平布置时，水平距离不宜小于10.0m。

防烟分区设置的目的是将烟气控制在着火区域所在的空间范围内，并限制烟气从储烟仓内向其他区域蔓延，烟气层高度需控制在储烟仓下沿以上一定高度内，以保证人员安全疏散及消防救援，因此挡烟垂壁越低，储烟仓储烟能力越强，原则上越有利于烟气排出，选项A正确。防烟分区不应跨越防火分区，选项B错误。

防烟分区面积过大或过小都不利于排烟，当防烟分区过大时（包括长边过长），烟气水平射流的扩散中，会卷吸大量冷空气而沉降，不利于烟气的及时排出；当防烟分区过小时，会使储烟能力减弱，使烟气过早沉降或蔓延到相邻的防烟分区，因此选项C错误。

当补风口与排烟口设置在同一防烟分区内时，补风口应设在储烟仓下沿以下，且补风口应与储烟仓、排烟口保持尽可能大的间距，这样才不会扰动烟气，也不会使冷热气流相互对撞，造成烟气的混流，因此选项D错误。

【题55】下列物质中，火灾分类属于A类火灾的是（　　）。

A. 石蜡　　B. 沥青

C. 钾　　D. 棉布

【参考答案】D

【命题思路】

本题主要考察火灾的分类。

【解题分析】

《火灾分类》GB/T 4968—2008

A类火灾：固体物质火灾。这种物质通常具有有机物性质，一般在燃烧时能产生灼热的余烬。

B类火灾：液体或可熔化的固体物质火灾。

C类火灾：气体火灾。

D类火灾：金属火灾。

E类火灾：带电火灾。物体带电燃烧的火灾。

F类火灾：烹饪器具内的烹饪物（如动植物油脂）火灾。

根据以上规定，选项C为D类金属火灾，选项A和选项B为B类火灾，选项D为A类火灾。

【题56】对于25层的住宅建筑，消防车登高操作场地的最小长度和宽度是（　　）。

A. 20m、10m　　B. 15m、10m

C. 15m、15m　　D. 10m、10m

【参考答案】A

【命题思路】

本题考查内容为消防车登高操作场地的长度和宽度要求。

【解题分析】

《建筑设计防火规范》GB 50016—2014

7.2.2　消防车登高操作场地应符合下列规定：

1　场地与厂房、仓库、民用建筑之间不应设置妨碍消防车操作的树木、架空管线等障碍物和车库出入口。

2 场地的长度和宽度分别**不应小于15m和10m**。对于建筑**高度大于50m**的建筑，场地的**长度和宽度分别不应小于20m和10m**。

3 场地及其下面的建筑结构、管道和暗沟等，应能承受重型消防车的压力。

4 场地应与消防车道连通，场地靠建筑外墙一侧的边缘距离建筑外墙不宜小于5m，且不应大于10m，场地的坡度不宜大于3%。

本题中住宅建筑层高按照3m考虑，建筑高度为75m，超过50m，因此场地的长度和宽度分别不应小于20m和10m，选A正确。

【题57】建筑保温材料内部传热的主要方式是（ ）。

A. 绝热　　B. 热传导

C. 热对流　　D. 热辐射

【参考答案】B

【命题思路】

本题考查内容为传热的主要方式。

【解题分析】

《消防安全技术实务》教材第1篇第2章第3节关于热量传递基本方式的内容。

热量传递有三种基本方式，即热传导、热对流和热辐射。

热传导又称导热，属于**接触传热**，是连续介质就地传递热量而又没有各部分之间相对的宏观位移的一种传热方式；热对流又称导热，是指流体各部分之间发生相对位移，冷热流体相互掺混引起热量传递的方式；热辐射是因热的原因而发出辐射能的现象。

保温材料内部的传热方式为热传导，选B正确。

【题58】采用t^2火模型描述火灾发展过程时，装满书籍的厚布邮袋火灾为（ ）t^2火。

A. 超快速　　B. 中速

C. 慢速　　D. 快速

【参考答案】D

【命题思路】

本题考查内容为火灾发展模型的分类。

【解题分析】

《消防安全技术实务》教材第5篇第4章第3节关于热释放速率t^2模型的内容。

根据火灾发展系数，火灾发展阶段可分为极快、快速、中速和慢速四种类型，表5-4-1给出了火灾发展系数与美国消防协会标准中示例材料的对应关系。

火焰水平蔓延速度参数值　　表5-4-1

可燃材料	火焰蔓延分级	α(kJ/s^3)	Q=1MW时所需的时间(s)
没有注明	慢速	0.029	584
无棉制品 聚酯床垫	中速	0.0117	292

续表

可燃材料	火焰蔓延分级	α(kJ/s³)	Q=1MW时 所需的时间(s)
泡沫塑料 堆积的木板 **装满邮件的邮袋**	**快速**	0.0469	146
甲醇 快速燃烧的软垫座椅	超快速	0.1876	73

根据以上内容，装满书籍的厚布邮袋的蔓延等级为快速，选项D正确。

【题59】下列易燃固体中，燃点低、易燃烧并能释放出有毒气体的是（　　）。

A. 萘　　B. 赤磷

C. 硫磺　　D. 镁粉

【参考答案】B

【命题思路】

本题考查内容为易燃固体的分类分级。

【解题分析】

《消防安全技术实务》教材第1篇第1章第4节关于易燃固体的内容。

易燃固体按其燃点的高低、燃烧速度的快慢、放出气体的毒害性的大小通常分为两级，见表1-4-4。

易燃固体的分级分类　　表1-4-4

级别	分类		举例
一级(甲)	燃点低、易燃烧、燃烧迅速和猛烈，并放出有毒气体	赤磷及含磷化合物	赤磷、三硫化四磷、五硫化二磷等
		硝基化合物	二硝基甲苯、二硝基萘、硝化棉等
		其他	闪光粉、氨基化钠、重氮氨基苯等
二级(乙)	燃点较高、燃烧较慢、燃烧产物毒性也较小	硝基化合物	硝基芳烃、二硝基丙烷等
		易燃金属粉	铝粉、镁粉、锰粉等
		萘及其衍生物	萘、甲基萘等
		碱金属氨基化合物	氨基化钠、氨基化钙
		硝化棉制品	硝化纤维漆布、赛璐珞板等
		其他	硫黄、生松香、聚甲醛等

注：燃点在300℃以下的天然纤维（如棉、麻、纸张、谷草等）列属丙类易燃固体。

根据上表内容，赤磷满足燃点低，易燃烧并能释放出有毒气体的特性，选B。

【题60】某机组容量为350MW的燃煤发电厂的下列灭火系统设置中，不符合规范要求的是（　　）。

A. 汽机房电缆夹层采用自动喷水灭火系统

B. 封闭式运煤栈桥采用自动喷水灭火系统

C. 电子设备间采用气体灭火系统

D. 点火油罐区采用低倍数泡沫灭火系统

【参考答案】A

【命题思路】

本题考查内容为燃煤发电厂内灭火系统的适用范围。

【解题分析】

《火力发电厂与变电站设计防火规范》GB 50229—2006

7.1.8 机组容量为300MW及以上的燃煤电厂应按表7.1.8的规定设置火灾自动报警系统、固定灭火系统。

主要建（构）筑物和设备火灾自动报警系统与固定灭火系统 **表7.1.8**

建(构)筑物和设备	火灾探测器类型	灭火介质及系统型式
集中控制楼、网络控制楼		
1. 电缆夹层	吸气式感烟或缆式线型感温和点型感烟组合	水喷雾、细水雾或气体
2. 电子设备间	吸气式感烟或点型感烟和点型感烟组合	固定式气体或其他介质
6. 封闭式运煤栈桥或运煤隧道(燃用褐煤或易自燃高挥发分煤种)	缆式线型感温	水喷雾或自动喷水
10. 点火油罐	缆式线型感温	泡沫灭火或其他介质

根据以上表格内容，电缆夹层为电气火灾，应使用水喷雾、细水雾或气体灭火系，因此选项A不符合要求。

【题61】按下图计算，200人按疏散指示有序通过一个净宽度为2m且直接对外的疏散出口疏散至室外，其最快疏散时间约为（　　）s。

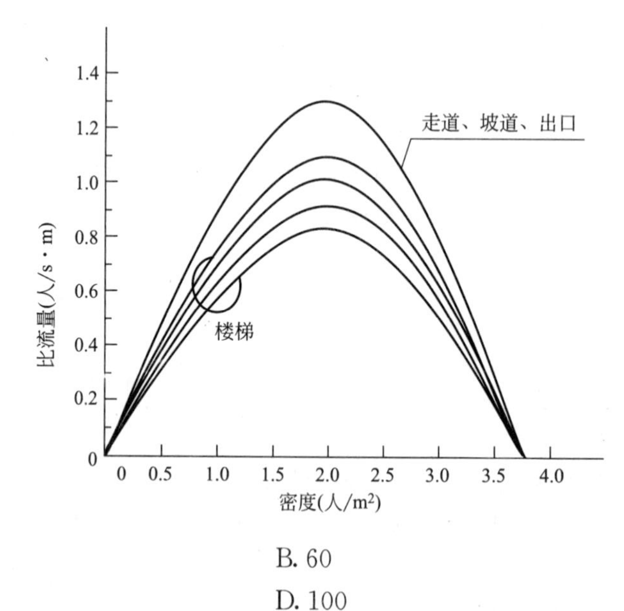

A. 40　　B. 60

C. 80　　D. 100

【参考答案】C

【命题思路】

本题考查内容为疏散时间的计算方法。

【解题分析】

《消防安全技术实务》教材第 5 篇第 4 章第 4 节关于出口处人流的比流量的叙述。

比流量是指建筑物出口在单位时间内通过单位宽度的人流数量［单位：人/(m·s)］，比流量反映了单位宽度的通行能力。

本题中图示显示了不同疏散走道上比流量与人员密度的关系。从图中可知，2.0m 宽走道的比流量约为 1.3 人/(s·m)，计算疏散时间为 200 人/［1.3 人/(s·m)×2m］≈80s，因此选项 C 正确。

【题 62】下列火灾中，不应采用碳酸氢钠干粉灭火的是（　　）。

A. 可燃气体火灾　　B. 易燃可燃液体火灾

C. 可融化固体火灾　　D. 可燃固体表面火灾

【参考答案】D

【命题思路】

本题考查内容为不同干粉灭火器的适用火灾类型。

【解题分析】

《火灾分类》GB/T 4968—2008

A 类火灾：固体物质火灾。这种物质通常具有有机物性质，一般在燃烧时能产生灼热的余烬。

B 类火灾：液体或可熔化的固体物质火灾。

C 类火灾：气体火灾。

《建筑灭火器配置设计规范》GB 50140—2005

4.2.1　A 类火灾场所应选择水型灭火器、磷酸铵盐干粉灭火器、泡沫灭火器或卤代烷灭火器。

4.2.2　B 类火灾场所应选择泡沫灭火器、碳酸氢钠干粉灭火器、磷酸铵盐干粉灭火器、二氧化碳灭火器、灭 B 类火灾的水型灭火器或卤代烷灭火器。

极性溶剂的 B 类火灾场所应选择灭 B 类火灾的抗溶性灭火器。

4.2.3　C 类火灾场所应选择磷酸铵盐干粉灭火器、碳酸氢钠干粉灭火器、二氧化碳灭火器或卤代烷灭火器。

根据以上规定，碳酸氢钠干粉灭火器不适用于 A 类火灾（固体物质火灾），因此选 D。

【题 63】湿式自动喷水灭火系统的喷淋泵，应由（　　）信号直接控制启动。

A. 信号阀　　B. 水流指示器

C. 压力开关　　D. 消防联动控制器

【参考答案】C

【命题思路】

本题考查内容为消防泵的直接启动方式。

【解题分析】

《火灾自动报警系统设计规范》GB 50116—2013

4.2.1　湿式系统和干式系统的联动控制设计，应符合下列规定：

1　联动控制方式，应由湿式报警阀**压力开关的动作信号**作为触发信号，直接控制启动喷淋消防泵，联动控制不应受消防联动控制器处于自动或手动状态影响。

根据以上规定，选项C正确。

【题64】集中电源集中控制型消防应急照明和疏散指示系统不包括（　　）。

A. 分配电装置　　B. 应急照明控制器

C. 输入模块　　D. 疏散指示灯具

【参考答案】C

【命题思路】

本题考查内容为集中电源集中控制型消防应急照明和疏散指示系统组成。

【解题分析】

《消防应急照明和疏散指示系统》GB 17945—2010

A.5　集中电源集中控制型消防应急照明和疏散指示系统组成

系统组成如图A.5所示。

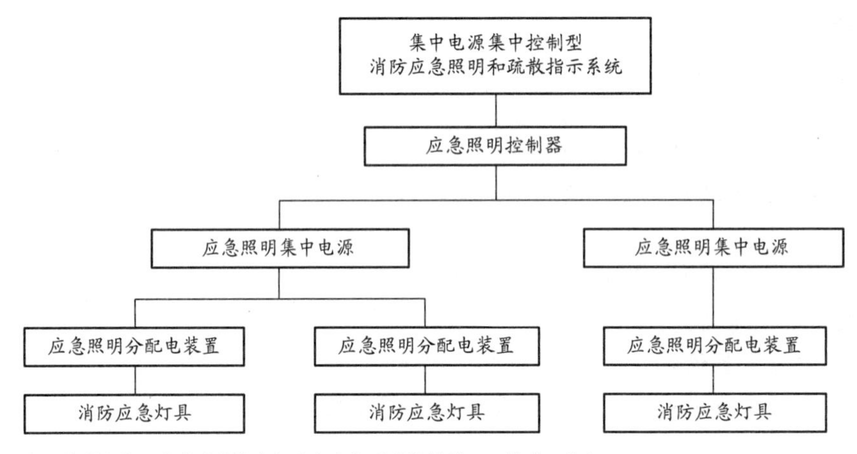

图A.5　集中电源集中控制型消防应急照明和疏散指示系统组成

根据上图，该系统包括应急照明控制器、分配电装置、疏散指示灯具，不包括输入模块。

【题65】影响公共建筑疏散设计指标的主要因素是（　　）。

A. 人员密度　　B. 人员对环境的熟知度

C. 人员心理承受能力　　D. 人员身体状况

【参考答案】A

【命题思路】

本题考查内容为疏散设计指标的影响因素。

【解题分析】

《消防安全技术实务》教材第2篇第5章第1节

安全疏散基本参数是对建筑安全疏散设计的重要依据，主要包括**人员密度**计算、疏散宽度指标、疏散距离指标等参数。

根据以上内容，选项A正确。

【题66】净高6m以下的室内空间，顶棚射流的厚度通常为室内净高的5%～12%，其最大温度和速度出现在顶棚以下室内净高的（　　）处。

A. 5%　　　　B. 1%

C. 3%～5%　　　　D. 5%～10%

【参考答案】B

【命题思路】

本题考查内容为顶棚射流的特性。

【解题分析】

《消防安全技术实务》教材第5篇第4章第3节关于顶棚射流的论述。

研究表明，一般情况下顶棚射流的厚度为顶棚高度的5%～12%，而在顶棚射流内最大温度和速度出现在顶棚以下顶棚高度的1%处。

根据以上内容，选项B正确。

【题67】闭式泡沫-水喷淋系统的供给强度不应小于（　　）L/(min·m^2)。

A. 4.5　　　　B. 6.5

C. 5.0　　　　D. 6.0

【参考答案】B

【命题思路】

本题考查内容为闭式泡沫-水喷淋系统的供给强度要求。

【解题分析】

《泡沫灭火系统设计规范》GB 50151—2010

7.3.5　闭式泡沫-水喷淋系统的供给强度不应小于6.5L/(min·m^2)。

根据以上规定，选项B正确。

【题68】需24h有人值守的大型通信机房，不应选用（　　）。

A. 二氧化碳灭火系统　　　　B. 七氟丙烷灭火系统

C. IG541灭火系统　　　　D. 细水雾灭火系统

【参考答案】A

【命题思路】

本题考查内容为大型通信机房的适用自动灭火系统。

【解题分析】

《二氧化碳气体灭火系统设计规范》GB 50193—1993

1.0.5A　二氧化碳全淹没灭火系统**不应用于经常有人停留的场所**。

《建筑设计防火规范》GB 50016—2014

8.3.9　下列场所应设置自动灭火系统，并宜采用气体灭火系统：

1　国家、省级或人口超过100万的城市广播电视发射塔内的微波机房、分米波机房、米波机房、变配电室和不间断电源（UPS）室；

2　国际电信局、大区中心、省中心和一万路以上的地区中心内的长途程控交换机房、控制室和信令转接点室；

3　两万线以上的市话汇接局和六万门以上的市话端局内的程控交换机房、控制室和信令转接点室；

4　中央及省级公安、防灾和网局级及以上的电力等调度指挥中心内的通信机房和控制室；

5 A、B级电子信息系统机房内的主机房和基本工作间的已记录磁（纸）介质库。

注：本条第1、4、5、8款规定的部位，可采用细水雾灭火系统。

根据以上规定，中大型通信机房宜采用气体灭火系统，但题干中说明24h值班，所以不应选用二氧化碳灭火系统。

【题69】七氟丙烷气体灭火系统不适用于扑救（　　）。

A. 电气火灾　　B. 固体表面火灾

C. 金属氢化物火灾　　D. 灭火前能切断气源的气体火灾

【参考答案】C

【命题思路】

本题考查内容为气体灭火系统适用范围。

【解题分析】

《气体灭火系统设计规范》GB 50370—2005

3.2.1 气体灭火系统适用于扑救下列火灾：

1 **电气火灾；**

2 **固体表面火灾；**

3 液体火灾；

4 **灭火前能切断气源的气体火灾。**

注：除电缆隧道（夹层、井）及自备发电机房外，K型和其他型热气溶胶预制灭火系统不得用于其他电气火灾。

3.2.2 气体灭火系统不适用于扑救下列火灾：

1 硝化纤维、硝酸钠等氧化剂或含氧化剂的化学制品火灾；

2 钾、镁、钠、钛、锆、铀等活泼金属火灾；

3 **氢化钾、氢化钠等金属氢化物火灾；**

4 过氧化氢、联胺等能自行分解的化学物质火灾；

5 可燃固体物质的深位火灾。

根据以上规定，选C。

【题70】下列建筑中，不需要设置消防电梯的是（　　）。

A. 建筑高度26m的医院　　B. 总建筑面积21000m^{2}的高层商场

C. 建筑高度32m的二类办公室　　D. 12层住宅建筑

【参考答案】C

【命题思路】

本题考查内容为消防电梯设置场所要求。

【解题分析】

《建筑设计防火规范》GB 50016—2014

7.3.1 下列建筑应设置消防电梯：

1 建筑高度**大于33m的住宅建筑；**

2 **一类高层公共建筑**和建筑高度大于32m的二类高层公共建筑、5层及以上且总建筑面积大于3000m^2（包括设置在其他建筑内五层及以上楼层）的老年人照料设施；

3 设置消防电梯的建筑的地下或半地下室，埋深大于10m且总建筑面积大于3000m^2

的其他地下或半地下建筑（室）。

根据以上规定，选项 A 和 B 为一类高层公共建筑，应设置消防电梯；选项 D 中住宅建筑层高按照 3m 考虑，建筑高度 36m，大于 33m，应设置消防电梯；选项 C 中建筑高度不大于 32m，不需要设置消防电梯。

【题 71】下列场所灭火器配置方案中，错误的是（　　）。

A. 商场女装库房配置水型灭火器

B. 碱金属（钾、钠）库房配置水型灭火器

C. 食用油库房配置泡沫灭火器

D. 液化石油气灌瓶配置干粉灭火器

【参考答案】B

【命题思路】

本题考查内容为不同火灾场所灭火器配置要求。

【解题分析】

《建筑灭火器配置设计规范》GB 50140—2005

4.2.1 A 类火灾场所应选择水型灭火器、磷酸铵盐干粉灭火器、泡沫灭火器或卤代烷灭火器。

4.2.2 B 类火灾场所应选择泡沫灭火器、碳酸氢钠干粉灭火器、磷酸铵盐干粉灭火器、二氧化碳灭火器、灭 B 类火灾的水型灭火器或卤代烷灭火器。

极性溶剂的 B 类火灾场所应选择灭 B 类火灾的抗溶性灭火器。

4.2.3 C 类火灾场所应选择磷酸铵盐干粉灭火器、碳酸氢钠干粉灭火器、二氧化碳灭火器或卤代烷灭火器。

4.2.4 D 类火灾场所应选择扑灭金属火灾的专用灭火器。

4.2.5 E 类火灾场所应选择磷酸铵盐干粉灭火器、碳酸氢钠干粉灭火器、卤代烷灭火器或二氧化碳灭火器，但不得选用装有金属喇叭喷筒的二氧化碳灭火器。

选项 A 为 A 类火灾，可以选用水型灭火器；选项 B 为 D 类火灾，应选择扑灭金属火灾的专用灭火器；选项 C 为 B 类火灾，可以选用泡沫灭火器；选项 D 为 C 类火灾，可以选择干粉灭火器。综上所述，选 B。

【题 72】关于火灾类别的说法，错误的是（　　）。

A. D 类火灾是物体带电燃烧的火灾

B. A 类火灾是固体物质火灾

C. B 类火灾是液体火灾或可融化固体物质火灾

D. C 类火灾是气体火灾

【参考答案】A

【命题思路】

本题考查内容为火灾分类。

【解题分析】

《火灾分类》GB/T 4968—2008

A 类火灾：固体物质火灾。这种物质通常具有有机物性质，一般在燃烧时能产生灼热的余烬。

B 类火灾：液体或可熔化的固体物质火灾。

C 类火灾：气体火灾。

D 类火灾：金属火灾。

E 类火灾：带电火灾。物体带电燃烧的火灾。

F 类火灾：烹饪器具内的烹饪物（如动植物油脂）火灾。

根据以上规定，选 A。

【题 73】城市消防远程监控系统不包括（　　）。

A. 用户信息传输装置　　B. 报警传输网络

C. 火警信息终端　　D. 火灾报警控制器

【参考答案】D

【命题思路】

本题考查内容为城市消防远程监控系统构成。

【解题分析】

《城市消防远程监控系统技术规范》GB 50440—2007

4.3.1　远程监控系统应由**用户信息传输装置、报警传输网络、报警受理系统、信息查询系统、用户服务系统及相关终端和接口**构成。

根据以上规定，选 D。

【题 74】细水雾灭火系统按供水方式分类，可分为泵组式系统、瓶组与泵组结合式系统和（　　）。

A. 低压系统　　B. 瓶组式系统

C. 中压系统　　D. 高压系统

【参考答案】B

【命题思路】

本题考查内容为细水雾灭火系统分类。

【解题分析】

《细水雾灭火装置》GA 1149—2014

4.1.1　按供水方式分类：

a）**瓶组式**细水雾灭火装置；

b）**泵组式**细水雾灭火装置；

c）其他供水方式细水雾灭火装置。

根据以上规定，选项 B 正确。

【题 75】室内消火栓栓口动压大于（　　）MPa 时，必须设置减压装置。

A. 0.70　　B. 0.30

C. 0.35　　D. 0.50

【参考答案】A

【命题思路】

本题考查内容为室内消火栓设置减压装置的动压要求。

【解题分析】

《消防给水及消火栓系统技术规范》GB 50974—2014

7.4.12 室内消火栓栓口压力和消防水枪充实水柱，应符合下列规定：

1 消火栓栓口动压力不应大于0.50MPa；当大于0.70MPa时必须设置减压装置。

根据以上规定，选项A正确。

【题76】下列场所中，不需要设置火灾自动报警系统的是（ ）。

A. 高层建筑首层停车数为200辆的汽车库

B. 采用汽车专用升降机作汽车疏散出口的汽车库

C. 停车数为350辆的单层汽车库

D. 采用机械设备进行垂直或水平移动形式停放汽车的敞开汽车库

【参考答案】A

【命题思路】

本题考查内容为设置汽车库的分类及汽车库设置火灾自动报警系统的要求。

【解题分析】

《汽车库、修车库、停车场设计防火规范》GB 50067—2014

3.0.1 汽车库、修车库、停车场的分类应根据停车（车位）数量和总建筑面积确定，并应符合表3.0.1的规定。

汽车库、修车库、停车场的分类 **表3.0.1**

名称		Ⅰ	Ⅱ	Ⅲ	Ⅳ
汽车库	停车数量(辆)	>300	151～300	51～150	≤50
	总建筑面积 S(m^2)	S>10000	5000<S≤10000	2000<S≤5000	S≤2000
修车库	车位数(个)	>15	6～15	3～5	≤2
	总建筑面积 S(m^2)	S>3000	1000<S≤3000	500<S≤1000	S≤500
停车场	停车数量(辆)	>400	251～400	101～250	≤100

9.0.7 除敞开式汽车库、屋面停车场外，下列汽车库、修车库应设置火灾自动报警系统：

1 Ⅰ类汽车库、修车库；

2 Ⅱ类地下、半地下汽车库、修车库；

3 Ⅱ类高层汽车库、修车库；

4 机械式汽车库；

5 采用汽车专用升降机作汽车疏散出口的汽车库。

以上规定的第4款和第5款分别对应选项B和D，这两种车库应设置火灾自动报警系统。选项C为Ⅰ类汽车库，应设置火灾自动报警系统。选项A为Ⅱ类地上汽车库，不需要设置火灾自动报警系统。

【题77】关于石油化工企业可燃气体放空管设置的说法，错误的是（ ）。

A. 连续排放的放空管口，应高出20m范围内平台或建筑屋顶3.5m以上并满足相关规定

B. 间歇排放的放空管口，应高出10m范围内平台或建筑屋顶3.5m以上并满足相关规定

C. 无法排入火炬或装置处理排放系统的可燃气体，可通过放空管向大气排放

D. 放空管管口不宜朝向邻近有人操作的设备

【参考答案】C

【命题思路】

本题考查内容为石油化工企业可燃气体放空管设置要求。

【解题分析】

《石油化工企业设计防火规范》GB 50160—2008

5.5.11 受工艺条件或介质特性所限，无法排入火炬或装置处理排放系统的可燃气体，当通过排气筒、放空管直接向大气排放时，排气筒、放空管的高度应符合下列规定：

1. **连续排放**的排气筒顶或放空管口应**高出** 20m 范围内的平台或建筑物顶**3.5m 以上**，位于排放口水平 20m 以外斜上 45°的范围内不宜布置平台或建筑物；

2. **间歇排放**的排气筒顶或放空管口应**高出** 10m 范围内的平台或建筑物顶**3.5m 以上**，位于排放口水平 10m 以外斜上 45°的范围内不宜布置平台或建筑物；

3. 安全阀排放管口**不得朝向邻近设备或有人通过的地方**，排放管口应高出 8m 范围内的平台或建筑物顶 3m 以上。

根据以上规定，选项 A、B、D 所述均正确。选项 C 中，通过放空管向大气排放不是无条件的，必须满足相应的规定。

【题 78】关于消防车道设置的说法，错误的是（　　）。

A. 消防车道的坡度不宜大于 9%

B. 超过 3000 个座位的体育馆应设置环形消防车道

C. 消防车道边缘距离取水点不宜大于 2m

D. 高层住宅建筑可沿建筑的一个长边设置消防车道

【参考答案】A

【命题思路】

本题考查内容为消防车道的设置要求。

【解题分析】

《建筑设计防火规范》GB 50016—2014

7.1.2 高层民用建筑，**超过 3000 个座位的体育馆**，超过 2000 个座位的会堂，占地面积大于 3000m^2 的商店建筑、展览建筑等单、多层公共建筑**应设置环形消防车道**，确有困难时，可沿建筑的两个长边设置消防车道；对于**高层住宅建筑**和山坡地或河道边临空建造的高层民用建筑，**可沿建筑的一个长边设置消防车道**，但该长边所在建筑立面应为消防车登高操作面。

7.1.7 供消防车取水的天然水源和消防水池应设置消防车道。消防车道的边缘距离取水点**不宜大于 2m**。

7.1.8 消防车道应符合下列要求：

5 消防车道的坡度不宜大于8%。

根据以上规定，选项 A 所述有误。

【题 79】某总建筑面积为 900m^2 的办公建筑，地上 3 层，地下 1 层，地上部分为办公用房，地下一层为自行车库和设备用房，该建筑地下部分最低耐火等级应为（　　）。

A. 二级　　　　B. 一级

C. 三级　　　　　　　　　　　　D. 四级

【参考答案】B

【命题思路】

本题考查内容为地下建筑的耐火等级要求。

【解题分析】

《建筑设计防火规范》GB 50016—2014

5.1.3 民用建筑的耐火等级应根据其建筑高度、使用功能、重要性和火灾扑救难度等确定，并应符合下列规定：

1 **地下或半地下建筑（室）**和一类高层建筑的耐火等级**不应低于一级**；

2 单、多层重要公共建筑和二类高层建筑的耐火等级不应低于二级。

根据以上规定，选项 B 正确。

【题 80】关于汽车库防火设计的做法，不符合规范要求的是（　　）。

A. 社区幼儿园与地下车库之间采用耐火极限不低于 2.00h 的楼板完全分隔，安全出口和疏散楼梯分别独立设置

B. 地下二层设置汽车库、设备用房、存放丙类物品的工具库和自行车库

C. 地下一层汽车库附设一个修理车位，一个喷漆间

D. 地下二层设置谷物运输车、大巴车和垃圾运输车车间

【参考答案】C

【命题思路】

本题考查内容为汽车库防火设计要求。

【解题分析】

《汽车库、修车库、停车场设计防火规范》GB 50067—2014

4.1.4 汽车库不应与托儿所、幼儿园，老年人建筑，中小学校的教学楼，病房楼等组合建造。当符合下列要求时，汽车库可设置在托儿所、幼儿园，老年人建筑，中小学校的教学楼，病房楼等的地下部分：

1 汽车库与托儿所、幼儿园，老年人建筑，中小学校的教学楼，病房楼等建筑之间，应采用耐火极限不低于2.00h 的楼板完全分隔；

2 汽车库与托儿所、幼儿园，老年人建筑，中小学校的教学楼，病房楼等的**安全出口和疏散楼梯应分别独立设置**。

4.1.8 地下、半地下汽车库内**不应设置修理车位、喷漆间、充电间、乙炔间和甲、乙类物品库房**。

根据以上规定，选项 C 不符合要求。

二、多项选择题（共 20 题，每题 2 分。每题的备选项中，有 2 个或 2 个以上符合题意，至少有 1 个错项。错选，本题不得分；少选，所选的每个选项得 0.5 分）

【题 81】下列物品中，储存与生产火灾危险性类别不同的有（　　）。

A. 铝粉　　B. 竹藤家具

C. 漆布　　D. 桐油织物

E. 谷物面粉

【参考答案】CDE

【命题思路】

本题考查内容为火灾危险的分类，重点考察生产和储存不同类别的物品。

【解题分析】

《建筑设计防火规范》GB 50016—2014 第3.1节条文说明

生产的火灾危险性分类举例　　表1

乙类	1. 闪点大于或等于28℃至小于60℃的油品和有机溶剂的提炼、回收、洗涤部位及其泵房，松节油或松香蒸馏厂房及其应用部位，醋酸酐精馏厂房，己内酰胺厂房，甲酚厂房，氯丙醇厂房，樟脑油提取部位，环氧氯丙烷厂房，松针油精制部位，煤油灌桶间； 2. 一氧化碳压缩机室及净化部位，发生炉煤气或鼓风炉煤气净化部位，氨压缩机房； 3. 发烟硫酸或发烟硝酸浓缩部位，高锰酸钾厂房，重铬酸钠（红矾钠）厂房； 4. 樟脑或松香提炼厂房，硫黄回收厂房，焦化厂精萘厂房； 5. 氧气站，空分厂房； 6. 铝粉或镁粉厂房，金属制品抛光部位，煤粉厂房、面粉厂的碾磨部位、活性炭制造及再生厂房，谷物筒仓的工作塔，亚麻厂的除尘器和过滤器室
丙类	1. 闪点大于或等于60℃的油品和有机液体的提炼、回收工段及其抽送泵房，香料厂的松油醇部位和乙酸松油脂部位，苯甲酸厂房，苯乙酮厂房，焦化厂焦油厂房，甘油、桐油的制备厂房，油浸变压器室，机器油或变压油罐桶间，润滑油再生部位，配电室（每台装油量大于60kg的设备），沥青加工厂房，植物油加工厂的精炼部位； 2. 煤、焦炭、油母页岩的筛分、转运工段和栈桥或储仓，木工厂房，竹、藤加工厂房，橡胶制品的压延、成型和硫化厂房，针织品厂房，纺织、印染、化纤生产的干燥部位，服装加工厂房，棉花加工和打包厂房，造纸厂备料，干燥车间，印染厂成品厂房，麻纺厂粗加工车间，谷物加工房，卷烟厂的切丝、卷制、包装车间，印刷厂的印刷车间，毛涤厂选毛车间，电视机、收音机装配厂房，显像管厂装配工段烧枪间，磁带装配厂房，集成电路工厂的氧化扩散间、光刻间，泡沫塑料厂的发泡、成型、印片压花部位，饲料加工厂房，畜（禽）屠宰、分割及加工车间、鱼加工车间

储存物品的火灾危险性分类举例　　表2

乙类	1. 煤油，松节油，丁烯醇、异戊醇，丁醚，醋酸丁酯、硝酸戊酯，乙酰丙酮，环己胺，溶剂油，冰醋酸，樟脑油，蚁酸； 2. 氨气、一氧化碳； 3. 硝酸铜，铬酸，亚硝酸钾，重铬酸钠，铬酸钾，硝酸，硝酸汞、硝酸钴，发烟硫酸，漂白粉； 4. 硫黄，镁粉，铝粉，赛璐珞板（片），樟脑，萘，生松香，硝化纤维漆布，硝化纤维色片； 5. 氧气，氟气，液氯； 6. 漆布及其制品，油布及其制品，油纸及其制品，油绸及其制品
丙类	1. 动物油、植物油，沥青，蜡，润滑油、机油、重油，闪点大于等于60℃的柴油，糖醛，白兰地成品库； 2. 化学、人造纤维及其织物，纸张，棉、毛、丝、麻及其织物，谷物，面粉，粒径大于等于2mm的工业成型硫黄，天然橡胶及其制品，竹、木及其制品，中药材，电视机、收录机等电子产品，计算机房已录数据的磁盘储存间，冷库中的鱼、肉间

根据以上表格内容，铝粉的生产和储存都是乙类，竹藤家具都是丙类；漆布和桐油织物的生产厂房属于丙类，而漆布和油布及其制品的储存则属于乙类；谷物面粉生产厂房属

于乙类，而储存则是丙类。因此，选项C、D、E正确。

【题82】某地下变电站，主变电气容量为150MV·A，该变电站的下列防火设计方案中，不符合规范要求的有（　　）。

A. 继电器室设置感温火灾探测器

B. 主控通信室设置火灾自动报警系统及疏散应急照明

C. 变压器设置水喷雾灭火系统

D. 电缆层设置感烟火灾探测器

E. 配电装置室采用火焰探测器

【参考答案】ADE

【命题思路】

本题考查内容为变电站的防火设计要求。

【解题分析】

《火力发电厂与变电站设计防火规范》GB 50229—2006

11.5.4　单台容量为125MV·A及以上的主变压器应设置**水喷雾灭火系统**、合成型泡沫喷雾系统或其他固定式灭火装置。其他带油电气设备，宜采用干粉灭火器。地下变电站的油浸变压器，宜采用固定式灭火系统。

11.5.20　下列场所和设备应设置火灾自动报警系统：

1　**主控通信室**、配电装置室、可燃介质电容器室、**继电器室**。

11.5.21　变电站主要设备用房和设备火灾自动报警系统应符合表11.5.21的规定。

主要建（构）筑物和设备火灾探测报警系统　　　　**表11.5.21**

建筑物和设备	火灾探测器类型	备注
主控通信室	感烟或吸气式感烟	
电缆层和电缆竖井	**线型感温、感烟或吸气式感烟**	
继电器室	**感烟或吸气式感烟**	
电抗器室	感烟或吸气式感烟	如选用含油设备时，采用感温
可燃介质电容器室	感烟或吸气式感烟	
配电装置室	**感烟、线型感 烟或吸气式感烟**	
主变压器	线型感温或吸气式感烟(室内变压器)	

11.7.2　火灾应急照明和疏散标志应符合下列规定：

2　地下变电站的**主控通信室**、配电装置室、变压器室、继电器室、消防水泵房、建筑疏散通道和楼梯间应设置应急照明。

根据以上规定，选项A应设置点型感烟或吸气式火灾探测器；选项D应设置缆式线性感温火灾探测器；选项E中应设置点型感烟火灾探测器。

【题83】某商业建筑，建筑高度23.3m，地上标准层每层划分为面积相近的2个防火分区，防火分隔部位的宽度为60m，该商业建筑的下列防火分隔做法中，正确的有（　　）。

A. 防火墙设置两个不可开启的乙级防火窗

B. 防火墙上设置两樘常闭式乙级防火门

C. 设置总宽度为18m、耐火极限为3.00h的特级防火卷帘

D. 采用耐火极限为3.00h的不燃性墙体从楼地面基层隔断至梁或楼板地面基层

E. 通风管道在穿越防火墙处设置一个排烟防火阀

【参考答案】CD

【命题思路】

本题考查内容为民用建筑防火分区之间防火分隔的设计要求。

【解题分析】

《建筑设计防火规范》GB 50016—2014

2.1.12 防火墙 fire wall

防止火灾蔓延至相邻建筑或相邻水平防火分区且耐火极限不低于3.00h的不燃性墙体。

6.1.5 防火墙上不应开设门、窗、洞口，确需开设时，应设置不可开启或火灾时能自动关闭的**甲级**防火门、窗。

6.5.3 防火分隔部位设置防火卷帘时，应符合下列规定：

1 除中庭外，当防火分隔部位的宽度不大于30m时，防火卷帘的宽度不应大于10m；当防火分隔部位的宽度大于30m时，防火卷帘的宽度不应大于该部位宽度的1/3，**且不应大于20m**。

6.1.1 防火墙应直接设置在建筑的基础或框架、梁等承重结构上，框架、梁等承重结构的耐火极限不应低于防火墙的耐火极限。

防火墙**应从楼地面基层隔断至梁、楼板或屋面板的底面基层**。当高层厂房（仓库）屋顶承重结构和屋面板的耐火极限低于1.00h，其他建筑屋顶承重结构和屋面板的耐火极限低于0.50h时，防火墙应高出屋面0.5m以上。

9.3.11 通风、空气调节系统的风管在下列部位应设置公称动作温度为70℃的防火阀：

1 **穿越防火分区处。**

根据以上规定，选项C中防火卷帘的宽度和占比均符合要求，选项D中防火墙的设置符合规定。防火墙上应设置不可开启或火灾时能自动关闭的**甲级**防火门、窗，因此选项A和B不正确。选项E在穿越防火分区处应设置防火阀。

【题84】下列照明灯具的防火措施中，符合规范要求的有（　　）。

A. 燃气锅炉房内固定安装任意一种防爆类型的照明灯具

B. 照明线路接头采用钎焊焊接并用绝缘布包好，配电盘后线路接头数量不限

C. 潮湿的厂房内外采用封闭型灯具或有防水型灯座的开启型灯具

D. 木质吊顶上安装附带镇流器的荧光灯具

E. 舞池脚灯的电源导线采用截面积不小于2.5mm^{2}助燃电缆明敷

【参考答案】AC

【命题思路】

本题考查内容为灯具的防火措施设计要求。

【解题分析】

《消防安全技术实务》教材第2篇第7章第2节关于照明灯具的选型的内容。

（一）电气照明灯具的选型

（2）爆炸危险环境应选用防爆型、隔爆型灯具，灯具的选型见表2-7-2。

（表2-7-2中，有可燃气体、液体场所，固定安装照明灯具选**任意一种**防爆类型。）

（4）潮湿的厂房内和户外可采用**封闭型**灯具，也可采用有防水灯座的**开启型**灯具。

（二）照明灯具的设置要求

（2）照明与动力合用一电源时，应有各自的分支回路，所有照明线路均应有短路保护装置。配电盘盘后接线**要尽量减少接头**，接头应采用锡钎焊焊接并应用绝缘布包好，金属盘面还应有良好接地。

（9）可燃吊顶上所有暗装、明装灯具、舞台暗装彩灯、舞池脚灯的电源导线，均**应穿钢管敷设**。

《建筑设计防火规范》GB 50016—2014

10.2.4　开关、插座和照明灯具靠近可燃物时，**应采取隔热、散热等防火措施。**

卤钨灯和额定功率不小于100W的白炽灯泡的吸顶灯、槽灯、嵌入式灯，其引入线应采用瓷管、矿棉等不燃材料作隔热保护。

额定功率不小于60W的白炽灯、卤钨灯、高压钠灯、金属卤化物灯、荧光高压汞灯（包括电感镇流器）等，不应直接安装在可燃物体上或采取其他防火措施。

根据以上内容，选项A和C正确。

选项B中，配电盘盘后接线要尽量减少接头；选项D中，镇流器不应直接安装在木质吊顶上；选项E中，舞池脚灯的电源导线应穿钢管敷设。因此选项B、D和E不正确。

【题85】某平战结合的人防工程，地下3层。下列防火设计中，符合《人民防空工程设计防火规范》GB 50098要求的有（　　）。

A. 地下一层靠外墙部位设油浸电力变压器室

B. 地下一层设卡拉OK厅，室内地坪与室外出入口地坪高差6m

C. 地下一层设员工宿舍

D. 地下三层设沉香专卖店

E. 地下一层设400m² 儿童游乐园，游乐场下层设汽车库

【参考答案】BC

【命题思路】

本题考查内容为人防工程的平面布置要求。

【解题分析】

《人民防空工程设计防火规范》GB 50098—2009

3.1.12　人防工程内**不得设置油浸电力变压器**和其他油浸电气设备。

3.1.5　歌舞厅、卡拉OK厅（含具有卡拉OK功能的餐厅）、夜总会、录像厅、放映厅、桑拿浴室（除洗浴部分外）、游艺厅（含电子游艺厅）、网吧等歌舞娱乐放映游艺场所（以下简称歌舞娱乐放映游艺场所），不应设置在地下二层及以下层；当设置在地下一层时，室内地面与室外出入口地坪高差**不应大于**10m。

3.1.6　地下商店应符合下列规定：

1　不应经营和储存火灾危险性为甲、乙类储存物品属性的商品；

2　营业厅**不应设置在地下三层及三层以下**。

3.1.3　人防工程内不应设置哺乳室、托儿所、幼儿园、游乐厅等**儿童活动场所**和残

疾人员活动场所。

4.1.1 人防工程内应采用防火墙划分防火分区，当采用防火墙确有困难时，可采用防火卷帘等防火分隔设施分隔，防火分区划分应符合下列要求：

5 工程内设置有旅店、病房、员工宿舍时，**不得设置在地下二层及以下层**，并应划分为独立的防火分区，且疏散楼梯不得与其他防火分区的疏散楼梯共用。

根据以上规定，人防工程内不得设置油浸电力变压器和儿童活动场所，因此选项A和E不正确。选项D中，人防工程内营业厅不应设置在地下三层及三层以下。

【题86】末端试水装置开启后，（ ）等组件和喷淋泵应动作。

A. 水流指示器

B. 水力警铃

C. 闭式喷头

D. 压力开关

E. 湿式报警阀

【参考答案】BD

【命题思路】

本题考查内容为人防工程的平面布置要求。

【解题分析】

《自动喷水灭火系统施工及验收规范》GB 50261—2005

7.2.7 联动试验应符合下列要求，并应按本规范附录C表C.0.4的要求进行记录：

1 湿式系统的联动试验，启动一只喷头或以0.94～1.5L/s的流量从末端试水装置处放水时，水流指示器、报警阀、压力开关、水力警铃和消防水泵等应及时动作，并发出相应的信号。

3 干式系统的联动试验，启动1只喷头或模拟1只喷头的排气量排气，报警阀应及时启动，压力开关、水力警铃动作并发出相应信号。

根据以上规定，选B和D。

由于题干未明确是湿式系统还是干式系统，因此不应选E。

对于选项A，参考《自动喷水灭火系统设计规范》GB 50084—2001（2005版）第6.3.1条的规定，对于一个湿式报警阀组仅控制一个防火分区或一个层面的喷头时，允许不设水流指示器。因此该系统有可能无水流指示器，也就不存在是否动作的问题。

【题87】关于防烟排烟系统联动控制的做法，符合规范要求的有（ ）。

A. 同一防烟分区内的一只感烟探测器和一只感温探测器报警，联动控制该防烟分区的排烟口开启

B. 同一防烟分区内的两只感烟探测器报警，联动控制该防烟分区及相邻防烟分区的排烟口开启

C. 排烟口附近的一只手动报警按钮报警，控制该排烟口开启

D. 排烟阀开启动作信号联动控制排烟风机启动

E. 通过消防联动控制器上的手动控制盘直接控制排烟风机启动、停止

【参考答案】ADE

【命题思路】

本题考查内容为防烟排烟系统联动控制方式。

【解题分析】

《火灾自动报警系统设计规范》GB 50116—2013

4.5.2 排烟系统的联动控制方式应符合下列规定：

1 应由同一防烟分区内的**两只独立的火灾探测器**的报警信号，作为排烟口、排烟窗或排烟阀开启的联动触发信号，并应由消防联动控制器联动控制排烟口、排烟窗或排烟阀的开启，同时停止该防烟分区的空气调节系统。

2 应由**排烟口、排烟窗或排烟阀开启的动作信号**，作为排烟风机启动的联动触发信号，并应由消防联动控制器联动控制排烟风机的启动。

4.5.3 防烟系统、排烟系统的手动控制方式，应能在消防控制室内的消防联动控制器上手动控制送风口、电动挡烟垂壁、排烟口、排烟窗、排烟阀的开启或关闭及防烟风机、排烟风机等设备的启动或停止，防烟、排烟风机的启动、停止按钮应采用专用线路直接连接至设置在消防控制室内的**消防联动控制器的手动控制盘**，并应直接手动控制防烟、排烟风机的启动、停止。

根据以上规定，选项 A、D、E 正确。

【题 88】与基层墙体、装饰层之间无空腔的住宅外墙外保温系统，当建筑高度大于 27m 但不大于 100m 时，下列保温材料中，燃烧性能符合要求的有（　　）。

A. A 级保温材料　　B. B_1 级保温材料

C. B_2 级保温材料　　D. B_3 级保温材料

E. B_4 级保温材料

【参考答案】AB

【命题思路】

本题考查内容为外保温材料燃烧性能要求。

【解题分析】

《建筑设计防火规范》GB 50016—2014

6.7.5 与基层墙体、装饰层之间无空腔的建筑外墙外保温系统，其保温材料应符合下列规定：

1 住宅建筑：

2）建筑高度大于 27m，但不大于 100m 时，保温材料的燃烧性能**不应低于 B_1 级**。

根据以上规定，选项 A 和 B 正确。

【题 89】管网七氟丙烷灭火系统的控制方式有（　　）。

A. 自动控制启动　　B. 手动控制启动

C. 紧急停止　　D. 温控启动

E. 机械应急操作启动

【参考答案】ABE

【命题思路】

本题考查内容为管网灭火系统的启动方式。

【解题分析】

《气体灭火系统设计规范》GB 50370—2005

5.0.2 管网灭火系统应设**自动控制、手动控制和机械应急操作**三种启动方式。预制灭火系统应设自动控制和手动控制两种启动方式。

根据以上规定，选项A、B、E正确。

【题90】关于消防水泵控制的说法，正确的有（　　）。

A. 消防水泵出水干管上设置的压力开关应能控制消防水泵的启动

B. 消防水泵出水干管上设置的压力开关应能控制消防水泵的停止

C. 消防控制室应能控制消防水泵启动

D. 消防水泵控制柜应能控制消防水泵启动、停止

E. 手动火灾报警按钮信号应能直接启动消防水泵

【参考答案】ACD

【命题思路】

本题考查内容为消防水泵的控制与操作。

【解题分析】

《消防给水及消火栓系统技术规范》GB 50974—2014

11.0.2　消防水泵**不应设置自动停泵的控制功能**，停泵应由具有管理权限的工作人员根据火灾扑救情况确定。

11.0.4　消防水泵应由消防水泵出水干管上设置的**压力开关**、高位消防水箱出水管上的流量开关，或**报警阀压力开关**等开关信号应能直接自动启动消防水泵。消防水泵房内的**压力开关宜引入消防水泵控制柜**内。

11.0.5　消防水泵应能**手动启停和自动启动**。

11.0.7　消防控制室或值班室，应具有下列控制和显示功能：

1　消防控制柜或控制盘应设置专用线路连接的手动**直接启泵按钮**。

11.0.19　消火栓按钮不宜作为直接启动消防水泵的开关，但可作为发出报警信号的开关或启动干式消火栓系统的快速启闭装置等。

《火灾自动报警系统设计规范》GB 50116—2013

4.3.2　手动控制方式，应将消火栓泵控制箱（柜）的启动、停止按钮用专用线路直接连接至设置在消防控制室内的消防联动控制器的手动控制盘，并应**直接手动控制消火栓泵的启动、停止**。

根据以上规定，选项A、C、D正确。选项B中，不应设置自动停泵的控制功能；选项E中，手动火灾报警按钮信号不能直接启动消防水泵。

【题91】七氟丙烷的主要灭火机理有（　　）。

A. 降低燃烧反应速度

B. 降低燃烧区可燃气体浓度

C. 隔绝空气

D. 抑制、阻断链式反应

E. 降低燃烧区的温度

【参考答案】ADE

【命题思路】

本题考查内容为七氟丙烷的主要灭火机理。

【解题分析】

《消防安全技术实务》教材第3篇第6章第1节关于七氟丙烷灭火系统的灭火机理的内容。

七氟丙烷灭火剂是一种无色无味、不导电的气体，其密度大约是空气密度的6倍，在一定压力下呈液态存储。该灭火剂为洁净药剂，释放后不含有粒子或油状的残余物，且不会污染环境和被保护的精密设备。七氟丙烷灭火主要是由于它的**去除热量的速度快**以及是**灭火剂分散和消耗氧气**。七氟丙烷灭火剂是以液态的形式喷射到保护区内的，在喷出喷头时，液态灭火剂迅速转变成气态需要吸收大量的热量，降低了保护区和火焰周围的温度。另一方面，七氟丙烷灭火剂是由大分子组成的，灭火时分子中的一部分键断裂需要吸收热量。另外，保护区内灭火剂的喷射和火焰的存在降低了氧气的浓度，从而降低了燃烧的速度。

根据以上内容，选A、D和E。

【题92】室外消火栓射流不能抵达室内且室内无传统彩画、壁画、泥塑的文物建筑，宜考虑设置室内消火栓系统或（　　）。

A. 加大室外消火栓设计流量　　B. 设置消防水箱
C. 配置移动高压水喷雾灭火设备　　D. 加大火灾延续时间
E. 设置预作用自动喷水灭火系统

【参考答案】CE

【命题思路】

本题考查内容为文物建筑的室内消火栓设计要求。

【解题分析】

《文物建筑防火设计导则（试行）》

6.1.1　适用于不同场所的消防灭火设施，可按表6.1.1选用：

消防灭火设施参考选用表　　**表6.1.1**

消防灭火设施	适用场所	限制场所
静水水源（如太平池、水缸等储水设施、容器）	无结冻地区，且未设室内消火栓的文物建筑	—
固定消防水炮灭火系统	室外，且室外场所具备作用空间，火灾危险性较高的文物建筑，且文物建筑能满足固定消防水炮的适用范围和使用要求，水炮对保护对象危害小	室内空间
自动喷淋灭火系统	有较大火灾危险的近现代砖石结构的文物建筑和用于住宿、餐饮等经营性活动的民居类文物建筑	有传统彩画、壁画、泥塑、藻井、天花等的文物建筑
气体灭火系统	空间密闭、用作文物库房，且库藏文物适宜使用气体灭火系统的文物建筑	其他场所
灭火器、移动式高压水雾灭火装置	**所有文物建筑**	—

6.2　自动灭火设施

6.2.1　文物建筑在条件允许时，**可采用对保护对象无损坏**的自动灭火系统或自动灭火装置。

根据以上内容，对于室内无传统彩画、壁画、泥塑的文物建筑，可设置自动喷水系统或移动高压水喷雾灭火设备，选C和E。

【题93】关于火灾报警和消防应急广播系统联动控制设计的说法，符合规范要求的有（　　）。

A. 火灾确认后应启动建筑内所有火灾声光警报器

B. 消防控制室应能手动控制选择广播分区、启动和停止应急广播系统

C. 消防应急广播启动后应停止相应区域的声警报器

D. 集中报警系统和控制中心报警系统应设置消防应急广播

E. 当火灾确认后，消防联动控制器应联动启动消防应急广播向火灾发生区域及相邻防火分区广播

【参考答案】ABD

【命题思路】

本题考查内容为声光报警与应急广播的联动控制设计要求。

【解题分析】

《火灾自动报警系统设计规范》GB 50116—2013

4.8.1　火灾自动报警系统应设置火灾声光警报器，并应在确认火灾后**启动建筑内的所有火灾声光警报器**。

4.8.6　火灾声警报器单次发出火灾警报时间宜为8～20s，同时设有消防应急广播时，**火灾声警报应与消防应急广播交替循环播放**。

4.8.7　集中报警系统和控制中心报警系统**应设置消防应急广播**。

4.8.8　消防应急广播系统的联动控制信号应由消防联动控制器发出。当确认火灾后，应同时**向全楼进行广播**。

4.8.10　在消防控制室应能手动或按预设控制逻辑联动控制**选择广播分区、启动或停止应急广播系统**，并应能监听消防应急广播。在通过传声器进行应急广播时，应自动对广播内容进行录音。

根据以上规定，选项A、B、D正确。

选项C中，火灾声警报应与消防应急广播交替循环播放；选项E中，应同时向全楼进行广播。

【题94】关于锅炉房防火防爆设计的做法，正确的有（　　）。

A. 燃气锅炉房选用防爆型事故排风机

B. 锅炉房设置在地下一层靠外墙部位，上一层为西餐厅，下一层为汽车库

C. 设点型感温火灾探测器

D. 总储存量为$3m^3$的储油间与锅炉房之间用耐火极限为3h的防火墙和甲级防火门分隔

E. 电力线路采用绝缘线明敷

【参考答案】AC

【命题思路】

本题考查内容为锅炉房防火防爆设计要求。

【解题分析】

《建筑设计防火规范》GB 50016—2014

5.4.12　燃油或燃气锅炉、油浸变压器、充有可燃油的高压电容器和多油开关等，宜

设置在建筑外的专用房间内；确需贴邻民用建筑布置时，应采用防火墙与所贴邻的建筑分隔，**且不应贴邻人员密集场所**，该专用房间的耐火等级不应低于二级；确需布置在民用建筑内时，**不应布置在人员密集场所的上一层、下一层或贴邻**，并应符合下列规定：

1　燃油或燃气锅炉房、变压器室应设置在**首层或地下一层的靠外墙部位**，但常（负）压燃油或燃气锅炉可设置在地下二层或屋顶上。设置在屋顶上的常（负）压燃气锅炉，距离通向屋面的安全出口不应小于6m。

采用相对密度（与空气密度的比值）不小于0.75的可燃气体为燃料的锅炉，不得设置在地下或半地下。

4　锅炉房内设置储油间时，其总储存量**不应大于**$1m^3$，且储油间应采用耐火极限不低于**3.00h的防火隔墙**与锅炉间分隔；确需在防火隔墙上设置门时，应采用**甲级防火门**。

9.3.16　燃油或燃气锅炉房应设置自然通风或机械通风设施。燃气锅炉房应选用**防爆型的事故排风机**。

《火灾自动报警系统设计规范》GB 50116—2013

5.2.5　符合下列条件之一的场所，宜选择点型感温火灾探测器；且应根据使用场所的典型应用温度和最高应用温度选择适当类别的感温火灾探测器：

5　厨房、**锅炉房**、发电机房、烘干车间等不宜安装感烟火灾探测器的场所。

《锅炉房设计规范》GB 50041—2008

15.2.7　电气线路**宜采用穿金属管或电缆布线**，并不应沿锅炉热风道、烟道、热水箱和其他载热体表面敷设。当需要沿载热体表面敷设时，应采取隔热措施。

根据以上规定，可以判断选项A和C正确。

对于选项B，锅炉房不应布置在人员密集场所的上一层、下一层或贴邻；选项D中，储油间总储存量不应大于$1m^3$；选项E中，电气线路宜采用穿金属管或电缆布线。

【题95】关于甲、乙、丙类液体、气体储罐区的防火要求，错误的有（　　）。

A. 罐区应布置在城市的边缘或相对独立的安全地带

B. 甲乙丙类液体储罐宜布置在地势相对较低的地带

C. 液化石油气储罐区宜布置在地势平坦等不易积存液化石油气的地带

D. 液化石油气储罐区四周应设置高度不小于0.8m的不燃烧性实体防护墙

E. 钢质储罐必须做防雷接地，接地点不应少于1处

【参考答案】DE

【命题思路】

本题考查内容为易燃气体和液体储罐的防火要求。

【解题分析】

《建筑设计防火规范》GB 50016—2014

4.1.1　甲、乙、丙类液体储罐区，液化石油气储罐区，可燃、助燃气体储罐区和可燃材料堆场等，应布置在**城市（区域）的边缘或相对独立的安全地带**，并宜布置在城市（区域）全年最小频率风向的上风侧。

甲、乙、丙类液体储罐（区）宜布置在**地势较低的地带**。当布置在地势较高的地带时，应采取安全防护设施。

液化石油气储罐（区）宜布置在**地势平坦、开阔**等不易积存液化石油气的地带。

4.1.3　液化石油气储罐组或储罐区的四周应设置高度不小于 1.0m 的不燃性实体防护墙。

《石油库设计规范》GB 50074—2014

14.2.1　钢储罐必须做防雷接地，接地点不应少于 2 处。

根据以上规定，选项 A、B、C 所述均正确。选项 D 中，不燃性实体防护墙高度应不小于 1.0m；选项 E 中，防雷接地点不应少于 2 处。因此选择 D 和 E。

【题 96】下列储存物品中，火灾危险性类别属于甲类的有（　　）。

A. 樟脑油　　B. 石脑油　　C. 汽油　　D. 润滑油

E. 煤油

【参考答案】BC

【命题思路】

本题考查内容为火灾危险为甲类的储存物品。

【解题分析】

《建筑设计防火规范》GB 50016—2014

3.1.3　储存物品的火灾危险性应根据储存物品的性质和储存物品中的可燃物数量等因素划分，可分为甲、乙、丙、丁、戊类，并应符合表 3.1.3 的规定。

储存物品的火灾危险性分类　　表 3.1.3

储存物品的火灾危险性类别	储存物品的火灾危险性特征
甲	1. 闪点小于 28℃的液体； 2. 爆炸下限小于 10%的气体，受到水或空气中水蒸气的作用能产生爆炸下限小于 10%气体的固体物质； 3. 常温下能自行分解或在空气中氧化能导致迅速自燃或爆炸的物质； 4. 常温下受到水或空气中水蒸气的作用，能产生可燃气体并引起燃烧或爆炸的物质； 5. 遇酸、受热、撞击、摩擦以及遇有机物或硫黄等易燃的无机物，极易引起燃烧或爆炸的强氧化剂； 6. 受撞击、摩擦或与氧化剂、有机物接触时能引起燃烧或爆炸的物质

条文说明：

储存物品的火灾危险性分类举例　　表 3

火灾危险性类别	举例
甲类	1. 己烷，戊烷，环戊烷，石脑油，二硫化碳，苯、甲苯，甲醇、乙醇，乙醚，蚁酸甲酯、醋酸甲酯、硝酸乙酯，汽油，丙酮，丙烯，酒精度为 38 度及以上的白酒； 2. 乙炔，氢，甲烷，环氧乙烷，水煤气，液化石油气，乙烯、丙烯、丁二烯，硫化氢，氯乙烯，电石，碳化铝； 3. 硝化棉，硝化纤维胶片，喷漆棉，火胶棉，赛璐珞棉，黄磷； 4. 金属钾、钠、锂、钙、锶，氢化锂、氢化钠，四氢化锂铝； 5. 氯酸钾、氯酸钠，过氧化钾、过氧化钠，硝酸铵； 6. 赤磷，五硫化二磷，三硫化二磷

根据上表，石脑油和汽油为甲类。其他选项中的樟脑油、煤油为乙类，润滑油为丙

类。因此，选择 B 和 C。

【题 97】下列设置在商业综合体建筑地下一层的场所，疏散门应直通室外或安全出口的有（　　）。

A. 锅炉房　　B. 柴油发电机　　C. 油浸变压器室　　D. 消防水泵房

E. 消防控制室

【参考答案】ACDE

【命题思路】

本题考查内容为重点场所的安全疏散要求。

【解题分析】

《建筑设计防火规范》GB 50016—2014

5.4.12　燃油或燃气锅炉、油浸变压器、充有可燃油的高压电容器和多油开关等，宜设置在建筑外的专用房间内；确需贴邻民用建筑布置时，应采用防火墙与所贴邻的建筑分隔，且不应贴邻人员密集场所，该专用房间的耐火等级不应低于二级；确需布置在民用建筑内时，不应布置在人员密集场所的上一层、下一层或贴邻，并应符合下列规定：

2　**锅炉房、变压器室的疏散门均应直通室外或安全出口。**

8.1.6　**消防水泵房**的设置应符合下列规定：

3　**疏散门应直通室外或安全出口。**

8.1.7　设置火灾自动报警系统和需要联动控制的消防设备的建筑（群）应设置消防控制室。**消防控制室**的设置应符合下列规定：

4　**疏散门应直通室外或安全出口。**

根据以上规定，锅炉房、**变压器室**、**消防水泵房**、**消防控制室的**疏散门**均应直通室外或安全出口**，选项 B 中的柴油发电机房没有明确的要求。因此，选择 A、C、D 和 E。

【题 98】关于古建筑灭火器配置的说法，错误的是（　　）。

A. 县级以上的文物保护古建筑，单具灭火器最小配置灭火级别是 3A

B. 县级以上的文物保护古建筑，单位灭火级别最大保护面积是 $60m^2/A$

C. 县级以下的文物保护古建筑，单只灭火器最小配置灭火级别是 2A

D. 县级以下的文物保护古建筑，单位灭火级别最大保护面积是 $90m^2/2A$

E. 县级以下的文物保护古建筑，单位灭火级别最大保护面积是 $75m^2/A$

【参考答案】BD

【命题思路】

本题考查内容为民用建筑灭火器配置场所危险等级分类和配置要求。

【解题分析】

《建筑灭火器配置设计规范》GB 50140—2005 附录 D 和第 6.2.1 条。

严重危险级	**1. 县级及以上的文物保护单位、档案馆、博物馆的库房、展览室、阅览室**
	2. 设备贵重或可燃物多的实验室
	3. 广播电台、电视台的演播室、道具间和发射塔楼
	4. 专用电子计算机房
	5. 城镇及以上的邮政信函和包裹分拣房、邮袋库、通信枢纽及其电信机房

续表

严重危险级	6. 客房数在50间以上的旅馆、饭店的公共活动用房、多功能厅、厨房
	7. 体育场(馆)、电影院、剧院、会堂、礼堂的舞台及后台部位
	8. 住院床位在50张及以上的医院的手术室、理疗室、透视室、心电图室、药房、住院部、门诊部、病历室
	9. 建筑面积在2000m^{2}及以上的图书馆、展览馆的珍藏室、阅览室、书库、展览厅
	10. 民用机场的候机厅、安检厅及空管中心、雷达机房
	11. 超高层建筑和一类高层建筑的写字楼、公寓楼
	12. 电影、电视摄影棚
	13. 建筑面积在1000m^{2}及以上的经营易燃易爆化学物品的商场、商店的库房及铺面
	14. 建筑面积在200m^{2}及以上的公共娱乐场所
	15. 老人住宿床位在50张及以上的养老院
	16. 幼儿住宿床位在50张及以上的托儿所、幼儿园
	17. 学生住宿床位在100张及以上的学校集体宿舍
	18. 县级及以上的党政机关办公大楼的会议室
	19. 建筑面积在500m^{2}及以上的车站和码头的候车(船)室、行李房
	20. 城市地下铁道、地下观光隧道
	21. 汽车加油站、加气站
	22. 机动车交易市场(包括旧机动车交易市场)及其展销厅
	23. 民用液化气、天然气灌装站、换瓶站、调压站
中危险级	1. 县级以下的文物保护单位、档案馆、博物馆的库房、展览室、阅览室
	2. 一般的实验室
	3. 广播电台电视台的会议室、资料室
	4. 设有集中空调、电子计算机、复印机等设备的办公室
	5. 城镇以下的邮政信函和包裹分拣房、邮袋库、通信枢纽及其电信机房
	6. 客户数在50间以下的旅馆、饭店的公共活动用房、多功能厅和厨房
	7. 体育场(馆)、电影院、剧院、会堂、礼堂的观众厅
	8. 住院床位在50张以下的医院的手术室、理疗室、透视室、心电图室、药房、住院部、门诊部、病历室
	9. 建筑面积在2000m^{2}以下的图书馆、展览馆的珍藏室、阅览室、书库、展览厅
	10. 民用机场的检票厅、行李厅
	11. 二类高层建筑的写字楼、公寓楼
	12. 高级住宅、别墅
	13. 建筑面积在1000m^{2}以下的经营易燃易爆化学物品的商场、商店的库房及铺面
	14. 建筑面积在200m^{2}以下的公共娱乐场所
	15. 老人住宿床位在50张以下的养老院
	16. 幼儿住宿床位在50张以下的托儿所、幼儿园
	17. 学生住宿床位在100张以下的学校集体宿舍
	18. 县级以下的党政机关办公大楼的会议室
	19. 学校教室、教研室

续表

中危险级	20. 建筑面积在 500m² 以下的车站和码头的候车(船)室、行李房
	21. 百货楼、超市、综合商场的库房、铺面
	22. 民用燃油、燃气锅炉房
	23. 民用的油浸变压器室和高、低压配电室

6.2.1 A 类火灾场所灭火器的最低配置基准应符合表 6.2.1 的规定。

A 类火灾场所灭火器的最低配置基准 **表 6.2.1**

危险等级	严重危险级	中危险级	轻危险级
单具灭火器最小配置灭火级别	3A	2A	1A
单位灭火级别最大保护面积(m^2/A)	50	75	100

根据以上规定，县级以上的文物保护古建筑属于严重危险级，县级以下的文物保护古建筑属于中危险级。由于古建筑属于 A 类火灾场所，因此县级以上的文物保护古建筑单具灭火器灭火最小配置灭火级别为 3A，最大保护面积为 50m²；县级以下的文物保护古建筑单具灭火器灭火最小配置灭火级别为 2A，最大保护面积为 75m²。因此，选项 B、D 所述错误。

【题 99】某高 15m，直径 15m 的非水溶性丙类液体固定顶储罐，拟采用低倍数泡沫灭火系统保护，可选择的形式有（　　）。

A. 液上喷射系统　　B. 液下喷射系统

C. 半固定式泡沫系统　　D. 移动式低倍数泡沫系统

E. 半液下喷射系统

【参考答案】ABE

【命题思路】

本题考查内容为非水溶性固定顶储罐采用低倍数泡沫灭火系统的选择形式。

【解题分析】

《泡沫灭火系统设计规范》GB 50151—2010

4.1.2 储罐区低倍数泡沫灭火系统的选择，应符合下列规定：

1 非水溶性甲、乙、丙类液体固定顶储罐，应选用**液上喷射、液下喷射或半液下喷射系统**。

根据以上规定，选项 A、B、E 正确。

【题 100】基于热辐射影响，在确定建筑防火间距时应考虑的主要因素有（　　）。

A. 相邻建筑的生产性质和使用性质

B. 相邻建筑外墙燃烧性能和耐火极限

C. 相邻建筑外墙开口大小和相对位置

D. 建筑高差小于 15m 的相对较低建筑的建筑层高

E. 建筑高差大于 15m 的相对较高建筑的屋顶窗开口大小

【参考答案】ABC

【命题思路】

本题考查内容为影响防火间距的因素。

【解题分析】

《建筑设计防火规范》GB 50016—2014

3.4　条文说明

在确定防火间距时，主要考虑飞火、热对流和热辐射等的作用。其中，火灾的热辐射作用是主要方式。热辐射强度与灭火救援力量、火灾延续时间、**可燃物的性质和数量、相对外墙开口面积的大小、建筑物的长度和高度**以及气象条件等有关。对于周围存在露天可燃物堆放场所时，还应考虑飞火的影响。飞火与风力、火焰高度有关，在大风情况下，从火场飞出的“火团”可达数十米至数百米。

5.2.2　民用建筑之间的防火间距不应小于表5.2.2的规定，与其他建筑的防火间距，除应符合本节规定外，尚应符合本规范其他章的有关规定。

2　两座建筑相邻较高一面外墙为防火墙，或高出相邻较低一座一、二级耐火等级建筑的屋面15m及以下范围内的外墙为防火墙时，其防火间距不限。

3　相邻两座高度相同的一、二级耐火等级建筑中相邻任一侧外墙为防火墙，屋顶的耐火极限不低于1.00h时，其防火间距不限。

4　相邻两座建筑中较低一座建筑的耐火等级不低于二级，相邻较低一面外墙为防火墙且屋顶无天窗，屋顶的耐火极限不低于1.00h时，其防火间距不应小于3.5m；对于高层建筑，不应小于4m。

5　相邻两座建筑中较低一座建筑的耐火等级不低于二级且屋顶无天窗，相邻较高一面外墙高出较低一座建筑的屋面15m及以下范围内的开口部位设置甲级防火门、窗，或设置符合现行国家标准《自动喷水灭火系统设计规范》GB 50084规定的防火分隔水幕或本规范第6.5.3条规定的防火卷帘时，其防火间距不应小于3.5m；对于高层建筑，不应小于4m。

根据以上内容，可直接判断选项A、B、C正确。

对于选项D和E，虽然有一定的干扰性，但所述内容并不正确。根据以上条文，当两栋相邻建筑有高差时，影响防火间距的因素为较高建筑的外墙或较低建筑的外墙和屋顶。

2016年
一级注册消防工程师《消防安全技术实务》真题解析

一、单项选择题（共 80 题，每题 1 分，每题的备选项中，只有 1 个最符合题意）

【题 1】对于原油储罐，当罐内原油发生燃烧时，不会产生（　　）。

A. 闪燃　　B. 热波　　C. 蒸发燃烧　　D. 阴燃

【参考答案】D

【命题思路】

本题主要考察燃烧过程原理的理解。

【解题分析】

可燃固体在空气不流通、加热温度较低，分解出的可燃挥发分较少或逸散较快、含水分较多等条件下，往往发生只冒烟而无火焰的燃烧现象。阴燃是固体物质独有的燃烧方式。液体燃烧不会出现这种现象。

【题 2】汽油闪点低，易挥发，流动性好，存有汽油的储罐受热不会（　　）现象。

A. 蒸汽燃烧及爆炸　　B. 容器爆炸

C. 泄漏产生流淌火　　D. 沸溢和喷溅

【参考答案】D

【命题思路】

本题主要考察不同物质燃烧类型及特点的理解。

【解题分析】

在含有水分、黏度较大的重质油产品，如原油、重油、沥青油等燃烧时，沸腾的水蒸气带着燃烧的油向空中飞溅。汽油属于轻质油，无上述现象。故选项 D 正确。

【题 3】根据《建筑材料及制品燃烧性能分级》GB 8624—2012，建筑材料及制品燃烧性能等级标识 GB 8624B1（B-S1，d0，t1）中，t1 表示（　　）等级。

A. 烟气毒性　　B. 燃烧滴落物/颗粒　　C. 产烟特性　　D. 燃烧持续时间

【参考答案】A

【命题思路】

本题主要考察建筑材料及制品燃烧性能等级的附加信息和标识。

【解题分析】

《消防安全技术实务》教材第 2 篇第 3 章第 2 节

（二）附加信息标识

当按规定需要显示附加信息时，燃烧性能等级标识如图 2-3-1 所示。

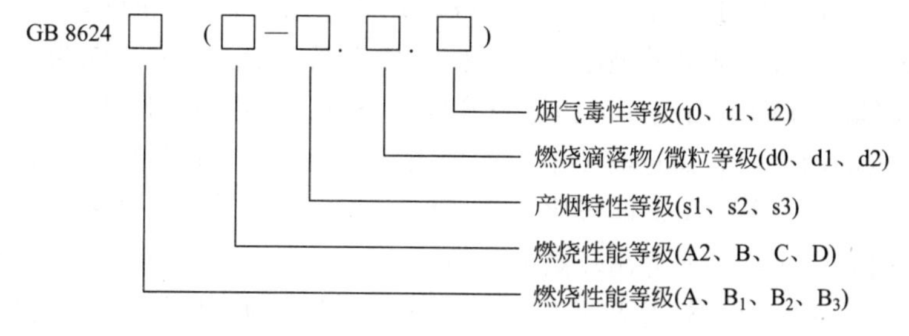

图 2-3-1　燃烧性能等级标识示意

示例：GB 8624 B_1（B-s1，d0，t1），表示属于难燃 B_1 级建筑材料及制品，燃烧性能细化分级为 B 级，产烟特性等级为 s1 级，燃烧滴落物/微粒等级为 d0 级，烟气毒性等级为 t1 级。（故选项 A 正确）

【题 4】下列关于耐火极限判定条件的说法中，错误的是（　　）。

A. 如果试件失去承载能力，则自动认为试件的隔热性和完整性不符合要求

B. 如果试件的完整性被破坏，则自动认为试件的隔热性不符合要求

C. 如果试件的隔热性被破坏，则自动认为试件的完整性不符合要求

D. A 类防火门的耐火极限应以耐火完整性和隔热性作为判定条件

【参考答案】C

【命题思路】

本题主要考察对《建筑设计防火规范》GB 50016—2014 中有关耐火极限概念的理解。

【解题分析】

2.1.10　耐火极限

在标准耐火试验条件下，建筑构件、配件或结构从受到火的作用时起，至失去承载能力、完整性或隔热性时止所用时间，用小时表示。

条文说明中指出，耐火极限是指建筑构件按时间-温度标准曲线进行耐火试验，从受到火的作用时起，到失去支持能力或完整性或失去隔火作用时止的这段时间，用小时（h）表示。其中，支撑能力是指在标准耐火条件下，承重或非承重建筑构件在一定时间内抵抗垮塌的能力；耐火完整性是指在标准耐火试验条件下，建筑分隔构件当某一面受火时，能在一定时间内防止火焰和热气穿透或在背火面出现火焰的能力；耐火隔热性是指在标准耐火试验条件下，建筑分隔构件当某一面受火时，能在一定时间内其背火面温度不超过规定值的能力。（故选项 C 错误）

【题 5】某独立建造且建筑面积为 260m^2 的甲类单层厂房，其耐火等级最低可采用（　　）。

A. 一级　　B. 二级　　C. 三级　　D. 四级

【参考答案】C

【命题思路】

本题主要考察对《建筑设计防火规范》GB 50016—2014 中有关生产厂房耐火等级的条文要求。

【解题分析】

3.2.2　高层厂房，甲、乙类厂房的耐火等级不应低于二级，建筑面积不大于 300m^2 的独立甲、乙类单层厂房可采用三级耐火等级的建筑。（故选项 C 正确）

【题 6】某机械加工厂所在地区的最小频率风向为西南风，最大频率风向为西北风，在厂区内新建一座总储量 15t 的电石仓库。该电石仓库的下列选址中符合防火要求的是（　　）。

A. 生产区内的西南角，靠近需要电石的戊类厂房附近地势比较低的位置

B. 辅助生产区内的东南角，地势比较低的位置

C. 储存区内的东北角，地势比较高的位置

D. 生产区内的东北角，靠近需要电石的戊类厂房附近地势比较低的位置

【参考答案】C

【命题思路】

本题主要考察建筑选址。

【解题分析】

《消防安全技术实务》教材第2篇第4章第1节

（二）地势条件

建筑选址时，还要充分考虑和利用自然地形、地势条件。存放甲、乙、丙类液体的仓库宜布置在地势较低的地方，以免火灾对周围环境造成威胁；若布置在地势较高处，则应采取措施防止液体流散。乙炔遇水产生可燃气体，容易发生火灾爆炸，所以乙炔站等企业严禁布置在可能被水淹没的地方。生产和储存爆炸物品的企业应利用地形，选择多面环山、附近没有建筑的地方。

【题7】某多层砖木结构古建筑，砖墙承重，四坡木结构屋顶，其东侧与一座多层的平屋面钢筋混凝土结构办公楼（外墙上没有凸出结构）相邻。该办公楼相邻测外墙与该古建筑东侧的基础、外墙面、檐口和屋脊的最低水平距离分别是 11.0m，12.0m，10.0m 和 14.0m。该办公楼与该古建筑的防火间距应认定为（　　）。

A. 10.0　　B. 11.0　　C. 12.0　　D. 14.0

【参考答案】A

【命题思路】

本题主要考察《建筑设计防火规范》GB 50016—2014 中有关防火间距的计算方法。

【解题分析】

B.0.1　建筑物之间的防火间距应按相邻建筑外墙的最近水平距离计算，当外墙有凸出的可燃或难燃构件时，应从其凸出部分外缘算起。该题中应从突出的木结构檐口算起。(故选项 A 正确)

【题8】对于石油化工企业，下列可燃气体，可燃烧体设备的安全阀出口连接方式中，不符合规范要求的是（　　）。

A. 泄放可能携带液滴的可燃气体应接至火炬系统

B. 可燃液体设备的安全阀出口泄放管应接入储罐或其他容器

C. 泄放后可能立即燃烧的可燃气体应经冷却后接至放空设施

D. 可燃气体设备的安全阀出口泄放管应接至火炬系统或其他安全泄放设施

【参考答案】A

【命题思路】

本题主要考察《石油化工企业设计防火规范》GB 50160—2008 中有关安全阀出口连接方式条文。

【解题分析】

5.5.4　可燃气体、可燃液体设备的安全阀出口连接应符合下列规定：

1　可燃液体设备的安全阀出口泄放管应接入储罐或其他容器，泵的安全阀出口泄放管宜接至泵的入口管道、塔或其他容器；

2　可燃气体设备的安全阀出口泄放管应接至火炬系统或其他安全泄放设施；

3　泄放后可能立即燃烧的可燃气体或可燃液体应经冷却后接至放空设施；

4　泄放可能携带液滴的可燃气体应经分液罐后接至火炬系统。

为了防止排出的气体带液体，可燃气体放空管道在接入火炬前，应设置分液器后再接至火炬系统。(故选项 A 不符合规范要求)

【题 9】某储存汽油、轻石脑油的储罐区，采用内浮顶罐，储罐上所设置的固定式泡沫灭火系统的泡沫混合液供给强度为 12.5L/（min. m^2），连续供给时间不应小于（　　）min。

A. 25　　B. 30　　C. 40　　D. 45

【参考答案】B

【命题思路】

本题主要考察《泡沫灭火系统设计规范》GB 50151—2010 中有关连续供给时间条文。

【解题分析】

4.4.2　钢制单盘式、双盘式与敞口隔舱式内浮顶储罐的泡沫堰板设置、单个泡沫产生器保护周长及泡沫混合液供给强度与连续供给时间，应符合下列规定：

1　泡沫堰板与罐壁的距离不应小于 0.55m，其高度不应小于 0.5m；

2　单个泡沫产生器保护周长不应大于 24m；

3　非水溶性液体的泡沫混合液供给强度不应小于 12.5L/（min・m^2）；

4　水溶性液体的泡沫混合液供给强度不应小于本规范第 4.2.2 条第 3 款规定的 1.5 倍；

5　泡沫混合液连续供给时间不应小于 30min。

泡沫混合液供给强度为 12.5L/（min・m^2），连续供给时间不应小于 30min。(故选项 B 正确)

【题 10】下列关于建筑防爆的基本措施中，不属于减轻性技术措施的是（　　）。

A. 设置防爆墙　　B. 设置泄压面积

C. 采用不发火花的地面　　D. 采用合理的平面布置

【参考答案】C

【命题思路】

本题主要考察建筑防爆的基本技术措施。

【解题分析】

《消防安全技术实务》教材第 2 篇第 8 章第 1 节

建筑防爆的基本技术措施分为预防性技术措施和减轻性技术措施。

（一）预防性技术措施

1. 排除能引起爆炸的各类可燃物质

1）在生产过程中尽量不用或少用具有爆炸危险的各类可燃物质；

2）生产设备应尽可能保持密闭状态，防止“跑、冒、滴、漏”；

3）加强通风除尘；

4）预防燃气泄漏，设置可燃气体浓度报警装置；

5）利用惰性介质进行保护。

2. 消除或控制能引起爆炸的各种火源，故选项 C 不属于减轻性技术措施。

1）防止撞击、摩擦产生火花；

2）防止高温表面成为点火源；

3）防止日光照射；

4）防止电气火灾；

5）消除静电火花；

6）防雷电火花；

7）防止明火。

（二）减轻性技术措施

1. 采取泄压措施

在建筑围护构件设计中设置一些薄弱构件，即泄压构件（泄压面），当爆炸发生时，这些泄压构件首先被破坏，使高温高压气体得以泄放，从而降低爆炸压力，使主体结构不发生破坏。

2. 采用抗爆性能良好的建筑结构体系

强化建筑结构主体的强度和刚度，使其在爆炸中足以抵抗爆炸冲击而不倒塌。

3. 采取合理的建筑布置

在建筑设计时，根据建筑生产、储存的爆炸危险性，在总平面布局和平面布置上合理设计，尽量减小爆炸的影响范围，减少爆炸产生的危害。

【题 11】下列关于汽车加油加气站的消防设施设置和灭火器材配置的说法中，错误的是（　　）。

A. 加气机应配置手提干粉灭火器

B. 合建站中地上 LPG 设施应设置消防给水系统

C. 二级加油站应配置灭火毯 3 块、沙子 $2m^3$

D. 合建站中地上 LPG 储罐总容积不大于 $60m^3$ 可不设置消防给水

【参考答案】C

【命题思路】

本题主要考察《汽车加油加气站设计与施工规范》GB 50156—2012（2014 年版）中有关条文。

【解题分析】

10.1.1　加油加气站工艺设备应配置灭火器材，并应符合下列规定。

6　一、二级加油站应配置灭火毯 5 块、沙子 $2m^3$；三级加油站应配置灭火毯不少于 2 块、沙子 $2m^3$。加油加气合建站应按同级别的加油站配置灭火毯和沙子。(故应选 C)

【题 12】某二级耐火等级且设置自动喷水灭火系统的旅馆，建筑高度为 23.2m。“一”字形疏散内走道的东、西两端外墙上均设置采光、通风窗，在走道的两端设置了一座疏散楼梯间，其中一座紧靠东侧外墙，另一座与西侧外墙有一定距离。建筑在该走道西侧尽端的房间门与最近一座疏散楼梯间入口门的允许最大直线距离为（　　）。

A. 15　　B. 20　　C. 22　　D. 27.5

【参考答案】D

【命题思路】

本题主要考察《建筑设计防火规范》GB 50016—2014 中有关公共建筑安全疏散距离的有关要求。

【解题分析】

5.5.17　公共建筑的安全疏散距离应符合下列规定：

1　直通疏散走道的房间疏散门至最近安全出口的直线距离不应大于表5.5.17的规定；

直通疏散走道的房间疏散门至最近安全出口的直线距离（m）　　表5.5.17

名称			位于两个安全出口之间的疏散门			位于袋形走道两侧或尽端的疏散门		
			一、二级	三级	四级	一、二级	三级	四级
托儿所、幼儿园老年人建筑			25	20	15	20	15	10
歌舞娱乐放映游艺场所			25	20	15	9	—	—
医疗建筑	单、多层		35	30	25	20	15	10
	高层	病房部分	24	—	—	12	—	—
		其他部分	30	—	—	15	—	—
教学建筑	单、多层		35	30	25	22	20	10
	高层		30	—	—	15	—	—
高层旅馆、展览建筑			30	—	—	15	—	—
其他建筑	单、多层		40	35	25	22	20	15
	高　层		40	—	—	20	—	—

注：1　建筑内开向敞开式外廊的房间疏散门至最近安全出口的直线距离可按本表的规定增加5m；

2　直通疏散走道的房间疏散门至最近敞开楼梯间的直线距离，当房间位于两个楼梯间之间时，应按本表的规定减少5m；当房间位于袋形走道两侧或尽端时，应按本表的规定减少2m；

3　建筑物内全部设置自动喷水灭火系统时，其安全疏散距离可按本表的规定增加25%。

该宾馆建筑高度为23.2m，为多层公共建筑。根据上表“其他建筑”一类中，位于袋形走道两侧或尽端的疏散门至最近安全出口的直线距离应为22m。根据“注3”的要求，建筑在该走道西侧尽端的房间门与最近一座疏散楼梯间入口门的允许最大直线距离为22×1.25=27.5m，故选项D正确。

【题13】下列关于室外消火栓设置的说法中，错误的是（　　）。

A. 室外消火栓应集中布置在建筑消防扑救面一侧，且不小于2个

B. 室外消火栓的保护半径不应大于150m

C. 地下民用建筑应在入口附近设置室外消火栓，且距离出入口不宜小于5m，不宜大于40m

D. 停车场的室外消火栓与最近一排汽车的距离不宜小于7m

【参考答案】A

【命题思路】

本题主要考察《消防给水及消火栓系统技术规范》GB 50974—2014中有关室外消火栓设置的条文。

【解题分析】

7.3.3　室外消火栓宜沿建筑周围均匀布置，且不宜集中布置在建筑一侧；建筑消防扑救面一侧的室外消火栓数量不宜少于2个。（故选项A不符合规范要求）

7.3.4　人防工程、地下工程等建筑应在出入口附近设置室外消火栓，且距出入口的距离不宜小于5m，并不宜大于40m。（故选项C符合规范要求）

7.3.5 停车场的室外消火栓宜沿停车场周边设置，且与最近一排汽车的距离不宜小于7m，距加油站或油库不宜小于15m。(故选项D符合规范要求)

7.2.5 市政消火栓的保护半径不应超过150m，间距不应大于120m。(故选项B符合规范要求)

【题14】关于建筑防火分隔的做法中，错误的是（　　）。

A. 卡拉OK厅各厅室之间采用耐火极限为2.00h的防火墙面和1.5h的不燃性楼板和乙级防火门分隔

B. 柴油发电机内的储油间（柴油储量为0.8m^3）。采用防火极限为2.50h的防火隔墙和1.50h的不燃性楼板和甲级防火门与其他部位分隔

C. 高层住宅建筑下部设置的商业服务网点，采用耐火极限为2.50h且无门、窗、洞口的防火隔墙和1.50h的不燃性楼板与其他部位分隔

D. 医院病房内相邻护理单元之间采用耐火极限为2.00h的防火隔墙和乙级防火门分隔

【参考答案】B

【命题思路】

本题主要考察《建筑设计防火规范》GB 50016—2014中有关防火分隔的规定。

【解题分析】

5.4.9 歌舞厅、录像厅、夜总会、卡拉OK厅（含具有卡拉OK功能的餐厅）、游艺厅（含电子游艺厅）、桑拿浴室（不包括洗浴部分）、网吧等歌舞娱乐放映游艺场所（不含剧场、电影院）的布置应符合下列规定：

1 不应布置在地下二层及以下楼层；

2 宜布置在一、二级耐火等级建筑内的首层、二层或三层的靠外墙部位；

3 不宜布置在袋形走道的两侧或尽端；

4 确需布置在地下一层时，地下一层的地面与室外出入口地坪的高差不应大于10m；

5 确需布置在地下或四层及以上楼层时，一个厅、室的建筑面积不应大于200m^2；

6 厅、室之间及与建筑的其他部位之间，应采用耐火极限不低于2.00h的防火隔墙和1.00h的不燃性楼板分隔，设置在厅、室墙上的门和该场所与建筑内其他部位相通的门均应采用乙级防火门。

5.4.13 布置在民用建筑内的柴油发电机房应符合下列规定：

1 宜布置在首层或地下一、二层；

2 不应布置在人员密集场所的上一层、下一层或贴邻；

3 应采用耐火极限不低于2.00h的防火隔墙和1.50h的不燃性楼板与其他部位分隔，门应采用甲级防火门；(故选项B错误)

4 机房内设置储油间时，其总储存量不应大于1m^3，储油间应采用耐火极限不低于3.00h的防火隔墙与发电机间分隔；确需在防火隔墙上开门时，应设置甲级防火门；

5 应设置火灾报警装置；

6 应设置与柴油发电机容量和建筑规模相适应的灭火设施，当建筑内其他部位设置自动喷水灭火系统时，机房内应设置自动喷水灭火系统。

5.4.11 设置商业服务网点的住宅建筑，其居住部分与商业服务网点之间应采用耐火极限不低于2.00h且无门、窗、洞口的防火隔墙和1.50h的不燃性楼板完全分隔，住宅部

分和商业服务网点部分的安全出口和疏散楼梯应分别独立设置。(故选项C正确)

5.4.5 医院和疗养院的住院部分不应设置在地下或半地下。

医院和疗养院的住院部分采用三级耐火等级建筑时，不应超过2层；采用四级耐火等级建筑时，应为单层；设置在三级耐火等级的建筑内时，应布置在首层或二层；设置在四级耐火等级的建筑内时，应布置在首层。

医院和疗养院的病房楼内相邻护理单元之间应采用耐火极限不低于2.00h的防火隔墙分隔，隔墙上的门应采用乙级防火门，设置在走道上的防火门应采用常开防火门。(故选项D正确)

【题15】下列灭火器中，灭火剂的灭火机理为化学抑制作用的是（　　）。

A. 泡沫灭火器　　B. 二氧化碳灭火器

C. 水基型灭火器　　D. 干粉灭火器

【参考答案】D

【命题思路】

本题主要考察灭火剂灭火机理。

【解题分析】

《消防安全技术实务》教材第3篇第7章第1节

泡沫灭火系统的灭火机理主要体现在以下几个方面：

(1) 隔氧窒息作用。在燃烧物表面形成泡沫覆盖层，使燃烧物表面与空气隔绝，同时泡沫受热蒸发产生的水蒸气可以降低燃烧物附近氧气的浓度，起到窒息灭火作用。(故选项A错误)

(2) 辐射热阻隔作用。泡沫层能阻止燃烧区的热量作用于燃烧物质的表面，因此可防止可燃物本身和附近可燃物质的蒸发。

(3) 吸热冷却作用。泡沫析出的水可对燃烧物表面进行冷却。

技术实务教材第3篇第6章第1节。

二氧化碳的灭火机理主要是窒息，其次是冷却。(故选项B错误)

技术实务教材第3篇第8章第1节。

干粉灭火系统的灭火机理主要包括：

(一) 化学抑制作用；(故选项D正确)

(二) 隔离作用；

(三) 冷却与窒息作用。

【题16】某大型钢铁企业设置了预制干粉灭火装置。下列关于该装置设置要求的说法中正确的是（　　）。

A. 一个防护区或保护对象所用预制干粉灭火装置最多不得超过4套，并应同时启动，其动作响应时间差不得大于4s

B. 一个防护区或保护对象所用预制干粉灭火装置最多不得超过8套，并应同时启动，其动作响应时间差不得大于2s

C. 一个防护区或保护对象所用预制干粉灭火装置最多不得超过8套，并应同时启动，其动作响应时间差不得大于4s

D. 一个防护区或保护对象所用预制干粉灭火装置最多不得超过4套，并应同时启动，

其动作响应时间差不得大于 2s

【参考答案】D

【命题思路】

本题主要考察《干粉灭火系统设计规范》GB 50347—2004 中有关预制干粉灭火装置的设置。

【解题分析】

3.4.3　一个防护区或保护对象所用预制灭火装置最多不得超过 4 套，并应同时启动，其动作响应时间差不得大于 2s。(故选项 D 正确)

【题 17】下列关于自动喷水灭火系统的说法中，错误的是（　　）。

A. 雨淋系统与预作用系统均应采用开式洒水喷头

B. 干式系统和预作用系统的配水管道应设置快速排气阀

C. 雨淋系统应能有配套的火灾自动报警系统或传动管控制并启动雨淋系统

D. 预作用系统应由火灾自动报警系统自动开启雨淋报警阀，并转换为湿式系统

【参考答案】A

【命题思路】

本题主要考察《自动喷水灭火系统设计规范》GB 50084 中有关系统原理理解和术语条文。

【解题分析】

2.1.2　闭式系统　close-type sprinkler system

采用闭式洒水喷头的自动喷水灭火系统。

2.1.3　开式系统　open-type sprinkler system

采用开式洒水喷头的自动喷水灭火系统。

2.1.4　湿式系统　wet pipe sprinkler system

准工作状态时配水管道内充满用于启动系统的有压水的闭式系统。

2.1.5　干式系统　dry pipe sprinkler system

准工作状态时配水管道内充满用于启动系统的有压气体的闭式系统。(故选项 B 正确)

2.1.6　预作用系统 preaction sprinkler system

准工作状态时配水管道内不充水，发生火灾时由火灾自动报警系统、充气管道上的压力开关联锁控制预作用装置和启动消防水泵，向配水管道供水的闭式系统。(故选项 D 正确，选项 A 错误，预作用系统是闭式系统)

2.1.8　雨淋系统　deluge sprinkler system

由开式洒水喷头、雨淋报警阀组等组成，发生火灾时由火灾自动报警系统或传动管控制，自动开启雨淋报警阀组和启动消防水泵，用于灭火的开式系统。(故选项 C 正确)

【题 18】下列火灾中，可以采用 IG541 混合气体灭火剂扑救的是（　　）。

A. 硝化纤维、硝酸钠火灾　　　　B. 精密仪器火灾

C. 钾，钠，镁火灾　　　　D. 联胺火灾

【参考答案】B

【命题思路】

本题主要考察 IG541 混合气体灭火剂的灭火机理。

【解题分析】

《消防安全技术实务》教材第3篇第6章第4节

其他气体灭火系统适用于扑救电气火灾、固体表面火灾、液体火灾和灭火前能切断气源的气体火灾。

IG541系统不适用于扑救下列火灾：硝化纤维、硝酸钠等氧化剂或含氧化剂的化学制品火灾；钾、镁、钠、钛、锆、铀等活泼金属火灾；氢化钾、氢化钠等金属氢化物火灾；过氧化氢、联胺等能自行分解的化学物质火灾；可燃固体物质的深位火灾。（故选项B正确）

【题19】某火力发电厂输煤栈桥输送皮带总长405m，采用水喷雾灭火系统保护时，该输煤栈桥最多可划分为（　　）段分段进行保护。

A. 5　　B. 4　　C. 6　　D. 7

【参考答案】B

【命题思路】

本题主要考察《水喷雾灭火系统技术规范》GB 50219—2014中有关条文。

【解题分析】

3.1.6　输送机皮带的保护面积应按上行皮带的上表面面积确定；长距离的皮带宜实施分段保护，但每段长度不宜小于100m。（故选项B正确）

【题20】某大型城市综合体中的变配电间、计算机主机房、通信设备间等场所内设置了组合分配式七氟丙烷气体灭火系统。下列关于该系统组件的说法中，错误的是（　　）。

A. 集流管应设置安全泄压装置

B. 选择阀的公称直径应和与其对应的防护区灭火系统的主管道的公称直径相同

C. 输送启动气体的管道宜采用铜管

D. 输送气体灭火剂的管道必须采用不锈钢管

【参考答案】D

【命题思路】

本题主要考察《气体灭火系统设计规范》GB 50370—2005中有关系统组件的条文。

【解题分析】

4.1.4　在储存容器或容器阀上，应设安全泄压装置和压力表。组合分配系统的集流管，应设安全泄压装置。安全泄压装置的动作压力，应符合相应气体灭火系统的设计规定。（故选项A符合规范要求）

4.1.9　管道及管道附件应符合下列规定：

1　输送气体灭火剂的管道应采用无缝钢管。其质量应符合现行国家标准《输送流体用无缝钢管》GB/T 8163、《高压锅炉用无缝钢管》GB 5310等的规定。无缝钢管内外应进行防腐处理，防腐处理宜采用符合环保要求的方式；（故选项D不符合规范要求）

2　输送气体灭火剂的管道安装在腐蚀性较大的环境里，宜采用不锈钢管。其质量应符合现行国家标准《流体输送用不锈钢无缝钢管》GB/T 14976的规定；

3　输送启动气体的管道，宜采用铜管，其质量应符合现行国家标准《拉制铜管》GB 1527的规定；（故选项C符合规范要求）

4 管道的连接，当公称直径小于或等于80mm时，宜采用螺纹连接；大于80mm时，宜采用法兰连接。钢制管道附件应内外防腐处理，防腐处理宜采用符合环保要求的方式。使用在腐蚀性较大的环境里，应采用不锈钢的管道附件。

【题21】某建筑高度为300m的办公建筑，首层室内地面标高为±0.000m，消防车登高操作场地的地面标高为−0.600m，首层层高为6.0m，地上其余楼层的层高均为4.8m。下列关于该建筑避难层的做法中，错误的是（ ）。

A. 第二个避难层与第一个避难层相距10层设置

B. 第一个避难层的避难净面积按其担负的避难人数乘以0.25m^2/人计算确定

C. 将第一个避难层设置在第12层

D. 第二个避难层的避难净面积按其负担的避难人数乘以0.2m^2/人计算确定

【参考答案】C

【命题思路】

本题主要考察《建筑设计防火规范》GB 50016—2014中有关避难层的条文。

【解题分析】

5.5.23 建筑高度大于100m的公共建筑，应设置避难层（间）。避难层（间）应符合下列规定：

1 第一个避难层（间）的楼地面至灭火救援场地地面的高度不应大于50m，两个避难层（间）之间的高度不宜大于50m；（故选项A符合规范要求：4.8m×10＝48m，小于规范规定的50m；选项C不符合规范要求：4.8m×12＝57.6m，大于规范规定的50m）

2 通向避难层（间）的疏散楼梯应在避难层分隔、同层错位或上下层断开；

3 避难层（间）的净面积应能满足设计避难人数避难的要求，并宜按5.0人/m^2计算；（选项B、D满足规范要求）

4 避难层可兼作设备层。设备管道宜集中布置，其中的易燃、可燃液体或气体管道应集中布置，设备管道区应采用耐火极限不低于3.00h的防火隔墙与避难区分隔。管道井和设备间应采用耐火极限不低于2.00h的防火隔墙与避难区分隔，管道井和设备间的门不应直接开向避难区；确需直接开向避难区时，与避难层区出入口的距离不应小于5m，且应采用甲级防火门。

避难间内不应设置易燃、可燃液体或气体管道，不应开设除外窗、疏散门之外的其他开口；

5 避难层应设置消防电梯出口；

6 应设置消火栓和消防软管卷盘；

7 应设置消防专线电话和应急广播；

8 在避难层（间）进入楼梯间的入口处和疏散楼梯通向避难层（间）的出口处，应设置明显的指示标志；

9 应设置直接对外的可开启窗口或独立的机械防烟设施，外窗应采用乙级防火窗。

【题22】下列关于与基层墙体、装饰层之间无空腔且每层设置防火隔离带的建筑外墙外保温系统的做法中，错误的是（ ）。

A. 建筑高度为23.8m的住宅建筑，采用B_2级保温材料，外墙上门、窗的耐火或完整

性为0.25h

B. 建筑高度为48m的办公建筑，采用B_1级保温材料，外墙上门、窗的耐火完整性为0.5h

C. 建筑高度为70m的住宅建筑，采用B_1级保温材料，外墙上门、窗的耐火完整性为0.5h

D. 建筑高度为23.8m的办公建筑，采用B_1级保温材料，外墙.门、窗的耐火完整性为0.25h

【参考答案】A

【命题思路】

本题主要考察《建筑设计防火规范》GB 50016—2014中有关外墙外保温的条文。

【解题分析】

6.7.5 与基层墙体、装饰层之间无空腔的建筑外墙外保温系统，其保温材料应符合下列规定：

1 住宅建筑：

1）建筑高度大于100m时，保温材料的燃烧性能应为A级；

2）建筑高度大于27m，但不大于100m时，保温材料的燃烧性能不应低于B_1级；

3）建筑高度不大于27m时，保温材料的燃烧性能不应低于B_2级；

2 除住宅建筑和设置人员密集场所的建筑外，其他建筑：

1）建筑高度大于50m时，保温材料的燃烧性能应为A级；

2）建筑高度大于24m，但不大于50m时，保温材料的燃烧性能不应低于B_1级；

3）建筑高度不大于24m时，保温材料的燃烧性能不应低于B_2级。

6.7.7 除本规范第6.7.3条规定的情况外，当建筑的外墙外保温系统按本规范第6.7节规定采用燃烧性能为B_1、B_2级的保温材料时，应符合下列规定：

1 除采用B_1级保温材料且建筑高度不大于24m的公共建筑或采用B_1级保温材料且建筑高度不大于27m的住宅建筑外，建筑外墙上门、窗的耐火完整性不应低于0.50h；（选项A中，保温材料用的是B_2级，其外墙上门、窗的耐火完整性不应低于0.50h，故选项A错误）

2 应在保温系统中每层设置水平防火隔离带。防火隔离带应采用燃烧性能为A级的材料，防火隔离带的高度不应小于300mm。

【题23】某汽车加油站2个单罐容积为30m^3的煤气罐，1个单罐容积为50m^3柴油罐。该加油站的等级是（ ）。

A. 一级　　B. 二级

C. 四级　　D. 三级

【参考答案】D

【命题思路】

本题主要考察《汽车加油加气站设计与施工规范》GB 50156—2012（2014年版）中有关条文。

【解题分析】

3.0.9 加油站的等级划分，应符合表3.0.9的规定。

加油站的等级划分　　表 3.0.9

级别	油罐容积(m^3)	
	总容积	单罐容积
一级	$150<V\leqslant210$	$V\leqslant50$
二级	$90<V\leqslant150$	$V\leqslant50$
三级	$V\leqslant90$	汽油罐 $V\leqslant30$，柴油罐 $V\leqslant50$

注：柴油罐容积可折半计入油罐总容积。

从上表可知，选项 D 正确。

【题 24】在对可燃纤维织物加工车间配置灭火器时，除水基型灭火器外，下列灭火器中，应选择（　　）。

A. 轻水泡沫灭火器　　B. 卤代烷灭火器

C. 二氧化碳灭火器　　D. 碳酸氢钠干粉灭火器

【参考答案】A

【命题思路】

本题主要考察《建筑灭火器配置设计规范》GB 50140—2005 中有关不同场所灭火器选择的条文。

【解题分析】

4.2.1　A 类火灾场所应选择水型灭火器、磷酸铵盐干粉灭火器、泡沫灭火器或卤代烷灭火器。卤代烷灭火器已经是明令淘汰的灭火器，(故应选 A)

【题 25】下列关于建筑供暖系统防火防爆的做法中，错误的是（　　）。

A. 生产过程中散发二氧化碳气体的厂房，冬季采用热风供暖，回风经净化除尘在加热后配部分新风送入送风系统

B. 甲醇合成厂房采用热水循环供暖，散热器表面的平均温度为 90℃

C. 面粉加工厂的碾磨车间采用热水循环供暖，散热器表面的最高温度为 82.5℃

D. 铝合金汽车轮胎毂的抛光车间采用热水循环供暖，散热器表面的平均温度为 80℃

【参考答案】B

【命题思路】

本题主要考察《建筑设计防火规范》GB 50016—2014 中有关供暖、通风和空气调节系统应采取防火措施的条文。

【解题分析】

9.2.1　在散发可燃粉尘、纤维的厂房内，散热器表面平均温度不应超过 82.5℃。输煤廊的散热器表面平均温度不应超过 130℃。(因此选项 C、D 正确)

9.2.2　甲、乙类厂房和甲、乙类库房内严禁采用明火和电热散热器采暖。(因此选项 B 错误)

9.2.3　下列厂房应采用不循环使用的热风供暖：

1　生产过程中散发的可燃气体、蒸气、粉尘或纤维与供暖管道、散热器表面接触能引起燃烧的厂房；

2　生产过程中散发的粉尘受到水、水蒸气的作用能引起自燃、爆炸或产生爆炸性气体的厂房。

选项A生产的是二氧化碳气体，不属于可燃气体，故选项A正确。

【题26】在有结构梁突出的顶棚上设置的点型感烟火灾探测器，当梁间净距小于（　　）m时，可忽略梁对探测器保护面积的影响。

A. 2　　B. 3　　C. 4　　D. 1

【参考答案】D

【命题思路】

本题主要考察《火灾自动报警系统设计规范》GB 50116—2013中有关点型感烟探测器设置条文。

【解题分析】

6.2.3　在有梁的顶棚上设置点型感烟火灾探测器、感温火灾探测器时，应符合下列规定：

1　当梁突出顶棚的高度小于200mm时，可不计梁对探测器保护面积的影响。

2　当梁突出顶棚的高度为200～600mm时，应按本规范附录F、附录G确定梁对探测器保护面积的影响和一只探测器能够保护的梁间区域的数量。

3　当梁突出顶棚的高度超过600mm时，被梁隔断的每个梁间区域应至少设置一只探测器。

4　当被梁隔断的区域面积超过一只探测器的保护面积时，被隔断的区域应按本规范第6.2.2条第4款规定计算探测器的设置数量。

5　当梁间净距小于1m时，可不计梁对探测器保护面积的影响。(故选项D正确)

【题27】下列关于储罐区和工艺装置区室外消火栓的说法中，错误的是（　　）。

A. 可燃液体储罐区的室外消火栓，应设置在防火堤外，距离罐壁15m范围内的消火栓不应计入该罐可使用的消火栓数量

B. 采用临时高压消防给水系统的工艺装置区，室外消火栓的间距不应大于60m

C. 采用高压消防给水系统且宽带大于120m的工艺装置区，宜在该工艺装置区内的路边设置室外消火栓

D. 液化烃储罐区的室外消火栓，应设置在防护墙外，距离罐壁15m范围内的消火栓可计入该罐可使用的消火栓数量

【参考答案】D

【命题思路】

本题主要考察《消防给水及消火栓系统技术规范》GB 50974—2014中有关储罐区和工艺装置区室外消火栓设置条文。

【解题分析】

7.3.6　甲、乙、丙类液体储罐区和液化烃罐罐区等构筑物的室外消火栓，应设在防火堤或防护墙外，数量应根据每个罐的设计流量经计算确定，但距罐壁15m范围内的消火栓，不应计算在该罐可使用的数量内。(故选项D不符合规范要求)

【题28】洁净厂房内洁净室和疏散走道的顶棚的耐火极限分别不应低于（　　）。

A. 0.25h和1.0h　　B. 0.4h和1.0h

C. 0.5h和0.5h　　D. 1.0h和0.5h

【参考答案】B

【命题思路】

本题主要考察《洁净厂房设计规范》GB 50073—2013 中有关洁净室和疏散走道的顶棚的耐火极限的条文。

【解题分析】

5.2.4 洁净室的顶棚、壁板及夹芯材料应为不燃烧体，且不得采用有机复合材料。顶棚和壁板的耐火极限不应低于 0.4h，疏散走道顶棚的耐火极限不应低于 1.0h。

【题 29】根据《地铁设计规范》GB 50157—2013，下列关于地铁车站排烟风机耐高温性能的说法中，错误的是（　　）。

A. 地上设备与管理用房，排烟风机应保证在 280℃时能连续有效工作 0.5h

B. 地上车站公共区，排烟风机应保证在 250℃时能连续有效工作 1h

C. 区间隧道，排烟风机应保证在 250℃时能连续有效工作 1h

D. 高架车站公共区，排烟风机应保证在 280℃时能连续有效工作 1h

【参考答案】D

【命题思路】

本题主要考察《地铁设计规范》GB 50157—2013 中有关地铁车站排烟风机耐高温性能条文。

【解题分析】

28.4.13 区间隧道事故、排烟风机、地下车站公共区和车站设备与管理用房排烟风机，应保证在 250℃时能连续有效工作 1h；烟气流经的风阀及消声器等辅助设备应与风机耐高温等级相同。

28.4.14 地面及高架车站公共区和设备与管理用房排烟风机应保证在 280℃时能连续有效工作 0.5h，烟气流经的风阀及消声器等辅助设备应与风机耐高温等级相同。

【题 30】下列关于水喷雾灭火系统水雾喷头选型和设置要求的说法中，错误的是（　　）。

A. 扑救电气火灾应选用离心雾化型水雾喷头

B. 室内散发粉尘的场所设置的水雾喷头应带防尘帽

C. 保护可燃气体储罐时，水雾喷头距离保护储罐外壁不应大于 0.7m

D. 保护油浸式变压器时，水雾喷头之间的水平距离与垂直距离不应大于 1.2m

【参考答案】D

【命题思路】

本题主要考察《水喷雾灭火系统技术规范》GB 50219—2014 中有关水雾喷头选型和设置条文。

【解题分析】

4.0.2 水雾喷头的选型应符合下列要求：

1 扑救电气火灾，应选用离心雾化型水雾喷头；（故选项 A 正确）

2 室内粉尘场所设置的水雾喷头应带防尘帽，室外设置的水雾喷头宜带防尘帽；（故选项 B 正确）

3 离心雾化型水雾喷头应带柱状过滤网。

3.2.5 当保护对象为油浸式电力变压器时，水雾喷头的布置应符合下列要求：

1 变压器绝缘子升高座孔口、油枕、散热器、集油坑应设水雾喷头保护；

2 水雾喷头之间的水平距离与垂直距离应满足水雾锥相交的要求。(故选项D错误)

3.2.6 当保护对象为甲、乙、丙类液体和可燃气体储罐时，水雾喷头与保护储罐外壁之间的距离不应大于0.7m。(故选项C正确)

【题31】消防控制室图形显示装置与火灾报警控制器、电气火灾监控器、消防联动控制器和（　）应采用专用线路连接。

A. 区域显示器　　B. 消防应急广播扬声器

C. 可燃气体报警控制器　　D. 火灾警报器

【参考答案】C

【命题思路】

本题主要考察《火灾自动报警系统设计规范》GB 50116—2013中有关消防控制室图形显示装置线路连接条文。

【解题分析】

6.9.2 消防控制室图形显示装置与火灾报警控制器、消防联动控制器、电气火灾监控器、可燃气体报警控制器等消防设备之间，应采用专用线路连接。

【题32】某建筑面积为2000m² 的展厅，层高为7m，设置了格栅吊顶，吊顶距离楼地面6m镂空面积与吊顶的总面积之比为10%。该展厅内感烟火灾探测器应设置的位置是（　）。

A. 吊顶上方　　B. 吊顶上方和下方

C. 吊顶下方　　D. 根据实际实验结果确定

【参考答案】C

【命题思路】

本题主要考察《火灾自动报警系统设计规范》GB 50116—2013中有关有吊顶场所感烟火灾探测器设置条文。

【解题分析】

6.2.18 感烟火灾探测器在格栅吊顶场所的设置，应符合下列规定：

1 镂空面积与总面积的比例不大于15%时，探测器应设置在吊顶下方。(故选项C正确)

2 镂空面积与总面积的比例大于30%时，探测器应设置在吊顶上方。

3 镂空面积与总面积的比例为15%～30%时，探测器的设置部位应根据实际试验结果确定。

4 探测器设置在吊顶上方且火警确认灯无法观察时，应在吊顶下方设置火警确认灯。

5 地铁站台等有活塞风影响的场所，镂空面积与总面积的比例为30%～70%时，探测器宜同时设置在吊顶上方和下方。

【题33】某建筑高度为128m的民用建筑内设置的火灾自动报警系统，需要配备总数为1600点的联动控制模块，故应至少选择（　）台消防联动控制器或联动型火灾报警控制器。

A. 1　　B. 3　　C. 2　　D. 4

【参考答案】C

【命题思路】

本题主要考察《火灾自动报警系统设计规范》GB 50116—2013中有关消防联动控制

器或联动型火灾报警控制器控制点位数量条文。

【解题分析】

3.1.5 任一台火灾报警控制器所连接的火灾探测器、手动火灾报警按钮和模块等设备总数和地址总数，均不应超过3200点，其中每一总线回路连接设备的总数不宜超过200点，且应留有不少于额定容量10%的余量；任一台消防联动控制器地址总数或火灾报警控制器（联动型）所控制的各类模块总数不应超过1600点，每一联动总线回路连接设备的总数不宜超过100点，且应留有不少于额定容量10%的余量。

故1600个点的联动控制模块应至少选择2台消防联动控制器或联动型火灾报警控制器。选项C正确。

【题34】某总建筑面积为5200m^{2}的百货商场，其营业厅的室内净高为5.8m，所设置的自动喷水灭火系统的设计参数应按火灾危险等级不低于（　　）确定。

A. 中危险Ⅱ级　　B. 严重危险Ⅱ级　　C. 严重危险Ⅰ级　　D. 中危险Ⅰ级

【参考答案】A

【命题思路】

本题主要考察《自动喷水灭火系统设计规范》GB 50084中有关设置场所火灾危险等级条文。

【解题分析】

设置场所火灾危险等级分类　　表A

火灾危险等级		设置场所分类
轻危险级		住宅建筑、幼儿园、老年人建筑、建筑高度为24m及以下的旅馆、办公楼；仅在走道设置闭式系统的建筑等
中危险级	Ⅰ级	1)高层民用建筑：旅馆、办公楼、综合楼、邮政楼、金融电信楼、指挥调度楼、广播电视楼(塔)等。 2)公共建筑(含单多高层)：医院、疗养院；图书馆(书库除外)、档案馆、展览馆(厅)；影剧院、音乐厅和礼堂(舞台除外)及其他娱乐场所；火车站、机场及码头的建筑；总建筑面积小于5000m^{2}的商场、总建筑面积小于1000m^{2}的地下商场等。 3)文化遗产建筑：木结构古建筑、国家文物保护单位等。 4)工业建筑：食品、家用电器、玻璃制品等工厂的备料与生产车间等；冷藏库、钢屋架等建筑构件
	Ⅱ级	1)民用建筑：书库、舞台(葡萄架除外)、汽车停车场、总建筑面积5000m^{2}及以上的商场、总建筑面积1000m^{2}及以上的地下商场、净空高度不超过8m、物品高度不超过3.5m的超级市场等。 2)工业建筑：棉毛麻丝及化纤的纺织、织物及制品、木材木器及胶合板、谷物加工、烟草及制品、饮用酒(啤酒除外)、皮革及制品、造纸及纸制品、制药等工厂的备料与生产车间

由上表可知，选项A正确。

【题35】下列火灾中，不适合采用水喷雾进行灭火的是（　　）。

A. 樟脑油火灾　　B. 人造板火灾　　C. 电缆火灾　　D. 豆油火灾

【参考答案】A

【命题思路】

本题主要考察《水喷雾灭火系统技术规范》GB 50219—2014中有关水喷雾灭火系统灭火对象。

【解题分析】

1.0.3 水喷雾灭火系统可用于扑救固体物质火灾、丙类液体火灾、饮料酒火灾和电气火灾，并可用于可燃气体和甲、乙、丙类液体的生产、储存装置或装卸设施的防护冷却。

樟脑油为乙类液体，不适合采用水喷雾对樟脑油进行灭火，故应选择选项A。

【题36】城市消防远程监控系统由用户信息传输装置、报警传输网络、监控中心和（　　）等部分组成。

A. 用户服务系统　B. 火警信息终端　C. 报警受理系统　D. 远程查岗系统

【参考答案】B

【命题思路】

本题主要考察城市消防远程监控系统系统组成和工作原理。

【解题分析】

《消防安全技术实务》教材第3篇第12章第1节

城市消防远程监控系统能够对联网用户的建筑消防设施进行实时状态监测，实现对联网用户的火灾报警信息、建筑消防设施运行状态以及消防安全管理信息的接收、查询和管理，并为联网用户提供信息服务。该系统由用户信息传输装置、报警传输网络、监控中心以及**火警信息终端**等几部分组成。(故选项B正确)

【题37】某建筑面积为70000m^2，建筑高度为80m的办公建筑，下列供电电源中，不能满足该建筑消防用电设备供电需求的是（　　）。

A. 由城市一个区域变电站引来2路电源，并且每根电缆均能承受100%的负荷

B. 由城市不同的两个区域变电站引来两路电源

C. 由城市两个不同的发电厂引来两路电源

D. 由城市一个区域变电站引来一路电源，同时设置一台自备发电机组

【参考答案】A

【命题思路】

本题主要考察《建筑设计防火规范》GB 50016—2014中有关消防电源及其配电条文。

【解题分析】

10.1.1 下列建筑物的消防用电应按一级负荷供电：

1 建筑高度大于50m的乙、丙类厂房和丙类仓库；

2 一类高层民用建筑。

题中建筑为一类高层，其消防用电应按一级负荷供电。一级负荷供电包括以下供电方式：①电源一个来自区域变电站（电压在35kV及以上），同时另设一台自备发电机组；②电源来自两个区域变电站；③电源来自两个不同的发电厂。因此选项A错误。

【题38】下列关于建筑室内消火栓设置的说法中，错误的是（　　）。

A. 消防电梯前应设置室内消火栓，并应计入消火栓使用数量

B. 设置室内消火栓的建筑，超过2.2m的设备层宜设置室内消火栓

C. 冷库的室内消火栓应设置在常温穿堂或楼梯间内

D. 屋顶设置直升机停机坪的建筑，应在停机坪山入口处设置消火栓

【参考答案】B

【命题思路】

本题主要考察《消防给水及消火栓系统技术规范》GB 50974—2014 中有关建筑室内消火栓设置条文。

【解题分析】

7.4.3　设置室内消火栓的建筑，包括设备层在内的各层均应设置消火栓。（故选项 B 错误）

7.4.4　屋顶设有直升机停机坪的建筑，应在停机坪出入口处或非电器设备机房处设置消火栓，且距停机坪机位边缘的距离不应小于 5.0m。（故选项 D 满足规范要求）

7.4.5　消防电梯前室应设置室内消火栓，并应计入消火栓使用数量。（故选项 A 满足规范要求）

7.4.7　建筑室内消火栓的设置位置应满足火灾扑救要求，并应符合下列规定：

1　室内消火栓应设置在楼梯间及其休息平台和前室、走道等明显易于取用，以及便于火灾扑救的位置；

2　住宅的室内消火栓宜设置在楼梯间及其休息平台；

3　汽车库内消火栓的设置不应影响汽车的通行和车位的设置，并应确保消火栓的开启；

4　同一楼梯间及其附近不同层设置的消火栓，其平面位置宜相同；

5　冷库的室内消火栓应设置在常温穿堂或楼梯间内。（故选项 C 满足规范要求）

【题 39】下列建筑中的消防应急照明备用电源的连续供电时间按 1.0h 设置，其中不符合规范要求的是（　　）。

A. 医疗建筑、老年人建筑

B. 总建筑面积大于 100000m² 的商业建筑

C. 建筑高度大于 100m 的住宅建筑

D. 总建筑面积大于 20000m² 的地下汽车库

【参考答案】C

【命题思路】

本题主要考察《建筑设计防火规范》GB 50016—2014 中有关消防应急照明备用电源的连续供电时间条文。

【解题分析】

10.1.5　建筑内消防应急照明和灯光疏散指示标志的备用电源的连续供电时间应符合下列规定：

1　建筑高度大于 100m 的民用建筑，不应小于 1.5h；

2　医疗建筑、老年人建筑、总建筑面积大于 100000m² 的公共建筑和总建筑面积大于 20000m² 的地下、半地下建筑，不应少于 1.0h；（故选项 A、B、D 正确）

3　其他建筑，不应少于 0.5h。

【题 40】对于可能散发相对密度为 1 的可燃气体的场所，可燃气体探测器应设置在该场所室内空间的（　　）。

A. 中间高度位置　　　　B. 中间高度位置或顶部

C. 下部　　　　D. 中间高度位置或下部

【参考答案】B

【命题思路】

本题主要考察《火灾自动报警系统设计规范》GB 50116—2013 中有关可燃气体探测器设置条文。

【解题分析】

8.2.1 探测气体密度小于空气密度的可燃气体探测器应设置在被保护空间的顶部，探测气体密度大于空气密度的可燃气体探测器应设置在被保护空间的下部，探测气体密度与空气密度相当时，可燃气体探测器可设置在被保护空间的中间部位或顶部。

【题41】某2层地下商店建筑，每层建筑面积为6000m^2，所设置的自动喷水灭火系统应至少设置（　　）个水流指示器。

A. 2　　B. 3　　C. 4　　D. 5

【参考答案】C

【命题思路】

本题主要考察《自动喷水灭火系统设计规范》GB 50084—2017 中有关水流指示器条文。

【解题分析】

6.3.1 除报警阀组控制的洒水喷头只保护不超过防火分区面积的同层场所外，每个防火分区、每个楼层均应设水流指示器。

该建筑属于多层公共建筑，该商店最大防火分区面积为2500m^2，设置自喷防火分区增加一倍，即5000m^2，6000/5000＝1.2，取2，每层至少2个防火分区，建筑内共4个防火分区即至少4个水流指示器。故选项C正确。

【题42】某高层宾馆，下列关于消防设备配电装置的做法中，不能满足消防设备供电要求的是（　　）。

A. 引至消防泵的两路电源在泵房内末端自动切换

B. 消防负荷的配电线路设置短路动作保护装置

C. 消防负荷的配电线路设置过负荷和过、欠电压保护装置

D. 消防负荷的配电线路末端设置剩余电流保护装置

【参考答案】C

【命题思路】

本题主要考察《建筑设计防火规范》GB 50016—2014 和《火灾自动报警系统设计规范》GB 50116—2013 中有关消防电源及其配电条文。

【解题分析】

《建筑设计防火规范》GB 50016—2014

10.1.8 消防控制室、消防水泵房、防烟和排烟风机房的消防用电设备及消防电梯等的供电，应在其配电线路的最末一级配电箱处设置自动切换装置。（故选项A正确）

《火灾自动报警系统设计规范》GB 50016—2013

10.1.4 火灾自动报警系统主电源不应设置剩余电流动作保护和过负荷保护装置。

剩余电流动作保护和过负荷保护装置一旦报警会自动切断电源，因此火灾自动报警系统主电源不应采用剩余电流动作保护和过负荷保护装置保护。同时，消防负荷的配电线路

所设置的保护电器要具有短路保护功能，但不宜设置过负荷保护装置，如设置，则只能用作报警而不能用于切断消防供电。(故选项 C 错误)

【题 43】与其他手提式灭火器相比，手提式二氧化碳灭火器的结构特点是（　　）。

A. 取消了压力表，增加虹吸管　　B. 取消了安全阀，增加了虹吸管

C. 取消了安全阀，增加了压力表　　D. 取消了压力表，增加了安全阀

【参考答案】D

【命题思路】

本题主要考察二氧化碳灭火器的结构。

【解题分析】

《消防安全技术实务》教材第 3 篇第 13 章第 2 节

手提式二氧化碳灭火器的结构与其他手提式灭火器的结构基本相似，只是二氧化碳灭火器的充装压力较大，取消了压力表，增加了安全阀。(故选项 D 正确)

【题 44】对某石油库进行火灾风险评估，辨识火灾危险源时，下列因素中，应确定为第一类危险源的是（　　）。

A. 雷电　　B. 油罐呼吸阀故障

C. 操作人员在卸油时打手机　　D. 2000m^3 的柴油罐

【参考答案】D

【命题思路】

本题主要考察危险源分类。

【解题分析】

《消防安全技术实务》教材第 5 篇第 2 章第 1 节

第一类危险源是指产生能量的能量源或拥有能量的载体。它的存在是事故发生的前提。没有第一类危险源就谈不上能量或危险物质的意外释放，也就无所谓事故。由于第一类危险源在事故时释放的能量是导致人员伤害或财物损坏的能量主体，所以它决定了事故后果的严重程度。

第二类危险源是指导致约束、限制能量屏蔽措施失效或破坏的各种不安全因素。它是第一类危险源导致事故的必要条件。如果没有第二类危险源破坏第一类危险源的控制，也就不会发生能量或危险物质的意外释放。所以，第二类危险源出现的难易程度决定了事故发生的可能性大小。(故选项 A、B、C 属于第二类危险源)

【题 45】下列关于细水喷雾灭火系统联动控制的做法中，错误的是（　　）。

A. 开式系统在接收到两个不同类型的火灾报警信号后自动启动

B. 开式系统在接收到两个独立回路中相同类型的两个火灾报警信号后自动启动

C. 闭式系统在喷头动作后，由压力开关直接连锁自动启动

D. 闭式系统在喷头动作后，由分区控制阀启闭信号自动启动

【参考答案】D

【命题思路】

本题主要考察细水喷雾灭火系统工作原理。

【解题分析】

《消防安全技术实务》教材第 3 篇第 5 章第 3 节

开式细水雾灭火系统的工作原理：采用自动控制方式时，火灾发生后，报警控制器收到两个独立的火灾报警信号，自动启动系统控制阀组和消防水泵并向系统管网供水，水雾喷头喷出细水雾，实施灭火。(故选项A、B满足规范要求)

闭式细水雾灭火系统的工作原理：除喷头不同外，闭式细水雾灭火系统的工作原理与闭式自动喷水灭火系统相同。自动喷水灭火系统在喷头动作后，由压力开关直接连锁自动启动消防泵。(故选项C正确，D错误)

【题46】下列关于采用传动管启动水喷雾灭火系统的做法中错误的是（　　）。

A. 雨淋报警阀组通过电动开启　　B. 系统利用闭式喷头探测火灾

C. 雨淋报警阀组通过气动开启　　D. 雨淋报警阀组通过液动开启

【参考答案】A

【命题思路】

本题主要考察水喷雾灭火系统原理。

【解题分析】

《消防安全技术实务》教材第3篇第4章第2节

水喷雾灭火系统按启动方式可分为电动启动水喷雾灭火系统和传动管启动水喷雾灭火系统。

一、电动启动水喷雾灭火系统

电动启动水喷雾灭火系统是以普通的火灾报警系统为火灾探测系统，通过传统的点式感温、感烟探测器或缆式火灾探测器探测火灾。当有火情发生时，探测器将火警信号传到火灾报警控制器上，火灾报警控制器打开雨淋阀，同时启动水泵，系统喷水灭火。为了减少系统的响应时间，雨淋阀前的管道内应是充满水的状态。选项A属于电动启动模式，(故选项A错误)

二、传动管启动水喷雾灭火系统

传动管启动水喷雾灭火系统是以传动管作为火灾探测系统，传动管内充满压缩空气或压力水，当传动管上的闭式喷头受火灾高温影响动作后，传动管内的压力迅速下降，打开封闭的雨淋阀。(故选项B正确)

传动管启动水喷雾灭火系统按传动管的充压介质不同，可分为充液传动管和充气传动管两种。(故选项C、D正确)

【题47】下列建筑中，当其楼梯间的前室或合用前室采用敞开阳台时，楼梯间可不设置防烟系统的是（　　）。

A. 建筑高度为68m的旅馆建筑　　B. 建筑高度为52m的生产建筑

C. 建筑高度为81m的住宅建筑　　D. 建筑高度为52m的办公建筑

【参考答案】C

【命题思路】

本题主要考察《建筑设计防火规范》GB 50016—2014中有关防烟和排烟设施条文。

【解题分析】

8.5.1　建筑的下列场所或部位应设置防烟设施：

1　防烟楼梯间及其前室；

2　消防电梯间前室或合用前室；

3 避难走道的前室、避难层（间）。

建筑高度不大于50m的公共建筑、厂房、仓库和建筑高度不大于100m的住宅建筑，当其防烟楼梯间的前室或合用前室符合下列条件之一时，楼梯间可不设置防烟系统：

1 前室或合用前室采用敞开的阳台、凹廊；

2 前室或合用前室具有不同朝向的可开启外窗，且可开启外窗的面积满足自然排烟口的面积要求。

【题48】某长度为1400m的城市交通隧道，顶棚悬挂有若干射流风机，该隧道的排烟方式属于（　　）方式。

A. 纵向排烟　　B. 重点排烟　　C. 横向排烟　　D. 半横向排烟

【参考答案】A

【命题思路】

本题主要考察隧道的排烟方式。

【解题分析】

《消防安全技术实务》教材第4篇第4章第3节

纵向排烟。发生火灾时，隧道内烟气沿隧道纵向流动的排烟模式为纵向排烟模式，这是一种常用的烟气控制方式，可通过悬挂在隧道内的射流风机或其他射流装置、风井送排风设施等及其组合方式实现。(故选项A正确)

【题49】下列气体灭火系统分类中，按系统的结构特点进行分类的是（　　）。

A. 二氧化碳灭火系统，七氟丙烷灭火系统，惰性灭火系统和气溶胶灭火系统

B. 管网灭火系统和预制灭火系统

C. 全淹没灭火系统和局部应用灭火系统

D. 自压式气体灭火系统，内储压式气体灭火系统和外储压式气体灭火系统

【参考答案】B

【命题思路】

本题主要考察气体灭火系统分类。

【解题分析】

《消防安全技术实务》教材第3篇第6章第2节

按系统的结构特点分类，可分为无管网灭火系统和管网灭火系统，管网系统又可分为组合分配系统和单元独立系统。无管网灭火系统又称为预制灭火系统。(故选项B正确)

【题50】某藏书60万册的图书馆，其条形疏散走道宽度为2.1m，长度为51m，该走道顶棚上至少应设置（　　）只点型感烟火灾探测器。

A. 2　　B. 3　　C. 5　　D. 4

【参考答案】D

【命题思路】

本题主要考察《火灾自动报警系统设计规范》GB 50116—2013中有关走道内点型探测器设置条文。

【解题分析】

6.2.4 在宽度小于3m的内走道顶棚上设置点型探测器时，宜居中布置。感温火灾探测器的安装间距不应超过10m；感烟火灾探测器的安装间距不应超过15m；探测器至端

墙的距离，不应大于探测器安装间距的1/2。

本题中，51m/15m=3.4，取4个。选项D正确。

【题51】某二级耐火等级的3层养老院，老人住宿床位数80张，总建筑面积4000m²，设置了室内外消火栓系统、自动喷水灭火系统、火灾自动报警系统等，下列关于该场所配置手提式灭火器的说法中，正确的是（　　）。

A. 单具灭火器的最低配置基准应为3A，最大保护距离应为15m

B. 单具灭火器的最低配置基准应为5A. 最大保护距离应为15m

C. 单具灭火器的最低配置基准应为3A. 最大保护距离应为20m

D. 单具灭火器的最低配置基准应为5A. 最大保护距离应为20m

【参考答案】A

【命题思路】

本题主要考察《建筑灭火器配置设计规范》GB 50140—2005中有关配置场所的危险等级。

【解题分析】

附录D民用建筑灭火器配置场所的危险等级举例

民用建筑灭火器配置场所的危险等级举例　　表D

危险等级	举　例
严重危险级	1. 县级及以上的文物保护单位、档案馆、博物馆的库房、展览室、阅览室
	2. 设备贵重或可燃物多的实验室
	3. 广播电台、电视台的演播室、道具间和发射塔楼
	4. 专用电子计算机房
	5. 城镇及以上的邮政信函和包裹分拣房、邮袋库、通信枢纽及其电信机房
	6. 客户数在50间以上的旅馆、饭店的公共活动用房、多功能厅、厨房
	7. 体育场(馆)、电影院、剧院、会堂、礼堂的舞台及后台部位
	8. 住院床位在50张及以上的医院的手术室、理疗室、透视室、心电图室、药房、住院部、门诊部、病历室
	9. 建筑面积在2000m²及以上的图书馆、展览馆的珍藏室、阅览室、书库、展览厅
	10. 民用机场的候机厅、安检厅及空管中心、雷达机房
	11. 超高层建筑和一类高层建筑的写字楼、公寓楼
	12. 电影、电视摄影棚
	13. 建筑面积在1000m²及以上的经营易燃易爆化学物品的商场、商店的库房及铺面
	14. 建筑面积在200m²及以上的公共娱乐场所
	15. 老人住宿床位在50张及以上的养老院
	16. 幼儿住宿床位在50张及以上的托儿所、幼儿园
	17. 学生住宿床位在100张及以上的学校集体宿舍
	18. 县级及以上的党政机关办公大楼的会议室
	19. 建筑面积在500m²及以上的车站和码头的候车(船)室、行李房
	20. 城市地下铁道、地下观光隧道
	21. 汽车加油站、加气站
	22. 机动车交易市场(包括旧机动车交易市场)及其展销厅

5.2.1 设置在A类火灾场所的灭火器，其最大保护距离应符合表5.2.1的规定。

A类火灾场所的灭火器最大保护距离（m） **表5.2.1**

危险等级＼灭火器型式	手提式灭火器	推车式灭火器
严重危险级	15	30
中危险级	20	40
轻危险级	25	50

6.2.1 A类火灾场所灭火器的最低配置基准应符合表6.2.1的规定

A类火灾场所灭火器的最低配置基准 **表6.2.1**

危险等级	严重危险级	中危险级	轻危险级
单具灭火器最小配置灭火级别	3A	2A	1A
单位灭火级别最大保护面积(m^2/A)	50	75	100

根据附录D可知，本养老院为严重危险级，火灾危险种类为A类火灾；根据表5.2.1可知，最大保护距离是15m，故选项C、D错误。根据表6.2.1可知，严重危险级单具灭火器最小配置灭火级别为3A，故选项A正确。

【题52】某石油库储罐区共有14个储存原油的外浮顶储罐，单罐容量均为100000m^3，该储罐区应选用的泡沫灭火系统是（　　）。

A. 液上喷射中倍数泡沫灭火系统　　B. 液下喷射低倍数泡沫灭火系统

C. 液上喷射低倍数泡沫灭火系统　　D. 液下喷射中倍数泡沫灭火系统

【参考答案】C

【命题思路】

本题主要考察《石油化工企业设计防火标准》GB 50160—2008和《泡沫灭火系统设计规范》GB 50151—2010中有关储罐区泡沫灭火系统选用条文。

【解题分析】

《石油化工企业设计防火标准》GB 50160—2008

8.7.1 可能发生可燃液体火灾的场所宜采用低倍数泡沫灭火系统。

《泡沫灭火系统设计规范》GB 50151—2010

4.1.2 储罐区低倍数泡沫灭火系统的选择，应符合下列规定：

1 非水溶性甲、乙、丙类液体固定顶储罐，应选用液上喷射、液下喷射或半液下喷射系统；

2 水溶性甲、乙、丙类液体和其他对普通泡沫有破坏作用的甲、乙、丙类液体固定顶储罐，应选用液上喷射系统或半液下喷射系统；

3 外浮顶和内浮顶储罐应选用液上喷射系统；

4 非水溶性液体外浮顶储罐、内浮顶储罐、直径大于18m的固定顶储罐及水溶性甲、乙、丙类液体立式储罐，不得选用泡沫炮作为主要灭火设施；

5 高度大于7m或直径大于9m的固定顶储罐，不得选用泡沫枪作为主要灭火设施。

根据《石油化工企业设计防火标准》GB 50160—2008第8.7.1条判断采用低倍泡沫

灭火系统，根据《泡沫灭火系统设计规范》GB 50151—2010 第 4.1.2 条第 3 款可判断采用液上喷射系统。故选项 C 正确。

【题 53】在低倍数泡沫灭火系统中，泡沫从储罐底部注入，并通过软管浮升到燃烧液体表面进行喷放的灭火系统是（　　）。

A. 固定式系统　　B. 半固定式系统　　C. 液下喷射系统　　D. 半液下喷射系统

【参考答案】D

【命题思路】

本题主要考察《泡沫灭火系统设计规范》GB 50151—2010 中有关术语。

【解题分析】

2.2.3　半液下喷射系统 semi-subsurface injection system

泡沫从储罐底部注入，并通过软管浮升到燃烧液体表面进行喷放的灭火系统。

【题 54】某设置 110 个停车位的室内无车道且无人员停留的机械式地下汽车库，下列自动灭火系统中不适用于该车库的是（　　）。

A. 湿式自动喷水灭火系统　　B. 二氧化碳灭火系统

C. 泡沫—水喷雾灭火系统　　D. 高倍数泡沫灭火系统

【参考答案】B

【命题思路】

本题主要考察《汽车库、修车库、停车场设计防火规范》GB 50067—2014 中有关自动灭火系统条文。

【解题分析】

7.2.3　下列汽车库、修车库宜采用泡沫-水喷淋系统，泡沫-水喷淋系统的设计应符合现行国家标准《泡沫灭火系统设计规范》GB 50151 的有关规定：

1　Ⅰ类地下、半地下汽车库；

2　Ⅰ类修车库；

3　停车数大于 100 辆的室内无车道且无人员停留的机械式汽车库。

7.2.4　地下、半地下汽车库可采用高倍数泡沫灭火系统。停车数量不大于 50 辆的室内无车道且无人员停留的机械式汽车库，可采用二氧化碳等气体灭火系统。

题干中停车库设置 110 个停车位，大于 50，故不可采用二氧化碳灭火系统。

【题 55】某储存丙类液体的储罐区共有 6 座单座容积为 1000m^3 的地上固定顶罐，分二排布置。每排三座，设置水喷雾灭火系统进行防护冷却。在计算该储罐区的消防冷却用水量时，最终考虑同时冷却（　　）座储罐。

A. 2　　B. 4　　C. 3　　D. 5

【参考答案】C

【命题思路】

本题主要考察《水喷雾灭火系统技术规范》GB 50219—2014 中有关冷却范围及保护面积条文。

【解题分析】

3.1.9　系统用于冷却甲 B、乙、丙类液体储罐时，其冷却范围及保护面积应符合下列规定：

1 着火的地上固定顶储罐及距着火储罐罐壁1.5倍着火罐直径范围内的相邻地上储罐应同时冷却，当相邻地上储罐超过3座时，可按3座较大的相邻储罐计算消防冷却水用量。(故应选C)

2 着火的浮顶罐应冷却，其相邻储罐可不冷却。

3 着火罐的保护面积应按罐壁外表面面积计算，相邻罐的保护面积可按实际需要冷却部位的外表面面积计算，但不得小于罐壁外表面面积的1/2。

【题56】下列建筑中，允许不设置消防电梯的是（　　）。

A. 埋深为10m，总建筑面积为10000m^2的地下商场

B. 建筑高度为27m的病房楼

C. 建筑高度为48m的办公建筑

D. 建筑高度为45m的住宅建筑

【参考答案】A

【命题思路】

本题主要考察《建筑设计防火规范》GB 50016—2014中有关消防电梯条文。

【解题分析】

7.3.1 下列建筑应设置消防电梯：

1 建筑高度大于33m的住宅建筑；

2 一类高层公共建筑和建筑高度大于32m的二类高层公共建筑；

3 设置消防电梯的建筑的地下或半地下室，埋深大于10m且总建筑面积大于3000m^2的其他地下或半地下建筑（室）。(选项A中埋深未超过10m，故可不设置消防电梯)

【题57】下列关于防烟分区划分的说法中，错误的是（　　）。

A. 防烟分区可采用防火隔墙划分

B. 设置防烟系统的场所应划分防烟分区

C. 一个防火分区可划分为多个防烟分区

D. 防烟分区可采用在楼板下突出0.8m的结构梁划分

【参考答案】B

【命题思路】

本题主要考察防烟分区划分。

【解题分析】

《消防安全技术实务》教材第2篇第5章第4节

设置排烟系统的场所或部位应划分防烟分区。(选项B设置的是防烟系统，故错误)

【题58】下列关于火灾自动报警系统组件设置的做法中，错误的是（　　）。

A. 壁挂手动火灾报警按钮的底边距离楼地面1.4m

B. 壁挂紧急广播扬声器的底边距离楼地面2.2m

C. 壁挂消防联动控制器的主显示屏的底边距离楼地面1.5m

D. 墙上安装的消防专用电话插孔的底边距离楼地面1.3m

【参考答案】B

【命题思路】

本题主要考察《火灾自动报警系统设计规范》GB 50116—2013中有关系统设备设置

条文。

【解题分析】

6.6.2 壁挂扬声器的底边距地面高度应大于 2.2m。(故选项 B 错误)

6.1.3 火灾报警控制器和消防联动控制器安装在墙上时，其主显示屏高度宜为 1.5m～1.8m，其靠近门轴的侧面距墙不应小于 0.5m，正面操作距离不应小于 1.2m。(故选项 C 正确)

6.3.2 手动火灾报警按钮应设置在明显和便于操作的部位。当采用壁挂方式安装时，其底边距地高度宜为 1.3～1.5m，且应有明显的标志。(故选项 A 正确)

6.7.4 电话分机或电话插孔的设置，应符合下列规定：

1 消防水泵房、发电机房、配变电室、计算机网络机房、主要通风和空调机房、防排烟机房、灭火控制系统操作装置处或控制室、企业消防站、消防值班室、总调度室、消防电梯机房及其他与消防联动控制有关的且经常有人值班的机房应设置消防专用电话分机。消防专用电话分机，应固定安装在明显且便于使用的部位，并应有区别于普通电话的标识。

2 设有手动火灾报警按钮或消火栓按钮等处，宜设置电话插孔，并宜选择带有电话插孔的手动火灾报警按钮。

3 各避难层应每隔 20m 设置一个消防专用电话分机或电话插孔。

4 电话插孔在墙上安装时，其底边距地面高度宜为 1.3～1.5m。(故选项 D 正确)

由上可知，选项 B 不符合规范。

【题 59】建筑高度为 48m 的 16 层住宅建筑，1 梯 3 户，每户建筑面积为 120m^2，每单元设置一座防烟楼梯间，一部消防电梯和一部客梯。该建筑每个单元需设置的室内消火栓总数应不应少于（　　）个。

A. 16　　B. 8　　C. 32　　D. 48

【参考答案】A

【命题思路】

本题主要考察《消防给水及消火栓系统技术规范》GB 50974—2014 中有关室内消火栓设置条文。

【解题分析】

7.4.5 消防电梯前室应设置室内消火栓，并应计入消火栓使用数量。

7.4.6 室内消火栓的布置应满足同一平面有 2 支消防水枪的 2 股充实水柱同时达到任何部位的要求，但建筑高度小于或等于 24.0m 且体积小于或等于 5000m^3 的多层仓库、建筑高度小于或等于 54m 且每单元设置一部疏散楼梯的住宅，以及本规范表 3.5.2 中规定可采用 1 支消防水枪的场所，可采用 1 支消防水枪的 1 股充实水柱到达室内任何部位。

按照上述 7.4.6 条要求每层设置 1 个消火栓，16 层，总数为 16 个。

【题 60】下列情形中，有利于火灾时缩短人员疏散时间的是（　　）。

A. 正常照明转换为应急照明　　B. 背景音乐转为火灾应急广播

C. 疏散通道上的防火卷帘落下　　D. 自动喷水灭火系统喷头启动洒水

【参考答案】B

【命题思路】

本题主要考察人员疏散过程的理解。

【解题分析】

《火灾自动报警系统设计规范》GB 50116—2013

4.8.12　消防应急广播与普通广播或背景音乐广播合用时，应具有强制切入消防应急广播的功能。

消防应急广播可正确指导室内人员按顺序进行科学疏散。（故选项B正确）

【题61】自然排烟是利用火灾烟气的热浮力和外部风压等作用，通过建筑物的外墙或屋顶开口将烟气排至室外的排烟方式。下列关于自然排烟的说法中，错误的是（　　）。

A. 自然排烟窗的开启方向应采用上悬外开式

B. 具备自然排烟条件的多层建筑，宜采用自然排烟方式

C. 排烟窗应设置在建筑排烟空间室内净高的1/2以上

D. 排烟口的排放速率主要取决于烟气的厚度和温度

【参考答案】A

【命题思路】

本题主要考察自然排烟原理理解和自然排烟窗的设置要求。

【解题分析】

自然排烟窗的开启方式应有利于火灾烟气的自然排出。选项A中的上悬外开式窗户不利于自然排烟。

【题62】下列关于干式自动喷水灭火系统的说法中，错误的是（　　）。

A. 在准工作状态下，由稳压系统维持干式报警阀入口前管道内的充水压力

B. 在准工作状态下，干式报警阀出口后的配水管道内应充满有压气体

C. 当发生火灾后，干式报警阀开启，压力开关动作后管网开始排气充水

D. 当发生火灾后，配水管道排气充水后，开启的喷头开始喷水

【参考答案】C

【命题思路】

本题主要考察干式自动喷水灭火系统工作原理。

【解题分析】

干式系统与湿式类似只是控制信号阀的结构和作用原理不同，配水管网与供水管间设置干式控制信号阀将它们隔开，而在配水管网中平时充满着有压力气体用于系统的启动。发生火灾时，喷头首先喷出气体，致使管网中压力降低，供水管道中的压力水打开控制信号阀而进入配水管网，接着从喷头喷出灭火，此时通向水力警铃和压力开关通道被打开，水力警铃发生声响警报，压力开关动作并启动消防水泵。（选项C中的干式报警阀开启，故错误）

【题63】下列关于消防给水设施的说法中，错误的是（　　）。

A. 消防水泵的串联可在流量不变的情况下增加扬程，消防水泵的并联可增加流量

B. 消防水泵控制柜在平时应使消防水泵处于自动启泵状态

C. 室内消火栓给水管网宜与自动喷水等其他灭火系统的管网分开设置，当合用消防水泵时，供水管路沿水流方向应在报警阀分开后设置

D. 室外消防给水管道应采用阀门分成若干独立段，每段内室外消火栓数量不宜超过

5个

【参考答案】C

【命题思路】

本题主要考察《消防给水及消火栓系统技术规范》GB 50974—2014 中有关管网条文。

【解题分析】

8.1.7 室内消火栓给水管网宜与自动喷水等其他水灭火系统的管网分开设置；当合用消防泵时，供水管路沿水流方向应在报警阀前分开设置。(故选项C错误)

【题64】某电子计算机主机房为无人值守的封闭区域，室内净高为3.6m，采用全淹没式七氟丙烷灭火系统防护。该防护区设置的泄压口下沿距离防护区楼地板的高度不应低于(　　)。

A. 2.4　　B. 1.8　　C. 3.0　　D. 3.2

【参考答案】A

【命题思路】

本题主要考察《气体灭火系统设计规范》GB 50370—2005 中有关防护区泄压口设置条文。

【解题分析】

3.2.7 防护区应设置泄压口，七氟丙烷灭火系统的泄压口应位于防护区净高的2/3以上。

根据题干可知，室内净高3.6m，泄压口应位于2.4m以上。故选项A正确。

【题65】下列关于地下商店营业厅的内部装修材料中，允许采用B1级燃烧性能的是(　　)。

A. 地面装修材料　　B. 装饰织物　　C. 售货柜台　　D. 墙面装修

【参考答案】B

【命题思路】

本题主要考察《建筑内部装修设计防火规范》GB 50222—2017 中有关建筑内部各个部位装修材料燃烧性能等级要求。

【解题分析】

5.3.1 地下民用建筑内部各部位装修材料的燃烧性能等级，不应低于本规范表5.3.1的规定。

地下民用建筑内部各部位装修材料的燃烧性能等级　　表5.3.1

序号	建筑物及场所	装修材料燃烧性能等级						
		顶棚	墙面	地面	隔断	固定家具	装饰织物	其他装修装饰材料
1	观众厅、会议厅、多功能厅、等候厅等，商店的营业厅	A	A	A	B_1	B_1	B_1	B_2
2	宾馆、饭店的客房及公共活动用房等	A	B_1	B_1	B_1	B_1	B_1	B_2
3	医院的诊疗区、手术区	A	A	B_1	B_1	B_1	B_1	B_2
4	教学场所、教学实验场所	A	A	B_1	B_2	B_2	B_1	B_2

续表

序号	建筑物及场所	装修材料燃烧性能等级						
		顶棚	墙面	地面	隔断	固定家具	装饰织物	其他装修装饰材料
5	纪念馆、展览馆、博物馆、图书馆、档案馆、资料馆等的公众活动场所	A	A	B_1	B_1	B_1	B_1	B_1
6	存放文物、纪念展览物品、重要图书、档案、资料的场所	A	A	A	A	A	B_1	B_1

从上表可知，商店营业厅的装饰织物应采用 B_1 级材料。

【题 66】下列关于建筑的总平面布局中，错误的是（　　）。

A. 桶装乙醇仓库与相邻高层仓库的防火间距为 15m

B. 电解食盐水厂房与相邻多层厂区办公楼的防火间距为 27m

C. 发生炉煤气净化车间的总控制室与车间贴邻，并采用钢筋混凝土防爆墙分隔

D. 空分厂房专用 10kV 变配电站采用设置甲级防火窗的防火墙与空分厂房一面贴邻

【参考答案】C

【命题思路】

本题主要考察《建筑设计防火规范》GB 50016—2014 中有关厂房和仓库的总平面布局的条文。

【解题分析】

3.5.1 甲类仓库之间及与其他建筑、明火或散发火花地点、铁路、道路等的防火间距不应小于表 3.5.1 的规定。

甲类仓库之间及与其他建筑、明火或散发火花地点、铁路、道路等的防火间距（m）　表 3.5.1

名称		甲类仓库（储量，t）			
		甲类储存物品第 3、4 项		甲类储存物品第 1、2、5、6 项	
		≤5	＞5	≤10	＞10
高层民用建筑、重要公共建筑		50			
裙房、其他民用建筑、明火或散发火花地点		30	40	25	30
甲类仓库		20	20	20	20
厂房和乙、丙、丁、戊类仓库	一、二级	15	20	12	15
	三级	20	25	15	20
	四级	25	30	20	25
电力系统电压为 35kV～500kV 且每台变压器容量不小于 10MV·A 的室外变、配电站，工业企业的变压器总油量大于 5t 的室外降压变电站		30	40	25	30
厂外铁路线中心线		40			

续表

名　　称		甲类仓库(储量,t)			
		甲类储存物品第3、4项		甲类储存物品第1、2、5、6项	
		≤5	>5	≤10	>10
厂内铁路线中心线		30			
厂外道路路边		20			
厂内道路路边	主要	10			
	次要	5			

注：甲类仓库之间的防火间距，当第3、4项物品储量不大于2t，第1、2、5、6项物品储量不大于5t时，不应小于12m，甲类仓库与高层仓库的防火间距不应小于13m。

桶装乙醇仓库为甲类，从表注可知，甲类仓库与高层仓库的防火间距不应小于13m。故选项A正确。

选项B中电解食盐水厂房为甲类厂房，《建筑设计防火规范》GB 50016—2014表3.4.1中甲类厂房与民用建筑之间防火间距为25m，故选项B满足规范要求。

3.6.8　有爆炸危险的甲、乙类厂房的总控制室应独立设置。

选项C中贴邻建造，不符合规范要求，故错误。

3.3.8　变、配电站不应设置在甲、乙类厂房内或贴邻，且不应设置在爆炸性气体、粉尘环境的危险区域内。供甲、乙类厂房专用的10kV及以下的变、配电站，当采用无门、窗、洞口的防火墙分隔时，可一面贴邻，并应符合现行国家标准《爆炸危险环境电力装置设计规范》GB 50058等标准的规定。

乙类厂房的配电站确需在防火墙上开窗时，应采用甲级防火窗。

空分厂房为乙类厂房，故选项D正确。

【题67】下列关于建筑防烟系统联动控制要求的做法中，错误的是（　　）。

A. 常闭加压送风口开启由其所在防火分区内两只独立火灾探测器的报警信号作为联动触发信号

B. 加压送风机启动由其所在防火分区内的一只火灾探测器与一只手动火灾报警按钮的报警信号作为联动触发信号

C. 楼梯间的前室或合用前室的加压送风系统中任一常闭加压送风口开启时，联动启动该楼梯间各楼层的前室及合用前室内的常闭加压送风口

D. 对于防火分区跨越多个楼层的建筑，楼梯间的前室或合用前室内任一常闭加压送风口开启时联动启动该防火分区内全部楼层的楼梯间前室及合用前室内的常闭加压送风口

【参考答案】C

【命题思路】

本题主要考察《火灾自动报警系统设计规范》GB 50116—2013中有关防烟系统联动控制条文。

【解题分析】

4.5.1　防烟系统的联动控制方式应符合下列规定：

1　应由加压送风口所在防火分区内的两只独立的火灾探测器或一只火灾探测器与一

只手动火灾报警按钮的报警信号，作为送风口开启和加压送风机启动的联动触发信号，并应由消防联动控制器联动控制相关层前室等需要加压送风场所的加压送风口开启和加压送风机启动。

2 应由同一防烟分区内且位于电动挡烟垂壁附近的两只独立的感烟火灾探测器的报警信号，作为电动挡烟垂壁降落的联动触发信号，并应由消防联动控制器联动控制电动挡烟垂壁的降落。

选项C，应联动开启起火层及相邻层的常闭加压送风口，而不是该楼梯间内各个楼层的前室及合用前室内的常闭加压送风口，不符合规范要求。

【题68】下列关于电气火灾监控系统设置的做法中，错误的是（　　）。

A. 将剩余电流式电气火灾监控探测器的报警值设定为400mA

B. 对于泄漏电流大于500mA的供电线路，将剩余电流式电气火灾监控探测器设置在下一级配电柜处

C. 将非独立式电气火灾监控探测器接入火灾报警探测器的探测回路

D. 将线型感温火灾探测器接入电气火灾监控器用于电气火灾监控

【参考答案】C

【命题思路】

本题主要考察《火灾自动报警系统设计规范》GB 50116—2013中有关电气火灾监控系统设置条文。

【解题分析】

9.2.1 剩余电流式电气火灾监控探测器应以设置在低压配电系统首端为基本原则，宜设置在第一级配电柜（箱）的出线端。在供电线路泄漏电流大于500mA时，宜在其下一级配电柜（箱）设置。（故选项B正确）

9.2.3 选择剩余电流式电气火灾监控探测器时，应计及供电系统自然漏流的影响，并应选择参数合适的探测器；探测器报警值宜为300～500mA。（故选项A正确）

9.1.4 非独立式电气火灾监控探测器不应接入火灾报警控制器的探测器回路。（故选项C错误）

9.1.7 当线型感温火灾探测器用于电气火灾监控时，可接入电气火灾监控器。（故选项D正确）

【题69】某汽车库的建筑面积为5100m²，停车数量为150辆，该汽车库的防火分类应为（　　）。

A. Ⅰ　　B. Ⅲ　　C. Ⅳ　　D. Ⅱ

【参考答案】D

【命题思路】

本题主要考察《汽车库、修车库、停车场设计防火规范》GB 50067—2014中有关汽车库分类条文。

【解题分析】

3.0.1 汽车库、修车库、停车场的分类应根据停车（车位）数量和总建筑面积确定，并应符合表3.0.1的规定。

汽车库、修车库、停车场的分类　表3.0.1

名称		Ⅰ	Ⅱ	Ⅲ	Ⅳ
汽车库	停车数量(辆)	>300	151～300	51～150	≤50
	总建筑面积$S(m^2)$	S>10000	5000<S≤10000	2000<S≤5000	S≤2000
修车库	车位数(个)	>15	6～15	3～5	≤2
	总建筑面积$S(m^2)$	S>3000	1000<S≤3000	500<S≤1000	S≤500
停车场	停车数量(辆)	>400	251～400	101～250	≤100

题中汽车库的建筑面积为5100m²，从上表可知，为Ⅱ级，故选项D正确。

【题70】下列因素中，不易引起电气线路火灾的是（　　）。

A. 线路短路　B. 线路绝缘损坏　C. 线路接触不良　D. 电压损失

【参考答案】D

【命题思路】

本题主要考察电气线路火灾原因。

【解题分析】

《消防安全技术实务》教材第2篇第7章第1节

电气线路是用于传输电能、传递信息和宏观电磁能量转换的载体，电气线路火灾除了由外部的火源或火种直接引燃外，主要是由于自身在运行过程中出现的短路、过载以及漏电等故障产生电弧、电火花或电线、电缆过热，引燃电线、电缆及其周围的可燃物而引发的火灾。

电气线路火灾与电压损失无关，选项D正确。

【题71】下列厂房或仓库中，按规范应设置防排烟设施的是（　　）。

A. 每层建筑面积为1200m² 的2层丙类仓库

B. 丙类厂房内建筑面积为120m² 的生产监控室

C. 建筑面积为3000m² 的丁类生产车间

D. 单层丙类厂房内长度为35m的疏散走道

【参考答案】A

【命题思路】

本题主要考察《建筑设计防火规范》GB 50016—2014中有关厂房或仓库的设置排烟设施部位。

【解题分析】

8.5.2　厂房或仓库的下列场所或部位应设置排烟设施：

1　人员或可燃物较多的丙类生产场所、丙类厂房内建筑面积大于300m² 且经常有人停留或可燃物较多的地上房间；（故选项B可不设）

2　建筑面积大于5000m² 的丁类生产车间；（故选项C可不设）

3　占地面积大于1000m² 的丙类仓库；（故选项A正确）

4　高度大于32m的高层厂房（仓库）内长度大于20m的疏散走道，其他厂房（仓库）内长度大于40m的疏散走道。（故选项D可不设）

【题72】在开展建筑消防性能化设计与评估时，预测自动喷水灭火系统洒水喷头的启动时间，主要应考虑火灾的（　　）。

A. 阻燃　　B. 增长　　C. 全面发展　　D. 衰退

【参考答案】B

【命题思路】

本题主要考察建筑消防性能化设计与评估基础知识。

【解题分析】

《消防安全技术实务》教材第5篇第4章第2节

在稳态火灾的整个发展过程中，火源的热释放速率始终保持一个定值。火灾发展过程中的充分发展阶段可以近似看成是稳态火灾。

稳态火灾的热释放速率应该对应预期火灾增长的最大规模，因此稳态火灾的热释放速率也可以用自动喷水灭火系统的第一个洒水喷头启动时的火灾规模来判断。（故选项C正确）

【题73】一座建筑高度为55m的新建办公楼，无裙房，矩形平面尺寸为80m×20m，沿该建筑南侧的长边连续布置消防车登高操作场地。该消防车登高操作场地的最小平面尺寸应为（　　）。

A. 15m×10m　　B. 20m×10m　　C. 15m×15m　　D. 80m×10m

【参考答案】D

【命题思路】

本题主要考察《建筑设计防火规范》GB 50016—2014中有关消防车登高操作场地条文。

【解题分析】

7.2.1　高层建筑应至少沿一个长边或周边长度的1/4且不小于一个长边长度的底边连续布置消防车登高操作场地，该范围内的裙房进深不应大于4m。

建筑高度不大于50m的建筑，连续布置消防车登高操作场地确有困难时，可间隔布置，但间隔距离不宜大于30m，且消防车登高操作场地的总长度仍应符合上述规定。

该高层建筑应至少沿一个长边设置，其长度不应小于建筑的长度80m，故选项D正确。选项C是高层建筑尽头式消防车道回车场面积。

【题74】某钢筋混凝土结构的商场，建筑高度为23.8m。其中，地下一层至地上五层为商业营业厅，地下二层为汽车库和设备用房，建筑全部设置自动喷水灭火系统和火灾自动报警系统等，并采用不燃性材料进行内部装修，下列关于防火分区划分的做法中，错误的是（　　）。

A. 地上一层的防火分区中最大一个的建筑面积为9900m^2

B. 地下一层的防火分区中最大一个的建筑面积为1980m^2

C. 地上二层的防火分区中最大一个的建筑面积为4950m^2

D. 地下二层的设备用房划分为一个防火分区，建筑面积为1090m^2

【参考答案】A

【命题思路】

本题主要考察《建筑设计防火规范》GB 50016—2014中有关防火分区条文。

【解题分析】

5.3.1 除本规范另有规定外，不同耐火等级建筑的允许建筑高度或层数、防火分区最大允许建筑面积应符合表5.3.1的规定。

不同耐火等级建筑的允许建筑高度或层数、防火分区最大允许建筑面积　　表5.3.1

名称	耐火等级	允许建筑高度或层数	防火分区的最大允许建筑面积(m^2)	备　注
高层民用建筑	一、二级	按本规范第5.1.1条确定	1500	对于体育馆、剧场的观众厅，防火分区的最大允许建筑面积可适当增加
	一、二级	按本规范第5.1.1条确定	2500	
单、多层民用建筑	三级	5层	1200	—
	四级	2层	600	—
地下或半地下建筑(室)	一级	—	500	设备用房的防火分区最大允许建筑面积不应大于1000m^2

注：1 表中规定的防火分区最大允许建筑面积，当建筑内设置自动灭火系统时，可按本表的规定增加1.0倍；局部设置时，防火分区的增加面积可按该局部面积的1.0倍计算。

2 裙房与高层建筑主体之间设置防火墙时，裙房的防火分区可按单、多层建筑的要求确定。

从上表可知，一、二级单、多层民用建筑防火分区的最大允许建筑面积是2500m^2，题中多层商场全部设置自动喷水灭火系统和火灾自动报警系统等，并采用不燃性材料进行内部装修，防火分区最大允许建筑面积可以加倍。加倍后的地上一层防火分区的最大允许建筑面积可为5000m^2，选项A错误。

【题75】某办公楼建筑，地上28层，地下3层，室外地坪标高为－0.600m，地下三层的地面标高为－10.000m。下列关于该建筑平面布置的做法中，错误的是（　　）。

A. 将消防控制室设置在地下一层，其疏散门直通紧邻的防烟楼梯间

B. 将使用天然气作燃料的常压锅炉房布置在屋顶，与出屋面的疏散楼梯间出口的最近距离为7m

C. 将消防水泵房布置在地下三层，其疏散门直通紧邻的防烟楼梯间

D. 将干式变压器室布置在地下二层，其疏散门直通紧邻的防烟楼梯间

【参考答案】C

【命题思路】

本题主要考察《建筑设计防火规范》GB 50016—2014中有关功能用房布置条文。

【解题分析】

8.1.7 设置火灾自动报警系统和需要联动控制的消防设备的建筑（群）应设置消防控制室。消防控制室的设置应符合下列规定：

1 单独建造的消防控制室，其耐火等级不应低于二级；

2 附设在建筑内的消防控制室，宜设置在建筑内首层或地下一层，并宜布置在靠外墙部位。(故选项A符合规范要求)

5.4.12 燃油或燃气锅炉、油浸变压器、充有可燃油的高压电容器和多油开关等，宜设置在建筑外的专用房间内；确需贴邻民用建筑布置时，应采用防火墙与所贴邻的建筑分隔，且不应贴邻人员密集场所，该专用房间的耐火等级不应低于二级；确需布置在民用建

筑内时，不应布置在人员密集场所的上一层、下一层或贴邻，并应符合下列规定：

1　燃油或燃气锅炉房、变压器室应设置在首层或地下一层的靠外墙部位，但常（负）压燃油或燃气锅炉可设置在地下二层或屋顶上。设置在屋顶上的常（负）压燃气锅炉，距离通向屋面的安全出口不应小于6m。(故选项B符合规范要求)

8.1.6　消防水泵房的设置应符合下列规定：

1　单独建造的消防水泵房，其耐火等级不应低于二级；

2　附设在建筑内的消防水泵房，不应设置在地下三层及以下或室内地面与室外出入口地坪高差大于10m的地下楼层；(故选项C错误)

3　疏散门应直通室外或安全出口。

【题76】某人防工程设置在地下一层，其室内地面与室外出入口地坪的高差为8m。下列场所中，不能设置在该人防工程内的是（　　）。

A. 歌舞娱乐放映游艺场所　　B. 医院病房

C. 儿童游乐厅　　D. 百货商店

【参考答案】C

【命题思路】

本题主要考察《人民防空工程设计防火规范》GB 50098—2009 中有关功能用房布置条文。

【解题分析】

3.1.3　人防工程内不应设置哺乳室、托儿所、幼儿园、游乐厅等儿童活动场所和残疾人员活动场所。(故选项C错误)

3.1.4　医院病房不应设置在地下二层及以下层，当设置在地下一层时，室内地面与室外出入口地坪高差不应大于10m。

3.1.5　歌舞厅、卡拉OK厅（含具有卡拉OK功能的餐厅）、夜总会、录像厅、放映厅、桑拿浴室（除洗浴部分外）、游艺厅（含电子游艺厅）、网吧等歌舞娱乐放映游艺场所（以下简称歌舞娱乐放映游艺场所），不应设置在地下二层及以下层；当设置在地下一层时，室内地面与室外出入口地坪高差不应大于10m。

3.1.6　地下商店应符合下列规定：

1　不应经营和储存火灾危险性为甲、乙类储存物品属性的商品；

2　营业厅不应设置在地下三层及三层以下。

【题77】下列关于建筑内疏散楼梯间的做法中，错误的是（　　）。

A. 设置敞开式外廊的4层教学楼，每层核定人数500人，设置3部梯段净宽度均为2.00m的敞开式疏散楼梯间

B. 建筑高度为15m的3层商用建筑，总建筑面积为2400m^2，一、二层为美术教室和形体训练室，三层为卡拉OK厅和舞厅，设置2座梯段净宽度均为2.00m的敞开式疏散楼梯间

C. 电子厂综合装配大楼，建筑高度为31.95m，每层作业人数100人，设置2座净宽度均为1.2m的防烟楼梯间

D. 建筑高度为31.9m的住宅建筑，每个单元的建筑面积为500m^2，户门至楼梯间的最大水平距离为2m，每个单元设置一座梯段净宽度为1.10m的封闭楼梯间

【参考答案】B

【命题思路】

本题主要考察《建筑设计防火规范》GB 50016—2014 中有关楼梯间形式和总净宽度计算条文。

【解题分析】

5.5.12 一类高层公共建筑和建筑高度大于 32m 的二类高层公共建筑，其疏散楼梯应采用防烟楼梯间。

裙房和建筑高度不大于 32m 的二类高层公共建筑，其疏散楼梯应采用封闭楼梯间。

5.5.13 下列多层公共建筑的疏散楼梯，除与敞开式外廊直接相连的楼梯间外，均应采用封闭楼梯间：

1 医疗建筑、旅馆、老年人建筑及类似使用功能的建筑；

2 设置歌舞娱乐放映游艺场所的建筑；(故选项 B 不符合规范要求)

3 商店、图书馆、展览建筑、会议中心及类似使用功能的建筑；

4 6 层及以上的其他建筑。

【题 78】下列关于电气装置设置的做法中，错误的是（ ）。

A. 在照明灯具靠近可燃物处采取隔热防火措施

B. 额定功率为 150W 的吸顶白炽灯的引入线采用陶瓷管保护

C. 额定功率为 60W 的白炽灯直接安装在木梁上

D. 可燃材料仓库内使用密闭型荧光灯具

【参考答案】C

【命题思路】

本题主要考察电气装置设置。

【解题分析】

额定功率不小于 60W 的白炽灯、卤钨灯、高压钠灯、金属卤化物灯、荧光高压汞灯（包括电感镇流器）等，不应直接安装在可燃物体上或采取其他防火措施。

卤钨灯和额定功率不小于 100W 的白炽灯泡的吸顶灯、槽灯、嵌入式灯，其引入线应采用瓷管、矿棉等不燃材料作隔热保护。

可燃材料仓库内宜使用低温照明灯具，并应对灯具的发热部件采取隔热等防火措施，不应使用卤钨灯等高温照明灯具。

选项 C 错误，超过 60W 的白炽灯不应直接安装在可燃物上。

【题 79】某燃煤火力发电厂，单机容量为 200MW，总容量为 1000MW。下列关于该电厂消防设施的做法中，错误的是（ ）。

A. 消防控制室与主控制室合并设置

B. 贮煤场的室外消防用水量采用 15L/s

C. 设置控制中心火灾自动报警系统

D. 主厂房周围采用环状消防给水管网

【参考答案】B

【命题思路】

本题主要考察《火力发电厂与变电站设计防火标准》GB 50229—2006 中有关消防设

施条文。

【解题分析】

7.2.2 室外消防用水量的计算应符合下列规定：

3 露天煤场的消防用水量应不少于20L/s；（故选项B不符合规范要求）

7.2.3 主厂房、液氨区、露天贮煤场或室内贮煤场、点火油罐区周围的消防给水管网应为环状。（故选项D符合规范要求）

7.13.2 单机容量为200MW及以上的燃煤电厂，应设置控制中心报警系统。（故选项C符合规范要求）

7.13.4 消防控制室应与集中控制室合并设置。（故选项A符合规范要求）

【题80】下列关于建筑安全出口或疏散楼梯间的做法中，错误的是（　　）。

A. 位于地下一层，总建筑面积为1000m^2的卡拉OK厅和舞厅，设置了3个净宽度均为2m的安全出口

B. 每层为一个防火分区且每层使用人数不超过180人的多层制衣厂，设置了2座梯段净宽度均为1.2m的封闭楼梯间

C. 每层办公楼的每层使用人数为60人，设置了2座防烟疏散楼梯间，楼梯间的净宽度及楼梯间在首层的门的净宽度均为1.2m

D. 单层二级耐火等级且设置自动喷水灭火系统的电影院，其中一个1000座的观众厅设置了4个净宽度均为1.50m的安全出口

【参考答案】D

【命题思路】

本题主要考察《建筑设计防火规范》GB 50016—2014中有关安全出口或疏散楼梯间条文。

【解题分析】

5.5.16 剧场、电影院、礼堂和体育馆的观众厅或多功能厅，其疏散门的数量应经计算确定且不应少于2个，并应符合下列规定：

1 对于剧场、电影院、礼堂的观众厅或多功能厅，每个疏散门的平均疏散人数不应超过250人；当容纳人数超过2000人时，其超过2000人的部分，每个疏散门的平均疏散人数不应超过400人；

5.5.20 剧场、电影院、礼堂、体育馆等场所的疏散走道、疏散楼梯、疏散门、安全出口的各自总净宽度，应符合下列规定：

2 剧场、电影院、礼堂等场所供观众疏散的所有内门、外门、楼梯和走道的各自总净宽度，应根据疏散人数按每100人的最小疏散净宽度不小于表5.5.20-1的规定计算确定；

剧场、电影院、礼堂等场所每100人所需最小疏散净宽度（m/百人）　表5.5.20-1

观众厅座位数(座)			≤2500	≤1200
耐火等级			一、二级	三级
疏散部位	门和走道	平坡地面	0.65	0.85
		阶梯地面	0.75	1.00
	楼梯		0.75	1.00

选项D，一个1000座电影院观众厅，安全出口数量=1000÷250=4个，数量满足规范要求，安全出口最小总净宽度=1000×0.65/100=6.5m，题干内容，设置了4个净宽度均为1.50m的安全出口，总净宽度为6m，不符合规范要求。

二、多项选择题（共20题，每题2分。每题的备选项中，有2个或2个以上符合题意，至少有1个错项。错选，本题不得分；少选，所选的每个选项得0.5分）

【题81】下列储存物品中，属于乙类火灾危险性分类的有（　　）。

A. 煤油　　B. 乙烯　　C. 油布　　D. 赤磷

E. 硝酸铜

【参考答案】ACE

【命题思路】

本题主要考察《建筑设计防火规范》GB 50016—2014中有关储存物品的火灾危险性分类。

【解题分析】

3.1.3　储存物品的火灾危险性应根据储存物品的性质和储存物品中的可燃物数量等因素划分，可分为甲、乙、丙、丁、戊类，并应符合表3.1.3的规定。

储存物品的火灾危险性分类　　表3.1.3

储存物品的火灾危险性类别	储存物品的火灾危险性特征
甲	1. 闪点小于28℃的液体； 2. 爆炸下限小于10%的气体，受到水或空气中水蒸气的作用能产生爆炸下限小于10%气体的固体物质； 3. 常温下能自行分解或在空气中氧化能导致迅速自燃或爆炸的物质； 4. 常温下受到水或空气中水蒸气的作用，能产生可燃气体并引起燃烧或爆炸的物质； 5. 遇酸、受热、撞击、摩擦以及遇有机物或硫磺等易燃的无机物，极易引起燃烧或爆炸的强氧化剂； 6. 受撞击、摩擦或与氧化剂、有机物接触时能引起燃烧或爆炸的物质
乙	1. 闪点不小于28℃，但小于60℃的液体； 2. 爆炸下限不小于10%的气体； 3. 不属于甲类的氧化剂； 4. 不属于甲类的易燃固体； 5. 助燃气体； 6. 常温下与空气接触能缓慢氧化，积热不散引起自燃的物品

条文说明：

储存物品的火灾危险性分类举例 表3

火灾危险性类别	举例
甲类	1. 己烷，戊烷，环戊烷，石脑油，二硫化碳，苯、甲苯，甲醇、乙醇，乙醚，蚁酸甲酯、醋酸甲酯、硝酸乙酯，汽油，丙酮，丙烯，酒精度为38度及以上的白酒； 2. 乙炔，氢，甲烷，环氧乙烷，水煤气，液化石油气，乙烯、丙烯、丁二烯，硫化氢，氯乙烯，电石，碳化铝； 3. 硝化棉，硝化纤维胶片，喷漆棉，火胶棉，赛璐珞棉，黄磷； 4. 金属钾、钠、锂、钙、锶，氢化锂、氢化钠，四氢化锂铝； 5. 氯酸钾、氯酸钠，过氧化钾、过氧化钠，硝酸铵； 6. 赤磷，五硫化二磷，三硫化二磷
乙类	1. 煤油，松节油，丁烯醇、异戊醇，丁醚，醋酸丁酯、硝酸戊酯，乙酰丙酮，环己胺，溶剂油，冰醋酸，樟脑油，蚁酸； 2. 氨气、一氧化碳； 3. 硝酸铜，铬酸，亚硝酸钾，重铬酸钠，铬酸钾，硝酸，硝酸汞、硝酸钴，发烟硫酸，漂白粉； 4. 硫磺，镁粉，铝粉，赛璐珞板(片)，樟脑，萘，生松香，硝化纤维漆布，硝化纤维色片； 5. 氧气，氟气，液氯； 6. 漆布及其制品，油布及其制品，油纸及其制品，油绸及其制品

由上表可知，选项A、C、E为乙类，选项B、D为甲类。

【题82】下列汽车加油加气站中，不应在城市中心建设的有（　　）。

A. 一级加油站　　B. LVG加油站

C. CNG常规加油站　　D. 一级加气站

E. 一级加油加气合建站

【参考答案】ADE

【命题思路】

本题主要考察《汽车加油加气站设计与施工规范》GB 50156—2012（2014年版）中有关汽车加油加气站选址条文。

【解题分析】

4.0.2 在城市建成区不宜建一级加油站、一级加气站、一级加油加气合建站、CNG加气母站。在城市中心区不应建一级加油站、一级加气站、一级加油加气合建站、CNG加气母站。(故应选A、D、E)

【题83】下列关于锅炉房防火防爆的做法中，正确的有（　　）。

A. 燃油锅炉房布置在综合楼的地下三层，该层的其余区域设置空调和水泵房等设备房

B. 独立建造的蒸发量为20t/h的燃煤锅炉房，按照丁类厂房设计，耐火等级为二级

C. 煤化工厂所在区域的常年主导风向为西南风，将锅炉房布置在甲醇合成厂房的西南侧

D. 单独建造的二级耐火等级的单层燃气锅炉房，与相邻一类高层宾馆裙房的防火间距为11m

E. 附设在主体建筑内的燃油锅炉房，其储油间内用钢制密闭储罐储存0.9m³的柴油，通向室外的通气管上设置安全阀，油罐下部设置防止油品流散的围堰

【参考答案】BD

【命题思路】

本题主要考察《建筑设计防火规范》GB 50016—2014中有关锅炉房防火防爆条文。

【解题分析】

5.4.12 燃油或燃气锅炉、油浸变压器、充有可燃油的高压电容器和多油开关等，宜设置在建筑外的专用房间内；确需贴邻民用建筑布置时，应采用防火墙与所贴邻的建筑分隔，且不应贴邻人员密集场所，该专用房间的耐火等级不应低于二级；确需布置在民用建筑内时，不应布置在人员密集场所的上一层、下一层或贴邻，并应符合下列规定：

1 燃油或燃气锅炉房、变压器室应设置在首层或地下一层的靠外墙部位，但常（负）压燃油或燃气锅炉可设置在地下二层或屋顶上。设置在屋顶上的常（负）压燃气锅炉，距离通向屋面的安全出口不应小于6m。(故选项A错误)

采用相对密度（与空气密度的比值）不小于0.75的可燃气体为燃料的锅炉，不得设置在地下或半地下；

2 锅炉房、变压器室的疏散门均应直通室外或安全出口；

3 锅炉房、变压器室等与其他部位之间应采用耐火极限不低于2.00h的防火隔墙和1.50h的不燃性楼板分隔。在隔墙和楼板上不应开设洞口，确需在隔墙上设置门、窗时，应采用甲级防火门、窗；

4 锅炉房内设置储油间时，其总储存量不应大于$1m^3$，且储油间应采用耐火极限不低于3.00h的防火隔墙与锅炉间分隔；确需在防火隔墙上设置门时，应采用甲级防火门；

6 油浸变压器、多油开关室、高压电容器室，应设置防止油品流散的设施。油浸变压器下面应设置能储存变压器全部油量的事故储油设施；

3.2.5 锅炉房的耐火等级不应低于二级，当为燃煤锅炉房且锅炉的总蒸发量不大于4t/h时，可采用三级耐火等级的建筑。(故选项B正确)

5.4.15 设置在建筑内的锅炉、柴油发电机，其燃料供给管道应符合下列规定：

1 在进入建筑物前和设备间内的管道上均应设置自动和手动切断阀；

2 储油间的油箱应密闭且应设置通向室外的通气管，通气管应设置带阻火器的呼吸阀，油箱的下部应设置防止油品流散的设施；(故选项E错误)

3 燃气供给管道的敷设应符合现行国家标准《城镇燃气设计规范》GB 50028的规定。

选项C错误，与所在区域常年主导风向无关，只与全年最小频率风向有关系。

选项D正确，二级耐火等级单层燃气锅炉房，与相邻一类高层宾馆裙房防火间距至少为10m。

【题84】某3层图书馆，建筑面积为$12000m^2$，室内最大净宽高度为4.5m，图书馆内全部设置自动喷水灭火系统等，下列关于该自动喷水灭火系统的做法中，正确的是（　　）。

A. 系统的喷水强度为4L/S（min·m^2）　B. 共设置1套湿式报警阀组

C. 采用流量系数$K=80$的洒水喷头　D. 系统的作用面积为$160m^2$

E. 系统最不利点处喷头的工作压力为0.1MPa

【参考答案】CDE

【命题思路】

本题主要考察《自动喷水灭火系统设计规范》GB 50084—2017中有关自动喷水灭火

系统的设计条文。

【解题分析】

设置场所火灾危险等级分类　　表 A

火灾危险等级		设置场所分类
轻危险级		住宅建筑、幼儿园、老年人建筑、建筑高度为24m及以下的旅馆、办公楼；仅在走道设置闭式系统的建筑等
中危险级	Ⅰ级	1)高层民用建筑：旅馆、办公楼、综合楼、邮政楼、金融电信楼、指挥调度楼、广播电视楼(塔)等。 2)公共建筑(含单多高层)：医院、疗养院；图书馆(书库除外)、档案馆、展览馆(厅)；影剧院、音乐厅和礼堂(舞台除外)及其他娱乐场所；火车站、机场及码头的建筑；总建筑面积小于5000m^2的商场、总建筑面积小于1000m^2的地下商场等。 3)文化遗产建筑：木结构古建筑、国家文物保护单位等。 4)工业建筑：食品、家用电器、玻璃制品等工厂的备料与生产车间等；冷藏库、钢屋架等建筑构件
	Ⅱ级	1)民用建筑：书库、舞台(葡萄架除外)、汽车停车场、总建筑面积5000m^2及以上的商场、总建筑面积1000m^2及以上的地下商场、净空高度不超过8m、物品高度不超过3.5m的超级市场等。 2)工业建筑：棉毛麻丝及化纤的纺织、织物及制品、木材木器及胶合板、谷物加工、烟草及制品、饮用酒(啤酒除外)、皮革及制品、造纸及纸制品、制药等工厂的备料与生产车间

5.0.1　民用建筑和厂房采用湿式系统时的设计基本参数不应低于表5.0.1的规定。

民用建筑和厂房采用湿式系统的设计基本参数　　表 5.0.1

火灾危险等级		净空高度 h(m)	喷水强度(L/min·m^2)	作用面积(m^2)
轻危险级		$h \leqslant 8$	4	160
中危险级	Ⅰ级		6	
	Ⅱ级		8	
严重危险级	Ⅰ级		12	260
	Ⅱ级		16	

注：系统最不利点处洒水喷头的工作压力不应低于0.05MPa。

7.1.2　直立型、下垂型标准覆盖面积洒水喷头的布置，包括同一根配水支管上喷头的间距及相邻配水支管的间距，应根据设置场所的火灾危险等级、洒水喷头类型和工作压力确定，并不应大于表7.1.2的规定，且不应小于1.8m。

直立型、下垂型标准覆盖面积洒水喷头的布置　　表 7.1.2

火灾危险等级	正方形布置的边长(m)	矩形或平行四边形布置的长边边长(m)	一只喷头的最大保护面积(m^2)	喷头与端墙的距离(m)	
				最大	最小
轻危险级	4.4	4.5	20.0	2.2	0.1
中危险级Ⅰ级	3.6	4.0	12.5	1.8	
中危险级Ⅱ级	3.4	3.6	11.5	1.7	
严重危险级、仓库危险级	3.0	3.6	9.0	1.5	

注：1　设置单排洒水喷头的闭式系统，其洒水喷头间距应按地面不留漏喷空白点确定；
　　2　严重危险级或仓库危险级场所宜采用流量系数大于80的洒水喷头。

选项A错误，图书馆书库为中危险级Ⅱ级，系统取大值，喷水强度为8L/min·m^2。

选项B错误，按中危险级Ⅱ级考虑，一个喷头保护面积为11.5m^2，总计需要12000/11.5=1044个喷头，一个湿式报警阀最多带800只喷头，故最少需要2个报警阀。按中危险级Ⅰ级考虑，一个喷头保护面积为12.5m^2，总计需要12000/12.5=960个喷头，一个湿式报警阀最多带800只喷头，故最少需要2个报警阀。

选项C、D正确。选项E正确，0.1MPa大于规范最小值0.05MPa要求。

【题85】下列汽车库，修车库，停车场中，可不设置自动喷水灭火系统的有（　　）。

A. Ⅳ类地上汽车库

B. 机械式汽车库

C. Ⅰ类汽车库

D. 屋面停车场

E. 停车数量为10辆的地下停车库

【参考答案】ADE

【命题思路】

本题主要考察《汽车库、修车库、停车场设计防火规范》GB 50067—2014中有关设置自动喷水灭火系统条文。

【解题分析】

7.2.1　除敞开式汽车库、屋面停车场外，下列汽车库、修车库应设置自动灭火系统：

1　Ⅰ、Ⅱ、Ⅲ类地上汽车库；

2　停车数大于10辆的地下、半地下汽车库；

3　机械式汽车库；

4　采用汽车专用升降机作汽车疏散出口的汽车库；

5　Ⅰ类修车库。（故选项A、D、E正确）

【题86】某地市级电力调度中心大楼内设置了电子信息系统机房，下列关于该机房的防火措施中，正确的是（　　）。

A. 主机房与其他部位之间采用200mm厚加气混凝土砌块墙分隔，隔墙上的门采用甲级防火门

B. 主机房，辅助区和支持区采用200mm厚加气混凝土砌块墙与其他区域分隔成独立的防火分区

C. 建筑面积为500m^2的主机房设置2个净宽度均为1.6m，感应式自动启闭的推拉门通向疏散走道

D. 主机房设置高压细水雾灭火系统

E. 主机房设置点式光电感烟火灾探测器，并由其中的2只火灾探测器的报警信号作为自动灭火系统的联动信号

【参考答案】ABD

【命题思路】

本题主要考察电子信息系统机房防火措施。

【解题分析】

选项A正确，根据《消防安全技术实务》教材第4篇第10章第3节：

信息机房的耐火等级不应低于二级。当A级或B级信息机房位于其他建筑物内时，在主机房与其他部位之间应设置耐火极限不低于2h的隔墙，隔墙上的门应采用甲级防

火门。

选项B正确，根据《建筑设计防火规范》GB 50016—2014 附表1，200mm厚加气混凝土砌块墙，非承重墙，不燃性，耐火极限8h，符合防火墙要求。

选项C错误，根据《消防安全技术实务》教材第4篇第10章第3节：

面积大于100m² 的主机房，安全出口不应少于2个，并宜设于机房的两端，面积不大于100m² 的主机房可设置1个安全出口，并可通过其他相邻房间的门进行疏散。门应向疏散方向开启，且应自动关闭，并应保证在任何情况下均能从机房内开启。走廊、楼梯间应畅通，并有明显的疏散指示标志。计算机房建筑的入口至主机房应设通道，通道净宽不应小于1.5m。

选项D正确，根据《消防安全技术实务》教材第4篇第10章第3节：

灭火系统

一般规定

A级信息机房的主机房应设置洁净气体灭火系统。

B级信息机房的主机房，以及A级和B级机房中的变配电、不间断电源系统和电池室，宜设置洁净气体灭火系统，也可设置高压细水雾灭火系统。

选项E错误，大型数据中心、主机房及其他A级计算机房不宜设置普通的感烟火灾探测器。

【题87】下列关于消防车道设置的做法，正确的有（　　）。

A. 二类高层住宅建筑，沿其南北侧两个长边设置净宽度为3.5m的消防车道

B. 消防车道穿过建筑物的洞口处地面标高为−0.300m，洞口顶部的标高为3.900m，门洞净宽度为4.2m

C. 占地面积为2400m² 单层纺织品仓库，沿其两个长边设置尽头式消防车道，回车场尺寸为12m×13m

D. 高层厂房周围的环形消防车道有一处与市政道路连通

E. 在一坡地建筑周围设置最大坡度为5%的环形消防车道

【参考答案】BCE

【命题思路】

本题主要考察《建筑设计防火规范》GB 50016—2014 有关消防车道的条文。

【解题分析】

7.1.8 消防车道应符合下列要求：

1 车道的净宽度和净空高度均不应小于4.0m；(故选项A错误，B正确)

2 转弯半径应满足消防车转弯的要求；

3 消防车道与建筑之间不应设置妨碍消防车操作的树木、架空管线等障碍物；

4 消防车道靠建筑外墙一侧的边缘距离建筑外墙不宜小于5m；

5 消防车道的坡度不宜大于8%。(故选项E正确)

7.1.9 环形消防车道至少应有两处与其他车道连通。尽头式消防车道应设置回车道或回车场，回车场的面积不应小于12m×12m；对于高层建筑，不宜小于15m×15m；供重型消防车使用时，不宜小于18m×18m。(故选项C正确，选项D错误)

消防车道的路面、救援操作场地、消防车道和救援操作场地下面的管道和暗沟等，应

能承受重型消防车的压力。

消防车道可利用城乡、厂区道路等，但该道路应满足消防车通行、转弯和停靠的要求。

【题88】某建筑高度为24m的商业建筑，中部设置一个面积为600m^2，贯穿建筑地上5层的中庭，该中庭同时设置线型光束感烟火灾探测器和图像型火灾探测器，中庭的环廊设置点型感烟火灾探测器，环廊与中庭顶部机械排烟设施开启联动触发信号有(　　)。

A. 中庭任一线型光束感烟火灾探测器和任一图像型火焰探测器的报警信号

B. 中庭两个地址线型光束感烟火灾探测器的报警信号

C. 中庭任一线型光束感烟火灾探测器与环廊任一点型感烟火灾探测器的报警信号

D. 中庭两个地址图像型火焰探测器的报警信号

E. 环廊任一点型感烟火灾探测器及其相邻商铺内任一火灾探测器的报警信号

【参考答案】ABCD

【命题思路】

本题主要考察《火灾自动报警系统设计规范》GB 50116—2013中有关排烟系统的联动控制方式条文。

【解题分析】

4.5.2　排烟系统的联动控制方式应符合下列规定：

1　应由同一防烟分区内的两只独立的火灾探测器的报警信号，作为排烟口、排烟窗或排烟阀开启的联动触发信号，并应由消防联动控制器联动控制排烟口、排烟窗或排烟阀的开启，同时停止该防烟分区的空气调节系统。

2　应由排烟口、排烟窗或排烟阀开启的动作信号，作为排烟风机启动的联动触发信号，并应由消防联动控制器联动控制排烟风机的启动。

选项A、B、C、D正确，环廊与中庭可视为一个防烟分区，机械排烟系统联动触发信号为一个防烟分区两个独立的火灾探测报警信号。

选项E错误，环廊与相邻商铺属于两个防烟分区，不能启动机械排烟。

【题89】某建筑高度为25m的办公建筑，地上部分全部为办公，地下2层为汽车库，建筑内部全部设置自动喷水灭火系统，下列关于该自动喷水灭火系统的做法中，正确的有(　　)。

A. 办公楼层采用玻璃球色标为红色的喷头

B. 办公楼采用边墙型喷头

C. 汽车库内一只喷头的最大保护面积为11.5m^2

D. 汽车库采用直立型喷头

E 办公楼层内一只喷头的最大保护面积为20.0m^2

【参考答案】ACD

【命题思路】

本题主要考察《自动喷水灭火系统设计规范》GB 50084—2017中有关自动喷水灭火系统的设计条文。

【解题分析】

设置场所火灾危险等级分类　　　　表 A

火灾危险等级		设置场所分类
轻危险级		住宅建筑、幼儿园、老年人建筑、建筑高度为 24m 及以下的旅馆、办公楼；仅在走道设置闭式系统的建筑等
中危险级	Ⅰ级	1）高层民用建筑：旅馆、办公楼、综合楼、邮政楼、金融电信楼、指挥调度楼、广播电视楼（塔）等。 2）公共建筑（含单多高层）：医院、疗养院；图书馆（书库除外）、档案馆、展览馆（厅）；影剧院、音乐厅和礼堂（舞台除外）及其他娱乐场所；火车站、机场及码头的建筑；总建筑面积小于 5000m^2 的商场、总建筑面积小于 1000m^2 的地下商场等。 3）文化遗产建筑：木结构古建筑、国家文物保护单位等。 4）工业建筑：食品、家用电器、玻璃制品等工厂的备料与生产车间等；冷藏库、钢屋架等建筑构件
	Ⅱ级	1）民用建筑：书库、舞台（葡萄架除外）、汽车停车场、总建筑面积 5000m^2 及以上的商场、总建筑面积 1000m^2 及以上的地下商场、净空高度不超过 8m、物品高度不超过 3.5m 的超级市场等。 2）工业建筑：棉毛麻丝及化纤的纺织、织物及制品、木材木器及胶合板、谷物加工、烟草及制品、饮用酒（啤酒除外）、皮革及制品、造纸及纸制品、制药等工厂的备料与生产车间

5.0.1　民用建筑和厂房采用湿式系统时的设计基本参数不应低于表 5.0.1 的规定。

民用建筑和厂房采用湿式系统的设计基本参数　　　　表 5.0.1

火灾危险等级		净空高度 h（m）	喷水强度（L/min·m^2）	作用面积（m^2）
轻危险级		$h \leqslant 8$	4	160
中危险级	Ⅰ级		6	
	Ⅱ级		8	
严重危险级	Ⅰ级		12	260
	Ⅱ级		16	

注：系统最不利点处洒水喷头的工作压力不应低于 0.05MPa。

7.1.2　直立型、下垂型标准覆盖面积洒水喷头的布置，包括同一根配水支管上喷头的间距及相邻配水支管的间距，应根据设置场所的火灾危险等级、洒水喷头类型和工作压力确定，并不应大于表 7.1.2 的规定，且不应小于 1.8m。

直立型、下垂型标准覆盖面积洒水喷头的布置　　　　表 7.1.2

火灾危险等级	正方形布置的边长（m）	矩形或平行四边形布置的长边边长（m）	一只喷头的最大保护面积（m^2）	喷头与端墙的距离（m）	
				最大	最小
轻危险级	4.4	4.5	20.0	2.2	0.1
中危险级Ⅰ级	3.6	4.0	12.5	1.8	
中危险级Ⅱ级	3.4	3.6	11.5	1.7	
严重危险级、仓库危险级	3.0	3.6	9.0	1.5	

注：1　设置单排洒水喷头的闭式系统，其洒水喷头间距应按地面不留漏喷空白点确定；
2　严重危险级或仓库危险级场所宜采用流量系数大于 80 的洒水喷头。

选项 A 正确，25m 高办公楼为中危险级Ⅰ级，常温下可采用红色玻璃球喷头。

选项B正确，选项E错误，办公楼为中危险级Ⅰ级，可采用边墙型喷头，一只喷头最大保护面积不应大于12.5m^2。

选项C、D正确，车库为地下建筑，为中危险级II级，一只喷头最大保护面积不应大于11.5m^2，地下车库一般不设置吊顶，配水管布置在梁下，应采用直立型喷头。

【题90】下列关于防火分隔的做法中，正确的有（　　）。

A. 棉纺织厂房在防火墙上设置一宽度为1.6m且耐火极限为2.0h的双扇防火门

B. 5层宾馆共用一套通风空调系统，在竖向风管与每层水平风管交接处的水平管段上设置防火阀，平时处于常开状态

C. 桶装甲醇仓库采用耐火极限为4.00h的防火墙划分防火分区，防火墙上设置1m宽的甲级防火门

D. 多层商场内防火分区处的一个分隔部位的宽度为50m，该分隔部位使用防火卷帘进行分隔的最大宽度为20m

E. 可停放300辆汽车的地下车库，每5个防烟分区共用一套排烟系统，排烟风管穿越防烟分区时设置排烟防火阀

【参考答案】ABE

【命题思路】

本题主要考察《建筑设计防火规范》GB 50016—2014中有关防火分隔的条文。

【解题分析】

6.1.5　防火墙上不应开设门、窗、洞口，确需开设时，应设置不可开启或火灾时能自动关闭的甲级防火门、窗。(选项A中耐火极限为2.0h的双扇防火门，高于甲级防火门的耐火极限要求，故选项A正确)

9.3.11　通风、空气调节系统的风管在下列部位应设置公称动作温度为70℃的防火阀：

1　穿越防火分区处；

2　穿越通风、空气调节机房的房间隔墙和楼板处；

3　穿越重要或火灾危险性大的场所的房间隔墙和楼板处；

4　穿越防火分隔处的变形缝两侧；

5　竖向风管与每层水平风管交接处的水平管段上。(故选项B正确)

6.5.3　防火分隔部位设置防火卷帘时，应符合下列规定：

1　除中庭外，当防火分隔部位的宽度不大于30m时，防火卷帘的宽度不应大于10m；当防火分隔部位的宽度大于30m时，防火卷帘的宽度不应大于该部位宽度的1/3，且不应大于20m；(故选项D错误)

选项C错误，甲醇仓库属于甲类仓库，根据《建筑设计防火规范》表3.3.2注1的规定，甲类仓库防火墙上不能开设防火门。

在穿过不同防烟分区的排烟支管上应设置烟气温度大于280℃时能自动关闭的排烟防火阀，排烟防火阀应联锁关闭相应的排烟风机。故选项E正确。

【题91】某大型石化储罐区设置外浮顶罐、内浮顶罐、固定顶罐和卧式罐。下列储罐中，储罐的通气管上必须设置阻火器的有（　　）。

A. 储存甘油的地上卧式罐

B. 储存润滑油的地上固定顶罐

C. 储存对二甲苯并采用氮气密封保护系统的内浮顶罐

D. 储存重柴油的地上固定顶罐

E. 储存二硫化碳的覆土式卧式罐

【参考答案】CDE

【命题思路】

本题主要考察《石油库设计规范》GB 50074—2014 中有关阻火器设置条文。

【解题分析】

6.4.7 下列储罐的通气管上必须装设阻火器：

1 储存甲 B 类、乙类、丙 A 类液体的固定顶储罐和地上卧式储罐；

2 储存甲 B 类和乙类液体的覆土卧式油罐；

3 储存甲 B 类、乙类、丙 A 类液体并采用氮气密封保护系统的内浮顶储罐。

《石油化工企业设计防火标准》GB 50160—2008

3.0.2 液化烃、可燃液体的火灾危险性分类应按表 3.0.2 分类，并应符合下列规定：

1 操作温度超过其闪点的乙类液体应视为甲 B 类液体；

2 操作温度超过其闪点的丙 A 类液体应视为乙 A 类液体；

3 操作温度超过其闪点的丙 B 类液体应视为乙 B 类液体；操作温度超过其沸点的丙 B 类液体应视为乙 A 类液体。

液化烃、可燃液体的火灾危险分类　　表 3.0.2

名称	类别		特征
液化烃	甲	A	15℃时的蒸汽压力＞0.1MPa 的烃类液体及其他类似的液体
可燃液体		B	$甲_A$ 类以外，闪点＜28℃
	乙	A	28℃≤闪点≤45℃
		B	45℃≤闪点＜60℃
	丙	A	60℃≤闪点≤120℃
		B	闪点＞120℃

选项 A 错误，甘油属于丙 B 类液体；选项 B 错误，润滑油属于丙 B 类液体；

选项 C 正确，对二甲苯属于甲 B 类可燃液体；选项 D 正确，重柴油属于丙 A 类液体；

选项 E 正确，二硫化碳属于甲 B 类可燃液体。

【题 92】下列关于气体灭火系统操作和控制的说法中，正确的有（　　）。

A. 组合分配系统启动时，选择阀应在容器阀开启后打开

B. 采用气体灭火系统防护区应选用灵敏度级别高的火灾探测器

C. 自动控制装置应在接到任一火灾信号后联动启动

D. 预制灭火系统应设置自动控制和手动控制两种启动方式

E. 气体灭火系统的操作和控制应包括对防火阀、通风机械、开口封闭装置的联动操作与控制

【参考答案】BDE

【命题思路】

本题主要考察《气体灭火系统设计规范》GB 50370—2005中有气体灭火系统操作和控制条文。

【解题分析】

5.0.1 采用气体灭火系统的防护区，应设置火灾自动报警系统，其设计应符合现行国家标准《火灾自动报警系统设计规范》GB 50116的规定，并应选用灵敏度级别高的火灾探测器。(故选项B正确)

5.0.2 管网灭火系统应设自动控制、手动控制和机械应急操作三种启动方式。预制灭火系统应设自动控制和手动控制两种启动方式。(故选项D正确)

5.0.5 自动控制装置应在接到两个独立的火灾信号后才能启动。手动控制装置和手动与自动转换装置应设在防护区疏散出口的门外便于操作的地方，安装高度为中心点距地面1.5m。机械应急操作装置应设在储瓶间内或防护区疏散出口门外便于操作的地方。(故选项C错误)

5.0.6 气体灭火系统的操作与控制，应包括对开口封闭装置、通风机械和防火阀等设备的联动操作与控制。(故选项E正确)

5.0.9 组合分配系统启动时，选择阀应在容器阀开启前或同时打开。(故选项A错误)

【题93】下列设置在人防工程内的场所中，疏散门应采用甲级防火门的有（　　）。

A. 厨房　　B. 消防控制室

C. 柴油发电机的储油间　　D. 歌舞厅

E. 消防水泵房

【参考答案】BCE

【命题思路】

本题主要考察《人民防空工程设计防火规范》GB 50098—2009中有关防火分隔条文。

【解题分析】

4.2.4 下列场所应采用耐火极限不低于2h的隔墙和1.5h的楼板与其他场所隔开，并应符合下列规定：

1 消防控制室、消防水泵房、排烟机房、灭火剂储瓶室、变配电室、通信机房、通风和空调机房、可燃物存放量平均值超过30kg/m^{2}火灾荷载密度的房间等，墙上应设置常闭的甲级防火门；(故选项B、E正确)

2 柴油发电机房的储油间，墙上应设置常闭的甲级防火门，并应设置高150mm的不燃烧、不渗漏的门槛，地面不得设置地漏；(故选项C正确)

3 同一防火分区内厨房、食品加工等用火用电用气场所，墙上应设置不低于乙级的防火门，人员频繁出入的防火门应设置火灾时能自动关闭的常开式防火门；(故选项A错误)

4 歌舞娱乐放映游艺场所，且一个厅、室的建筑面积不应大于200m^2，隔墙上应设置不低于乙级的防火门。(故选项D错误)

【题94】下列关于火灾声警报器的做法中，正确的有（　　）。

A. 火灾自动报警系统能同时启动和停止所有火灾声警报器工作

B. 火灾声警报器采用火灾报警控制器控制

C. 火灾声警报与消防应急广播同步播放

D. 学校阅览室，礼堂等公共场所采用具有同一种火灾变调声的火灾声警报器

E. 教学楼使用警铃作为火灾声警报器

【参考答案】ABD

【命题思路】

本题主要考察《火灾自动报警系统设计规范》GB 50116—2013 中有关火灾声警报器设置。

【解题分析】

4.8.2　未设置消防联动控制器的火灾自动报警系统，火灾声光警报器应由火灾报警控制器控制；设置消防联动控制器的火灾自动报警系统，火灾声光警报器应由火灾报警控制器或消防联动控制器控制。(故选项 B 正确)

4.8.3　公共场所宜设置具有同一种火灾变调声的火灾声警报器；具有多个报警区域的保护对象，宜选用带有语音提示的火灾声警报器；学校、工厂等各类日常使用电铃的场所，不应使用警铃作为火灾声警报器。(故选项 D 正确，E 错误)

4.8.5　同一建筑内设置多个火灾声警报器时，火灾自动报警系统应能同时启动和停止所有火灾声警报器工作。(故选项 A 正确)

4.8.6　火灾声警报器单次发出火灾警报时间宜为 8～20s，同时设有消防应急广播时，火灾声警报应与消防应急广播交替循环播放。(故选项 C 错误)

【题 95】某工厂的一座大豆油浸出厂房，其周边布置有二级耐火等级的多个建筑以及储油罐，下列关于该浸出厂房与周边建（构）筑物防火间距的做法中，正确的有（　　）。

A. 与大豆预处理厂房（建筑高度 27m）的防火间距 12m

B. 与燃煤锅炉房（建筑高度 7.5m）的防火间距 25m

C. 与豆粕脱溶烘干厂房（建筑高度 15m）的防火间距 10m

D. 与油脂精炼厂房（建筑高度 21m）的防火间距 12m

E. 与溶剂油储罐（钢制，容量 20m^3）的防火间距 15m

【参考答案】DE

【命题思路】

本题主要考察《建筑设计防火规范》GB 50016—2014 中有关厂房防火间距的条文。

【解题分析】

3.4.1　除本规范另有规定外，厂房之间及与乙、丙、丁、戊类仓库、民用建筑等的防火间距不应小于表 3.4.1 的规定，与甲类仓库的防火间距应符合本规范第 3.5.1 条的规定。

3.4.2　甲类厂房与重要公共建筑的防火间距不应小于 50m，与明火或散发火花地点的防火间距不应小于 30m。(故选项 B 错误)

4.2.1　甲、乙、丙类液体储罐（区）和乙、丙类液体桶装堆场与其他建筑的防火间距，不应小于表 4.2.1 的规定。

厂房之间及与乙、丙、丁、戊类仓库、民用建筑等的防火间距（m）　　表 3.4.1

名称			甲类厂房	乙类厂房(仓库)			丙、丁、戊类厂房(仓库)				民用建筑				
			单、多层	单、多层		高层	单、多层			高层	裙房,单、多层			高层	
			一、二级	一、二级	三级	一、二级	一、二级	三级	四级	一、二级	一、二级	三级	四级	一类	二类
甲类厂房	单、多层	一、二级	12	12	14	13	12	14	16	13	25			50	
乙类厂房	单、多层	一、二级	12	10	12	13	10	12	14	13					
		三　级	14	12	14	15	12	14	16	15					
	高层	一、二级	13	13	15	13	13	15	17	13					
丙类厂房	单、多层	一、二级	12	10	12	13	10	12	14	13	10	12	14	20	15
		三　级	14	12	14	15	12	14	16	15	12	14	16	25	20
		四　级	16	14	16	17	14	16	18	17	14	16	18		
	高层	一、二级	13	13	15	13	13	15	17	13	13	15	17	20	15
丁、戊类厂房	单、多层	一、二级	12	10	12	13	10	12	14	13	10	12	14	15	13
		三　级	14	12	14	15	12	14	16	15	12	14	16	18	15
		四　级	16	14	16	17	14	16	18	17	14	16	18		
	高层	一、二级	13	13	15	13	13	15	17	13	13	15	17	15	13
室外变、配电站	变压器总油量(t)	≥5,≤10	25	25	25	25	12	15	20	12	15	20	25	20	
		>10,≤50					15	20	25	15	20	25	30	25	
		>50					20	25	30	20	25	30	35	30	

甲、乙、丙类液体储罐（区）和乙、丙类液体桶装堆场与其他建筑的防火间距（m）　　表 4.2.1

类别	一个罐区或堆场的总容量 $V(m^3)$	建筑物				室外变、配电站
		一、二级		三级	四级	
		高层民用建筑	裙房,其他建筑			
甲、乙类液体储罐(区)	$1 \leqslant V < 50$	40	12	15	20	30
	$50 \leqslant V < 200$	50	15	20	25	35
	$200 \leqslant V < 1000$	60	20	25	30	40
	$1000 \leqslant V < 5000$	70	25	30	40	50
丙类液体储罐(区)	$5 \leqslant V < 250$	40	12	15	20	24
	$250 \leqslant V < 1000$	50	15	20	25	28
	$1000 \leqslant V < 5000$	60	20	25	30	32
	$5000 \leqslant V < 25000$	70	25	30	40	40

注：1　当甲、乙类液体储罐和丙类液体储罐布置在同一储罐区时，罐区的总容量可按 $1m^3$ 甲、乙类液体相当于 $5m^3$ 丙类液体折算。

2　储罐防火堤外侧基脚线至相邻建筑的距离不应小于 10m。

3　甲、乙、丙类液体的固定顶储罐区或半露天堆场，乙、丙类液体桶装堆场与甲类厂房（仓库）、民用建筑的防火间距，应按本表的规定增加 25%，且甲、乙类液体的固定顶储罐区或半露天堆场，乙、丙类液体桶装堆场与甲类厂房（仓库）、裙房、单、多层民用建筑的防火间距不应小于 25m，与明火或散发火花地点的防火间距应按本表有关四级耐火等级建筑物的规定增加 25%。

4　浮顶储罐区或闪点大于 120℃的液体储罐区与其他建筑的防火间距，可按本表的规定减少 25%。

5　当数个储罐区布置在同一库区内时，储罐区之间的防火间距不应小于本表相应容量的储罐区与四级耐火等级建筑物防火间距的较大值。

6　直埋地下的甲、乙、丙类液体卧式罐，当单罐容量不大于 $50m^3$，总容量不大于 $200m^3$ 时，与建筑物的防火间距可按本表规定减少 50%。

7　室外变、配电站指电力系统电压为 35～500kV 且每台变压器容量不小于 10MV·A 的室外变、配电站和工业企业的变压器总油量大于 5t 的室外降压变电站。

大豆油浸出厂房属于甲类厂房，因此：

选项 A 错误，与高层丙类厂房防火间距至少为 13m。

选项 B 错误，与燃煤锅炉房（丁类厂房）的防火间距至少为 12m，燃煤锅炉房应属于明火，不小于 30m。

选项 C 错误，与丙类厂房的防火间距至少为 12m，不符合规范要求。

选项 D 正确，与丙类厂房的防火间距至少为 12m，符合规范要求。

选项 E 正确，根据表 4.2.1 的规定，距离应该是 12，同时，根据表注 3 的规定，需增加 25%。故选项 E 正确。

【题 96】导致高层建筑火灾烟气快速蔓延的主要因素包括（　　）。

A. 热浮力
B. 建筑物的高度
C. 风压
D. 建筑物的楼层面积
E. 建筑的室内外温度

【参考答案】ACE

【命题思路】

本题主要考察高层建筑火灾烟气快速蔓延的主要因素。

【解题分析】

《消防安全技术实务》教材第 1 篇第 2 章第 3 节

火风压是指建筑物内发生火灾时，在起火房间内，由于温度上升，气体迅速膨胀，对楼板和四壁形成的压力。火风压的影响主要在起火房间，如果火风压大于进风口的压力，则大量的烟火将通过外墙窗口，由室外向上蔓延；若火风压等于或小于进风口的压力，则烟火便全部从内部蔓延，当它进入楼梯间、电梯井、管道井、电缆井等竖向孔道以后，会大大加强烟囱效应。

当建筑物内外的温度不同时，室内外空气的密度随之出现差别，这将引发浮力驱动的流动。如果室内空气温度高于室外，则室内空气将发生向上运动，建筑物越高，这种流动越强。竖井是发生这种现象的主要场合，在竖井中，由于浮力作用产生的气体运动十分显著，通常称这种现象为烟囱效应。在火灾过程中，烟囱效应是造成烟气向上蔓延的主要因素。

【题 97】下列关于建筑中疏散门的做法中，正确的有（　　）。

A. 建筑高度为 31.5m 的办公楼，封闭楼梯在每层均设置甲级防火门并向疏散方向开启，防火门完全开启时不减少楼梯平台的有效宽度

B. 宾馆首层大堂 480m^2，在南北两面均设置 1 个净宽 1.8m 并双向开启的普通玻璃外门和 1 个直径 3m 的转门

C. 建筑面积为 360m^2 的单层制氧机房，设置 2 个净宽 1.4m 的外开门

D. 位于走道两侧的教室，每间教室的建筑面积为 120m^2，核定人数 70 人，设置两个净宽为 1.2m 并向教室内开启的门

E. 建筑面积为 1500m^2 的单层轮胎仓库，在墙的外侧设置 2 个净宽 4m 的推拉门

【参考答案】AC

【命题思路】

本题主要考察《建筑设计防火规范》GB 50016—2014 有关疏散门的条文规定。

【解题分析】

6.4.2 封闭楼梯间除应符合本规范第6.4.1条的规定外，尚应符合下列规定：

1 不能自然通风或自然通风不能满足要求时，应设置机械加压送风系统或采用防烟楼梯间；

2 除楼梯间的出入口和外窗外，楼梯间的墙上不应开设其他门、窗、洞口；

3 高层建筑、人员密集的公共建筑、人员密集的多层丙类厂房、甲、乙类厂房，其封闭楼梯间的门应采用乙级防火门，并应向疏散方向开启；其他建筑，可采用双向弹簧门；

4 楼梯间的首层可将走道和门厅等包括在楼梯间内形成扩大的封闭楼梯间，但应采用乙级防火门等与其他走道和房间分隔。

3.7.5 厂房内疏散楼梯、走道、门的各自总净宽度，应根据疏散人数按每100人的最小疏散净宽度不小于表3.7.5的规定计算确定。但疏散楼梯的最小净宽度不宜小于1.10m，疏散走道的最小净宽度不宜小于1.40m，门的最小净宽度不宜小于0.90m。当每层疏散人数不相等时，疏散楼梯的总净宽度应分层计算，下层楼梯总净宽度应按该层及以上疏散人数最多一层的疏散人数计算。

厂房内疏散楼梯、走道和门的每100人最小疏散净宽度（m/百人）　　表3.7.5

厂房层数(层)	1～2	3	≥4
最小疏散净宽度(m/百人)	0.60	0.80	1.00

首层外门的总净宽度应按该层及以上疏散人数最多一层的疏散人数计算，且该门的最小净宽度不应小于1.20m。

6.4.11 建筑内的疏散门应符合下列规定：

1 民用建筑和厂房的疏散门，应采用向疏散方向开启的平开门，不应采用推拉门、卷帘门、吊门、转门和折叠门。除甲、乙类生产车间外，人数不超过60人且每樘门的平均疏散人数不超过30人的房间，其疏散门的开启方向不限；

2 仓库的疏散门应采用向疏散方向开启的平开门，但丙、丁、戊类仓库首层靠墙的外侧可采用推拉门或卷帘门；

3 开向疏散楼梯或疏散楼梯间的门，当其完全开启时，不应减少楼梯平台的有效宽度；

4 人员密集场所内平时需要控制人员随意出入的疏散门和设置门禁系统的住宅、宿舍、公寓建筑的外门，应保证火灾时不需使用钥匙等任何工具即能从内部易于打开，并应在显著位置设置具有使用提示的标识。

选项A正确，甲级防火门高于乙级防火门；

选项B错误，由于题干中没有给出楼层的面积与房间数量，不能确定疏散人数，进而不能确定总净宽度是否满足规范要求。

选项D、E错误，疏散门的开启方向和疏散门类型错误。

【题98】某建筑高度为28.5m的电信大楼，每层建筑面积为2000m^2，设置火灾自动报警系统和自动灭火系统等，下列关于该建筑有窗办公室内部装修的做法中，正确的有（　　）。

A. 墙面采用彩色阻燃人造板装修　　　　B. 地面铺装硬质PVC塑料地板

C. 窗帘采用阻燃处理的难燃织物　　　　D. 顶棚采用难燃胶合板装修

E. 隔断采用复合壁纸装修

【参考答案】ABCE

【命题思路】

本题主要考察《建筑设计防火规范》GB 50016—2014 中关于一类高层民用建筑的定义以及《建筑内部装修设计防火规范》GB 50222—2017 中有关各个部位装修材料燃烧性能要求的条文。

【解题分析】

《建筑设计防火规范》GB 50016—2014

5.1.1 民用建筑根据其建筑高度和层数可分为单、多层民用建筑和高层民用建筑。高层民用建筑根据其建筑高度、使用功能和楼层的建筑面积可分为一类和二类。民用建筑的分类应符合表 5.1.1 的规定。

民用建筑的分类　　　　**表 5.1.1**

名称	高层民用建筑		单、多层民用建筑
	一　类	二　类	
住宅建筑	建筑高度大于 54m 的住宅建筑(包括设置商业服务网点的住宅建筑)	建筑高度大于 27m,但不大于 54m 的住宅建筑(包括设置商业服务网点的住宅建筑)	建筑高度不大于 27m 的住宅建筑(包括设置商业服务网点的住宅建筑)
公共建筑	1. 建筑高度大于 50m 的公共建筑; 2. 任一楼层建筑面积大于 $1000m^2$ 的商店、展览、电信、邮政、财贸金融建筑和其他多种功能组合的建筑; 3. 医疗建筑、重要公共建筑; 4. 省级及以上的广播电视和防灾指挥调度建筑、网局级和省级电力调度建筑; 5. 藏书超过 100 万册的图书馆、书库	除一类高层公共建筑外的其他高层公共建筑	1. 建筑高度大于 24m 的单层公共建筑; 2. 建筑高度不大于 24m 的其他公共建筑

根据上表规定,可知题中该电信建筑属于一类高层建筑。

《建筑内部装修设计防火规范》GB 50222—2017

5.2.1　**高层民用建筑内部各部位装修材料的燃烧性能等级,不应低于本规范表 5.2.1 的规定。**

高层民用建筑内部各部位装修材料的燃烧性能等级　　　　**表 5.2.1**

序号	建筑物及场所	建筑规模、性质	装修材料燃烧性能等级									
			顶棚	墙面	地面	隔断	固定家具	装饰织物				其他装修装饰材料
								窗帘	帷幕	床罩	家具包布	
14	办公场所	一类建筑	A	B_1	B_1	B_1	B_2	B_1	B_1	—	B_1	B_1
		二类建筑	A	B_1	B_1	B_1	B_2	B_1	B_2	—	B_2	B_2

续表

序号	建筑物及场所	建筑规模、性质	装修材料燃烧性能等级									
			顶棚	墙面	地面	隔断	固定家具	装饰织物				其他装修装饰材料
								窗帘	帷幕	床罩	家具包布	
15	电信楼、财贸金融楼、邮政楼、广播电视楼、电力调度楼、防灾指挥调度楼	一类建筑	A	A	B_1	B_1	B_1	B_1	B_1	—	B_2	B_1
		二类建筑	A	B_1	B_2	B_2	B_2	B_1	B_2	—	B_2	B_2
16	其他公共场所	—	A	B_1	B_1	B_1	B_2	B_2	B_2	B_2	B_2	B_2
17	住宅	—	A	B_1	B_1	B_1	B_2	B_1	—	B_1	B_2	B_1

5.2.3 除本规范第4章规定的场所和本规范表5.2.1中序号为10～12规定的部位外，以及大于400m^2的观众厅、会议厅和100m以上的高层民用建筑外，当设有火灾自动报警装置和自动灭火系统时，除顶棚外，其内部装修材料的燃烧性能等级可在本规范表5.2.1规定的基础上降低一级。

根据上述第5.2.1条的规定，一类高层电信楼的顶棚、墙面装修材料燃烧性能等级不应低于A级，地面、隔断、窗帘燃烧性能等级不应低于B_1级。根据5.2.3条的规定，其燃烧性能可降一级，即顶棚、墙面装修材料不低于B_1，地面、隔断、窗帘不低于B_2级。本题中，选项A彩色阻燃人造板为B_1，选项B地面铺装的硬质PVC塑料地板为B_1，选项C窗帘阻燃处理的难燃织物为B_1，选项D顶棚难燃胶合板为B_1，选项E隔断复合壁纸装修为B_2。故选项ABCE正确。

【题99】下列关于消防水泵选用的说法中，正确的有（　　）。

A. 柴油机消防水泵应采用火花塞点火型柴油机

B. 消防水泵流量—扬程性能曲线应平滑，无拐点，无驼峰

C. 消防给水同一泵组的消防水泵型号应一致，且工作泵不宜超过5台

D. 消防水泵泵轴的密封方式和材料应满足消防水泵在最低流量时运转的要求

E. 电动机驱动的消防水泵时，应选择电动机干式安装的消防水泵

【参考答案】DE

【命题思路】

本题主要考察《消防给水及消火栓系统技术规范》GB 50974—2014中有关消防水泵条文

【解题分析】

5.1.6 消防水泵的选择和应用应符合下列规定：

1 消防水泵的性能应满足消防给水系统所需流量和压力的要求；

2 消防水泵所配驱动器的功率应满足所选水泵流量扬程性能曲线上任何一点运行所需功率的要求；

3 当采用电动机驱动的消防水泵时，应选择电动机干式安装的消防水泵；（故选项E正确）

4 流量扬程性能曲线应为无驼峰、无拐点的光滑曲线，零流量时的压力不应大于设

计工作压力的140%，且宜大于设计工作压力的120%；（故选项B错误）

5 当出流量为设计流量的150%时，其出口压力不应低于设计工作压力的65%；

6 泵轴的密封方式和材料应满足消防水泵在低流量时运转的要求；（故选项D正确）

7 消防给水同一泵组的消防水泵型号宜一致，且工作泵不宜超过3台；（故选项C错误）

8 多台消防水泵并联时，应校核流量叠加对消防水泵出口压力的影响。

【题100】在进行火灾风险评估中采用事件树分析法进行分析时，确定初始时间的方法有（ ）。

A. 根据系统设计确定

B. 根据系统危险性评价确定

C. 根据系统运行经验或事故经验确定

D. 根据系统事故树分析，从其中间事件或初始时间中选择

E. 根据结果时间确定

【参考答案】ABCD

【命题思路】

本题主要考察事件树分析法。

【解题分析】

《消防安全技术实务》教材第5篇第3章第3节

事件树分析法是一种系统地研究作为危险源的初始事件如何与后续事件形成时序逻辑关系而最终导致事故的方法。因此，正确选择初始事件十分重要。初始事件是事故在来发生时，其发展过程中的危害事件或危险事件。可以用两种方法确定初始事件：

（1）根据系统设计、系统危险性评价、系统运行经验或事故经验等确定。（故选项A、B、C正确）

（2）根据系统重大故障或事故树分析，从其中间事件或初始事件中选择。（故选项D正确）

附录

附录A 一级注册消防工程师资格考试考生须知

报名条件

凡中华人民共和国公民，遵守国家法律、法规，恪守职业道德，并符合一级注册消防工程师资格考试报名条件之一的，均可申请参加一级注册消防工程师资格考试。

（一）取得消防工程专业大学专科学历，工作满6年，其中从事消防安全技术工作满4年；或者取得消防工程相关专业大学专科学历（消防工程相关专业新旧对照见表1），工作满7年，其中从事消防安全技术工作满5年。

（二）取得消防工程专业大学本科学历或者学位，工作满4年，其中从事消防安全技术工作满3年；或者取得消防工程相关专业大学本科学历，工作满5年，其中从事消防安全技术工作满4年。

（三）取得含消防工程专业在内的双学士学位或者研究生班毕业，工作满3年，其中从事消防安全技术工作满2年；或者取得消防工程相关专业在内的双学士学位或者研究生班毕业，工作满4年，其中从事消防安全技术工作满3年。

（四）取得消防工程专业硕士学历或者学位，工作满2年，其中从事消防安全技术工作满1年；或者取得消防工程相关专业硕士学历或者学位，工作满3年，其中从事消防安全技术工作满2年。

（五）取得消防工程专业博士学历或者学位，从事消防安全技术工作满1年；或者取得消防工程相关专业博士学历或者学位，从事消防安全技术工作满2年。

（六）取得其他专业相应学历或者学位的人员，其工作年限和从事消防安全技术工作年限相应增加1年。

免试条件

凡符合一级注册消防工程师资格考试报名条件，并具备下列一项条件的可免试“消防安全技术实务”科目，只参加“消防安全技术综合能力”和“消防安全案例分析”2个科目的考试。

（一）2011年12月31日前，评聘高级工程师技术职务的；

（二）通过全国统一考试取得一级注册建筑师资格证书，或者勘察设计各专业注册工程师资格证书的。

成绩管理

一级注册消防工程师资格考试成绩实行滚动管理方式，参加全部3个科目考试（级别为考全科）的人员，必须在连续3个考试年度内通过应试科目；参加2个科目考试（级别为免1科）的人员必须在2个连续考试年度内通过应试科目，方能取得资格证书。

考试时长及题型

一级注册消防工程师资格考试分 3 个半天进行。其中，《消防安全技术实务》和《消防安全技术综合能力》科目的考试时间均为 2.5 小时，题型均为客观题（单选 80 道题，每题 1 分；多选 20 道题，每题 2 分），满分 120 分。《消防安全案例分析》科目的考试时间为 3 小时，题型为主观题（6 道大题），满分 120 分。

消防工程相关专业新旧对照表 表 1

专业划分	专业名称(98 版)	旧专业名称(98 年前)
工学类相关专业	电气工程及其自动化 电子信息工程 通信工程 计算机科学与技术	电力系统及其自动化;高电压与绝缘技术;电气技术(部分);电机电器及其控制;光源与照明;电气工程及其自动化;电子工程;应用电子技术;信息工程;广播电视工程;电子信息工程;无线电技术与信息系统;电子与信息技术;公共安全图像技术;通信工程;计算机通信;计算机及应用;计算机软件;软件工程
	建筑学 城市规划 土木工程 建筑环境与设备工程 给水排水工程	建筑学;城市规划;城镇建设(部分);总图设计与运输工程(部分);矿井建设;建筑工程;城镇建设(部分);交通土建工程;工业设备安装工程;涉外建筑工程;土木工程;供热通风与空调工程;城市燃气工程;供热空调与燃气工程;给水排水工程
	安全工程	矿山通风与安全;安全工程
	化学工程与工艺	化学工程;化工工艺;工业分析;化学工程与工艺
管理学类相关专业	管理科学 工业工程 工程管理	管理科学;系统工程(部分);工业工程;管理工程(部分);涉外建筑工程营造与管理;国际工程管理

注：表中“专业名称”指中华人民共和国教育部高等教育司 1998 年颁布的《普通高等学校本科专业目录和专业介绍》中规定的专业名称；“旧专业名称”指 1998 年《普通高等学校本科专业目录和专业介绍》颁布前各院校所采用的专业名称。

附录 B　一级注册消防工程师考试大纲

（注：截至本书出版之时，新版考试大纲尚未公布，本大纲为 2019 年版，供读者参考）

科目一：《消防安全技术实务》

一、考试目的

考查消防专业技术人员在消防安全技术工作中，依据现行消防法律法规及相关规定，熟练运用相关消防专业技术和标准规范，独立辨识、分析、判断和解决消防实际问题的能力。

二、考试内容及要求

（一）燃烧与火灾

1. 燃烧

运用燃烧机理，分析燃烧的必要条件和充分条件。辨识不同的燃烧类型及其燃烧特点，判断典型物质的燃烧产物和有毒有害性。

2. 火灾

运用火灾科学原理，辨识不同的火灾类别，分析火灾发生的常见原因，认真研究预防和扑救火灾的基本原理，组织制定预防和扑救火灾的技术方法。

3. 爆炸

运用相关爆炸机理，辨识不同形式的爆炸及其特点，分析引起爆炸的主要原因，判断物质的火灾爆炸危险性，组织制定有爆炸危险场所建筑物的防爆措施与方法。

4. 易燃易爆危险品

运用燃烧和爆炸机理，辨识易燃易爆危险品的类别和特性，分析其火灾和爆炸的危险性，判断其防火防爆要求与灭火方法的正确性，组织策划易燃易爆危险品安全管理的方法与措施。

（二）通用建筑防火

1. 生产和储存物品的火灾危险性

根据消防技术标准规范，运用相关消防技术，辨识各类生产和储存物品的火灾危险性，分析、判断生产和储存物品火灾危险性分类的正确性，组织研究、制定控制或降低生产和储存物品火灾风险的方法与措施。

2. 建筑分类与耐火等级

根据消防技术标准规范，运用相关消防技术，辨识、判断不同建筑材料和建筑物构件的燃烧性能、建筑物构件的耐火极限以及不同建筑物的耐火等级，组织研究和制定建筑结构防火的措施。

3.总平面布局和平面布置

根据消防技术标准规范，运用相关消防技术，辨识建筑物的使用性质和耐火等级，分析、判断建筑规划选址、总体布局以及建筑平面布置的合理性和正确性，组织研究和制定相应的防火技术措施。

4.防火防烟分区与分隔

根据消防技术标准规范，运用相关消防技术，辨识常用防火防烟分区分隔构件，分析、判断防火墙、防火卷帘、防火门、防火阀、挡烟垂壁等防火防烟分隔设施设置的正确性，针对不同建筑物和场所，组织研究、确认防火分区划分和防火分隔设施选用的技术要求。

5.安全疏散

根据消防技术标准规范，运用相关消防技术，针对不同的工业与民用建筑，组织研究、确认建筑疏散设施的设置方法和技术要求，辨识在疏散楼梯形式、安全疏散距离、安全出口宽度等方面存在的隐患，分析、判断建筑安全出口、疏散走道、避难走道、避难层等设置的合理性。

6.建筑电气防火

根据消防技术标准规范，运用相关消防技术，辨识电气火灾危险性，分析电气火灾发生的常见原因，组织研究、制定电气防火技术措施、方法与要求。

7.建筑防爆

根据消防技术标准规范，运用相关消防技术，辨识建筑防爆安全隐患，分析、判断爆炸危险环境电气防爆措施的正确性，组织研究、制定爆炸危险性厂房、库房防爆技术措施、方法与要求。

8.建筑设备防火防爆

根据消防技术标准规范，运用相关消防技术和防爆技术，辨识燃油、燃气锅炉和电力变压器等设施以及采暖、通风与空调系统的火灾爆炸危险性，分析、判断锅炉房、变压器室以及采暖、通风与空调系统防火防爆措施应用的正确性，组织研究、制定建筑设备防火防爆技术措施、方法与要求。

9.建筑装修、外墙保温材料防火

根据消防技术标准规范，运用相关消防技术，辨识各类装修材料和外墙保温材料的燃烧性能，分析、判断建筑装修和外墙保温材料应用方面存在的火灾隐患，组织研究和解决不同建筑物和场所内部装修与外墙保温系统的消防安全技术问题。

10.灭火救援设施

根据消防技术标准规范，运用相关消防技术，组织研究、制定消防车道、消防扑救面、消防车作业场地、消防救援窗及屋顶直升机停机坪、消防电梯等消防救援设施的设置技术要求，解决相关技术问题。

（三）建筑消防设施

1.室内外消防给水系统

根据消防技术标准规范，运用相关消防技术，辨识消防给水系统的类型和特点，分析、判断建筑物室内外消防给水方式的合理性，正确计算消防用水量，解决消防给水系统相关技术问题。

2. 自动水灭火系统

根据消防技术标准规范，运用相关消防技术，辨识自动喷水灭火系统、水喷雾灭火系统、细水雾灭火系统的灭火机理和系统特点，针对不同保护对象，分析、判断建设工程中自动喷水灭火系统、水喷雾灭火系统、细水雾灭火系统选择和设置的适用性与合理性，解决相关技术问题。

3. 气体灭火系统

根据消防技术标准规范，运用相关消防技术，辨识各类气体灭火系统的灭火机理和系统特点，针对不同保护对象，分析、判断建设工程中气体灭火系统选择和设置的适用性与合理性，解决相关技术问题。

4. 泡沫灭火系统

根据消防技术标准规范，运用相关消防技术，辨识低倍数、中倍数、高倍数泡沫灭火系统的灭火方式和系统特点，针对不同保护对象，分析、判断泡沫灭火系统选择和设置的适用性与合理性，解决相关技术问题。

5. 干粉灭火系统

根据消防技术标准规范，运用相关消防技术，辨识干粉灭火系统的灭火方式和系统特点，针对不同保护对象，分析、判断干粉灭火系统选择和设置的适用性与合理性，解决相关技术问题。

6. 火灾自动报警系统

根据消防技术标准规范，运用相关消防技术，辨识火灾自动报警系统的报警方式和系统特点，针对不同建筑和场所，分析和判断系统选择和设置的适用性与合理性，解决相关技术问题。

7. 防烟排烟系统

根据消防技术标准规范，运用相关消防技术，辨识建筑防烟排烟系统的方式和特点，分析、判断系统选择和设置的适用性与合理性，解决相关技术问题。

8. 消防应急照明和疏散指示标志

根据消防技术标准规范，运用相关消防技术，辨识建筑消防应急照明和疏散指示标志设置的方式和特点，针对不同建筑和场所，分析、判断消防应急照明和疏散指示标志选择和设置的适用性与合理性，解决相关技术问题。

9. 城市消防安全远程监控系统

根据消防技术标准规范，运用相关消防技术，辨识城市消防安全远程监控系统的方式和特点，分析、判断系统选择和设置的适用性与合理性，组织研究、制定系统设置的技术要求和运行使用要求。

10. 建筑灭火器配置

根据消防技术标准规范，运用相关消防技术，辨识不同灭火器的种类与特点，针对不同建筑和场所，分析、判断灭火器的选择和配置的适用性与合理性，正确计算和配置建筑灭火器。

11. 消防供配电

根据消防技术标准规范，运用相关消防技术，辨识建筑消防用电负荷等级和消防电源的供电负荷等级。针对不同的建筑和场所，分析、判断消防供电方式和消防用电负荷等级，组织研究和解决建筑消防供配电技术问题。

（四）特殊建筑、场所防火

1. 石油化工防火

根据消防技术标准规范，运用相关消防技术，辨识石油化工火灾特点，分析、判断石油化工生产、运输和储存过程中的火灾爆炸危险性，组织研究和制定相应的火灾防控措施，解决相关的消防安全技术问题。

2. 地铁防火

根据消防技术标准规范，运用相关消防技术，辨识地铁建筑火灾特点，分析、判断地铁火灾危险性，组织研究和制定相应的火灾防控措施，解决相关的消防安全技术问题。

3. 城市交通隧道防火

根据消防技术标准规范，运用相关消防技术，辨识隧道建筑火灾特点，分析、判断城市交通隧道的火灾危险性，组织研究和制定相应的火灾防控措施，解决相关的消防安全技术问题。

4. 加油加气站防火

根据消防技术标准规范，运用相关消防技术，辨识加油加气站的火灾特点，分析、判断加油加气站的火灾危险性，组织研究和制定相应的火灾防控措施，解决相关的消防安全技术问题。

5. 发电厂和变电站防火

根据消防技术标准规范，运用相关消防技术，辨识火力发电厂和变电站的火灾特点，分析、判断火力发电厂和变电站的火灾危险性，组织研究和制定相应的火灾防控措施，解决相关的消防安全技术问题。

6. 飞机库防火

根据消防技术标准规范，运用相关消防技术，辨识飞机库建筑的火灾特点，分析、判断飞机库的火灾危险性，组织研究和制定相应的火灾防控措施，解决相关的消防安全技术问题。

7. 汽车库、修车库防火

根据消防技术标准规范，运用相关消防技术，辨识汽车库、修车库的火灾特点，分析、判断汽车库、修车库的火灾危险性，组织研究和制定相应的火灾防控措施，解决相关的消防安全技术问题。

8. 洁净厂房防火

根据消防技术标准规范，运用相关消防技术，辨识洁净厂房的火灾特点，分析、判断洁净厂房的火灾危险性，组织研究和制定相应的火灾防控措施，解决相关的消防安全技术问题。

9. 信息机房防火

根据消防技术标准规范，运用相关消防技术，辨识信息机房的火灾危险性和火灾特点，分析、判断信息机房的火灾危险性，组织研究和制定相应的火灾防控措施，解决相关的消防安全技术问题。

10. 古建筑防火

根据消防技术标准规范和相关管理规定，运用相关消防技术，辨识古建筑的火灾特点，分析、判断古建筑的火灾危险性，组织研究和制定相应的火灾防控措施，解决相关的消防安全技术问题。

11.人民防空工程防火

根据消防技术标准规范，运用相关消防技术，辨识人民防空工程的火灾特点，分析、判断人民防空工程的火灾危险性，组织研究和制定相应的火灾防控措施，解决相关的消防安全技术问题。

12.其他建筑、场所防火

根据消防技术标准规范，运用相关消防技术，辨识其他建筑、场所的火灾特点，分析、判断其他建筑、场所的火灾危险性，组织研究和制定相应的火灾防控措施，解决相关的消防安全技术问题。

（五）消防安全评估

1.火灾风险识别

根据消防技术标准规范，运用相关消防技术，辨识火灾危险源，分析火灾风险，判断火灾预防措施的合理性和有效性，组织制定火灾危险源的管控措施。

2.火灾风险评估方法

根据消防技术标准规范，运用相关消防技术，辨识、分析区域和建筑的火灾风险，判断火灾风险评估基本流程、评估方法以及基本手段的合理性；运用事件树分析等方法进行火灾风险分析，组织研究、策划、制定对区域和建筑进行火灾风险评估的技术方案。

建筑性能化防火设计评估运用相关消防技术，辨识和分析建筑火灾危险性，确定建筑消防安全目标，设定火灾场景，分析火灾烟气流动和人员疏散特性以及建筑结构耐火性能，判断火灾烟气及人员疏散模拟计算和建筑耐火性能分析计算手段的合理性，组织研究和确定建筑性能化防火设计的安全性。

科目二：《消防安全技术综合能力》

一、考试目的

考查消防专业技术人员在消防安全技术工作中，掌握消防技术前沿发展动态，依据现行消防法律法规及相关规定，运用相关消防技术和标准规范，独立解决重大、复杂、疑难消防安全技术问题的综合能力。

二、考试内容及要求

（一）消防法及相关法律法规与注册消防工程师职业道德

1.消防法及相关法律法规

根据《消防法》《行政处罚法》和《刑法》等法律以及《机关、团体、企业、事业单位消防安全管理规定》和《社会消防技术服务管理规定》等行政规章的有关规定，分析、判断建设工程活动和消防产品使用以及其他消防安全管理过程中存在的消防违法行为及其相应的法律责任。

2.注册消防工程师执业

根据《消防法》《社会消防技术服务管理规定》和《注册消防工程师制度暂行规定》，

确认注册消防工程师执业活动的合法性和注册消防工程师履行义务的情况，确认规范注册消防工程师执业行为和职业道德修养的基本原则和方法，分析、判断注册消防工程师执业行为的法律责任。

（二）建筑防火检查

1.总平面布局与平面布置检查

根据消防技术标准规范，运用相关消防技术，确认总平面布局与平面布置检查的内容和方法，辨识和分析总平面布局和平面布置、建筑耐火等级、消防车道和消防车作业场地及其他灭火救援设施等方面存在的不安全因素，组织研究解决消防安全技术问题。

2.防火防烟分区检查

根据消防技术标准规范，运用相关消防技术，确定防火防烟分区检查的主要内容和方法，辨识和分析防火分区与防烟分区划分、防火分隔设施设置等方面存在的不安全因素，组织研究解决防火防烟分区的消防安全技术问题。

3.安全疏散设施检

根据消防技术标准规范，运用相关消防技术，确定安全疏散设施检查的主要内容和方法，辨识和分析消防安全疏散设施方面存在的不安全因素，组织研究解决建筑中安全疏散的消防技术问题。

4.易燃易爆场所防爆检查

根据消防技术标准规范，运用相关消防技术，确定易燃易爆场所防火防爆检查的主要内容和方法，辨识、分析易燃易爆场所存在的火灾爆炸等不安全因素，组织研究解决易燃易爆场所防火防爆的技术问题。

5.建筑装修和建筑外墙保温检查

根据消防技术标准规范，运用相关消防技术，确定建筑装修和建筑外墙保温系统检查的主要内容和方法，辨识建筑内部装修和外墙保温材料的燃烧性能，分析建筑装修和外墙保温系统的不安全因素，组织研究解决建筑装修和建筑外墙保温系统的消防安全技术问题。

（三）消防设施检测与维护管理

1.通用要求

根据消防技术标准规范，运用相关消防技术，组织制定消防设施检查、检测与维护保养的实施方案，确认消防设施检查、检测与维护保养的技术要求，辨识消防控制室技术条件、维护管理措施和应急处置程序的正确性。

2.消防给水设施

根据消防技术标准规范，运用相关消防技术，组织制定消防给水设施检查、检测与维护保养的实施方案，确认设施检查、检测与维护保养的技术要求，辨识和分析消防给水设施运行过程中出现故障的原因，指导相关从业人员正确检查、检测与维护保养消防给水设施，解决消防给水设施的技术问题。

3.消火栓系统

根据消防技术标准规范，运用相关消防技术，组织制定消火栓系统检查、检测与维护保养的实施方案，确认系统检查、检测与维护保养的技术要求，辨识和分析系统运行过程中出现故障的原因，指导相关从业人员正确检查、检测与维护保养消火栓系统，解决该系统的技术问题。

4.自动水灭火系统

根据消防技术标准规范，运用相关消防技术，组织制定自动喷水灭火系统、水喷雾灭火系统、细水雾灭火系统及其组件检测、验收的实施方案，确认系统检查、检测与维护保养的技术要求，辨识和分析系统出现故障的原因，指导相关从业人员正确检查、检测与维护保养自动水灭火系统，解决该系统技术问题。

5.气体灭火系统

根据消防技术标准规范，运用相关消防技术，组织制定气体灭火系统检查、检测与维护保养的实施方案，确认系统检查、检测与维护保养的技术要求，辨识和分析系统运行过程中出现故障的原因，指导相关从业人员正确检查、检测与维护保养气体灭火系统，解决该系统技术问题。

6.泡沫灭火系统

根据消防技术标准规范，运用相关消防技术，组织制定泡沫灭火系统检查、检测与维护保养的实施方案，确认系统检查、检测与维护保养的技术要求，辨识和分析系统出现故障的原因，指导相关从业人员正确检查、检测与维护保养泡沫灭火系统，解决该系统的消防技术问题。

7.干粉灭火系统

根据消防技术标准规范，运用相关消防技术，组织制定干粉灭火系统检查、检测与维护保养的实施方案，确认系统检查、检测与维护保养的技术要求，辨识和分析系统出现故障的原因，指导相关从业人员正确检查、检测与维护保养干粉灭火系统，解决该系统消防技术问题。

8.建筑灭火器配置与维护管理

根据消防技术标准规范，运用相关消防技术，确认各种建筑灭火器安装配置、检查和维修的技术要求，辨识和分析建筑灭火器安装配置、检查和维修过程中常见的问题，指导相关从业人员正确安装配置、检查和维修灭火器，解决相关的技术问题。

9.防烟排烟系统

根据消防技术标准规范，运用相关消防技术，组织制定防烟排烟系统检查、检测与维护保养的实施方案，确认系统检查、检测与维护保养的技术要求，辨识和分析系统运行过程中出现故障的原因，指导相关从业人员正确检查、检测与维护保养防烟排烟系统，解决该系统消防技术问题。

10.消防用电设备的供配电与电气防火防爆

根据消防技术标准规范，运用相关消防技术，组织制定消防供配电系统和电气防火防爆检查的实施方案，确定电气防火技术措施，辨识和分析常见的电气消防安全隐患，解决电气防火防爆方面的消防技术问题。

11.消防应急照明和疏散指示标志

根据消防技术标准规范，运用相关消防技术，组织制定消防应急照明和疏散指示标志检查、检测与维护保养的实施方案，确认系统及各组件检查、检测与维护保养的技术要求，辨识和分析系统运行出现故障的原因，指导相关从业人员正确检查、检测与维护保养消防应急照明和疏散指示标志，解决消防应急照明和疏散指示标志的技术问题。

12. 火灾自动报警系统

根据消防技术标准规范，运用相关消防技术，组织制定火灾自动报警系统检查、检测与维护保养的实施方案，确认火灾探测报警系统、消防联动控制系统、可燃气体探测报警系统、电气火灾监控系统检查、检测与维护保养的技术要求，辨识和分析系统出现故障的原因，指导相关从业人员正确检查、检测与维护保养火灾自动报警系统，解决该系统的消防技术问题。

13. 城市消防安全远程监控系统

根据消防技术标准规范，运用相关消防技术，组织制定城市消防安全远程监控系统检查、检测与维护保养的实施方案，确认系统及各组件检测与维护管理的技术要求，辨识和分析系统出现的故障及原因，指导相关从业人员正确检测、验收与维护保养城市消防安全远程监控系统，解决该系统的消防技术问题。

（四）消防安全评估方法与技术

1. 区域火灾风险评估

根据有关规定和标准，运用区域消防安全评估技术与方法，辨识和分析影响区域消防安全的因素，确认区域火灾风险等级，组织制定控制区域火灾风险的策略。

2. 建筑火灾风险评估

根据有关规定和相关消防技术标准规范，运用建筑消防安全评估技术与方法，辨识和分析影响建筑消防安全的因素，确认建筑火灾风险等级，组织制定控制建筑火灾风险的策略。

3. 建筑性能化防火设计评估

根据有关规定，运用性能化防火设计技术，确认性能化防火设计的适用范围和基本程序步骤，设定消防安全目标，确定火灾荷载，设计火灾场景，合理选用计算模拟软件，评估计算结果，确定建筑防火设计方案。

（五）消防安全管理

1. 社会单位消防安全管理

根据消防法律法规和有关规定，组织制定单位消防安全管理的原则、目标和要求，检查和分析单位依法履行消防安全职责的情况，辨识单位消防安全管理存在的薄弱环节，判断单位消防安全管理制度的完整性和适用性，解决单位消防安全管理问题。

2. 单位消防安全宣传教育培训

根据消防法律法规和有关规定，确认消防宣传与教育培训的主要内容，制定消防宣传与教育培训的方案，分析单位消防宣传与教育培训制度建设与落实情况，评估消防宣传教育培训效果，解决消防宣传教育培训方面的问题。

3. 消防应急预案制定与演练方案

根据消防法律法规和有关规定，确认应急预案制定的方法、程序与内容，分析单位消防应急预案的完整性和适用性，确认消防演练的方案，指导开展消防演练，评估演练的效果，发现、解决预案制定和演练方面的问题。

4. 建设工程施工现场消防安全管理

根据消防法律法规和有关规定，运用相关消防技术和标准规范，确认施工现场消防管理内容与要求，辨识和分析施工现场消防安全隐患，解决施工现场消防安全管理问题。

5. 大型群众性活动消防安全管理

根据消防法律法规和有关规定，辨识和分析大型群众性活动的主要特点和火灾风险因素，组织制定消防安全方案，解决消防安全技术问题。

科目三：《消防安全案例分析》

一、考试目的

考查消防专业技术人员根据消防法律法规和消防技术标准规范，运用《消防安全技术实务》和《消防安全技术综合能力》科目涉及的理论知识和专业技术，在实际应用时体现的综合分析能力和实际执业能力。

二、考试内容及要求

本科目考试内容和要求参照《消防安全技术实务》和《消防安全技术综合能力》两个科目的考试大纲，考试试题的模式参见考试样题。